普通高等教育人工智能系列教材
校企合作精品教材

人工智能应用基础

主　编　莫小泉　陈新生　王胜峰
副主编　杨将天　彭　飞　王家波
参　编　梁国际　曾德真　周岐乐
　　　　余　昊　钟杰林

電子工業出版社
Publishing House of Electronics Industry
北京·BEIJING

内 容 简 介

本书的内容包括初识人工智能、机器学习、深度神经网络、知识图谱及应用、智能语言技术及应用、自然语言处理及应用、计算机视觉技术及应用、智能机器人、大数据与商业智能、人工智能之Python基础、人工智能展望等。书中介绍了人工智能的相关知识，并通过案例实现、应用场景、课后习题等内容加深学生对知识点的理解，真正做到理论与实践相结合。

本书可作为大学计算机的公共课教材，也可供相关专业技术人员参考。

图书在版编目（CIP）数据

人工智能应用基础 / 莫小泉，陈新生，王胜峰主编. —北京：电子工业出版社，2021.8

ISBN 978-7-121-41681-1

I. ①人… II. ①莫… ②陈… ③王… III. ①人工智能－高等学校－教材 IV. ①TP18

中国版本图书馆 CIP 数据核字(2021)第 150556 号

责任编辑：韩 蕾 文字编辑：张 豪
印 刷：中国电影出版社印刷厂
装 订：中国电影出版社印刷厂
出版发行：电子工业出版社
北京市海淀区万寿路173信箱 邮编：100036
开 本：787×1092 1/16 印张：20 字数：486千字
版 次：2021年8月第1版
印 次：2021年8月第1次印刷
定 价：59.00元

凡所购买电子工业出版社图书有缺损问题，请向购买书店调换。若书店售缺，请与本社发行部联系，联系及邮购电话：（010）88254888，88258888。

质量投诉请发邮件至zlts@phei.com.cn，盗版侵权举报请发邮件至dbqq@phei.com.cn。

本书咨询联系方式：qiyuqin@phei.com.cn。

前　言

2019年5月的国际人工智能与教育大会指出："人工智能是引领新一轮科技革命和产业变革的重要驱动力，正深刻改变着人们的生产、生活、学习方式，推动人类社会迎来人机协同、跨界融合、共创分享的智能时代。把握全球人工智能发展态势，找准突破口和主攻方向，培养大批具有创新能力和合作精神的人工智能高端人才，是教育的重要使命。"人工智能正在给人类社会和生活带来巨大的变化，作为新时代的大学生都应具备人工智能视野，并能够运用人工智能技术分析和解决专业问题。

在人工智能与各行各业深度融合的背景下，大学计算机公共课内涵和内容亟待变革。课题组开始探索和实践人工智能背景下大学计算机公共课的全面转型,针对大学生的特点，实现人工智能教育在大学计算机公共课的落地，特编辑《人工智能应用基础》。

通过学习本教材，学生可学会如何利用人工智能的手段解决专业及行业的各种复杂任务，重点是如何有效地运用视觉、语言（语音）、大数据等人工智能处理技术，对复杂任务进行辅助决策。内容紧跟人工智能主流技术，选取了人工智能云典型应用、商业智能分析、机器学习和仿真模拟等典型案例，同时采用Python作为讲授计算思维和人工智能的基本工具。

限于时间、水平，书中难免存在不足之处，恳请广大读者提出宝贵意见。

编者

2021年5月

目 录

第1章　初识人工智能

内容导读

随着处理器芯片算力的提升、数据的积累和新型人工智能算法的应用，人工智能技术广泛应用于各行各业，带来了巨大的商业价值。2017年7月，国务院发布了《新一代人工智能发展规划》，将中国人工智能产业发展推向了新高度。很多以前只在科幻小说中出现的场景，现在已经成为了现实。

初始人工智能内容导读如图1-1所示。

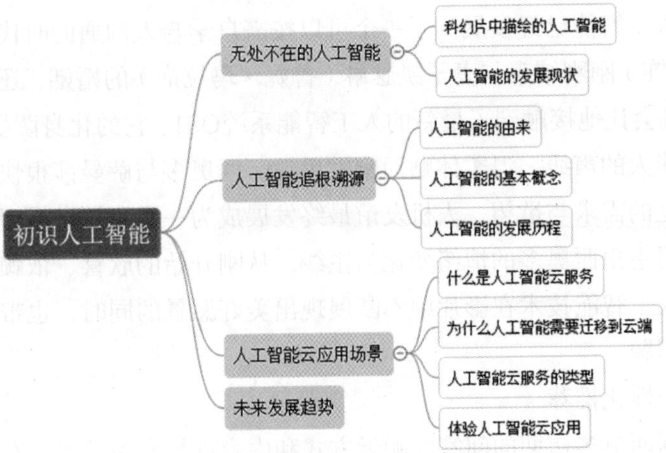

图1-1　初识人工智能内容导读

1.1　无处不在的人工智能

1.1.1　科幻片中描绘的人工智能

“人工智能”这个话题已在各类科幻片中被演绎过多次，无论是《她》中情感细腻、声线迷人的萨曼莎，《机械姬》中被用来测试却拥有自我意识的艾娃，还是《剪刀手爱德华》中孤独的机器人爱德华，他们是逐渐拥有自我意识的类人机器人。终有一天，他们能和人类一样拥有意识、情绪和情感吗？如果成真，人类该如何应对？

1．《她》，你相信人工智能的爱情吗

如图1-2所示，《她》是2013年美国发行的人工智能科幻片，该片由斯派克·琼斯编剧

并执导，由杰昆·菲尼克斯、斯嘉丽·约翰逊、艾米·亚当斯、鲁妮·玛拉、奥利维亚·王尔德主演。

图1-2　人工智能科幻片《她》

故事背景是人工智能已经发展到了一个可以按需自学与人沟通的时代，主人公西奥多（杰昆·菲尼克斯饰）刚刚结束与妻子凯瑟琳（鲁妮·玛拉饰）的婚姻，还没走出心碎的阴影。一次偶然的机会让他接触到了最新的人工智能系统OS1，它的化身萨曼莎（斯嘉丽·约翰逊配音）拥有迷人的声线，温柔体贴而幽默风趣。西奥多与萨曼莎很快发现他们非常投缘，而且存在相互的需求与欲望，人机友谊最终发展成为一段不被世俗理解的奇异爱情。

整个故事以男主角西奥多的情绪变化为主线，从刚开始的欣喜、依赖和痴恋，到后面的迷茫和迷失，人工智能技术在影片中不断展现出美好愿景的同时，也带来了一些发人深省的安全和伦理问题。

（1）学习和个性化推荐

萨曼莎能根据西奥多初期的问答、聊天方式和内容进行自主学习，在与西奥多进行情感沟通的过程中，利用西奥多以往的人际沟通数据快速学习，了解用户的情感需求，使用符合用户需求的语言和图片去满足其精神需求；影片中，萨曼莎还可以帮助西奥多整理邮件，并按主人的习惯分类通知和回复，体贴地把西奥多的信件整理为一本书，然后联系出版社出版，有效地帮助西奥多解决了现实问题。

（2）安全和伦理挑战

为了让西奥多能有更好的体验，弥补自己没有肉身的遗憾，萨曼莎在互联网上找了一个志愿者以解决西奥多的生理需求。该情节发人深省，智能系统一旦超越“奇点”，找到现实世界中的真身，其强大的计算能力会将人类置于怎样的美好或危险境地呢？

影片中后段讲述了西奥多身边几乎所有人都在使用智能伴侣，他们都沉浸在与机器的深度沟通中，每个人的脸上都洋溢着发自内心的幸福笑容，智能伴侣从精神层面完美地陪伴了主人。

与此同时，问题也随之而来，智能系统需求旺盛、发展迅速，萨曼莎同时跟8000多人交流、600多人恋爱，同样有很多类似西奥多的人与萨曼莎坠入爱河，导致萨曼莎无法实时跟每个恋爱的人联系，这让使用者们难以忍受。一天，所有的智能伴侣突然全部断线，那些陪伴的虚拟人都消失了，所有人一瞬间都不知所措，失去了生活的方向。最后，男主角与有同样经历的艾米发现了现实陪伴的真与美，回归现实，在一片繁华的城市灯光中安静地并肩坐着，影片结束。

不妨设想一下，随着计算机的计算速度和存储容量的快速提升，如果智能伴侣可以一天24小时实时响应、永远在线，我们是否还需要现实陪伴？虚拟陪伴和现实陪伴，哪一个对我们更为重要呢？

2．《我，机器人》，人工智能觉醒的故事会发生吗

人工智能在生活中带给我们的好处是显而易见的，大大提高了社会运转效率，降低了生产成本，也提升了我们日常生活的便利体验感。那么有些人担心了，威尔·史密斯主演的电影《我，机器人》（又名《机械公敌》）中的桥段是否会成为现实呢？

当科技真的发展到那个时候，人与机器人的最根本区别就是，人类有着高于机械的情感和自我意识，但当情感和自我意识处于相同的水平上时，人类反而就成了弱势的一方。人类造出了比自己强百倍的机器人，却不肯按自然界“弱肉强食”的规律乖乖地做一个臣子。平等的思维意识我们对它们不存在，它们也对我们不存在，再精密的程序也会有出错的一天，影片就通过“机器人革命”向观众表达了这一点，在悬殊的武力下，人类与机器人的立场彻底倒置。俗套的是影片对于解决人与机器人相互争斗的过程所用的也是战争，这也是我们潜意识里一种不安意识的体现，怀疑它们产生自我意识后首先背叛的就是人类。

《我，机器人》虽然主要以人类的视角来看待问题，但它所表现出来的绝对不仅仅是人类本身的立场，它也表达出机器人的立场。一直以来我们对它的印象标签就是服务于人——只要我们不需要，它就没有存在的价值，这在当下确实是这样一个道理。在科技更为发达的未来世界，却显然不是这样一个道理，机器人已经有了自我感情，我们也无法把它当成机器人对待，在生命的角度上都是平等的。机器人威胁人类的情景如图1-3所示。

图1-3　机器人威胁人类的情景

3. “机器人六原则”会有效吗

上面两部科幻片介绍了人工智能的未来应用和可能存在的危害。早在1940年，科幻作家阿西莫夫就提出了“机器人三原则”，旨在保护人类而对机器人做出约束，这被看成人工智能必须遵守的准则。

“机器人三原则”的一个假设是人工智能已经可以独立思考了。科幻作家和科学家们幻想出可能出现的人工智能危机，于是制定了“机器人三原则”用于约束人工智能，具体如下。

第一条：机器人不得伤害人类，或者看到人类受到伤害而袖手旁观。

第二条：机器人必须服从人类的命令，除非这条命令与第一条相矛盾。

第三条：机器人必须保护自己，除非这种保护与以上两条相矛盾。

后来，科学家和科幻作家们发现“机器人三原则”有着极其致命的缺陷，就是机器人对“人类”这个词的定义不明确，甚至会自定义“人类”的含义，于是又增加了三条原则，具体如下。

第四条：不论何种情形，人类为地球上所居住的会说话、会行走、会摆动四肢的类人体。

第五条：接受的命令只能是合理合法的指令。不接受可能伤害人类或破坏人类体系的命令，如杀人、放火、抢劫、组建机器人部队等。

第六条：不接受罪犯（不论是机器人罪犯还是人类罪犯）的指令。若罪犯企图使机器人强行接受，可以执行自卫或命令协助警方逮捕罪犯。

在科幻作品或电影中，通常都做过一个假设：未来的人工智能已经可以像人类一样思考，所以才有了机器人原则的出现，机器人原则也就是人工智能原则。但现在人工智能还处在专用人工智能突破阶段，并不具备通用能力，也不能独立思考，所以“机器人六原则”还难显身手。

现阶段先进的人工智能算法的AlphaGo依靠大量的计算在各种可以预知的逻辑线中选择最优解或次优解，虽然围棋等已远超人类，但不能解决其他领域的问题，并非通用人工智能。而无人驾驶和手机方面的AI应用主要依赖大数据匹配，并不能真正体现出人工智能的全部，所以说通用人工智能才刚刚起步。

至于人工智能未来会如何发展及发展到哪一步，很难预测，重要的是我们在时间的长河中要不断地接受未知的一切。

1.1.2 人工智能的发展现状

近期，人工智能的进展主要集中在专用人工智能的突破方面，如AlphaGo在围棋比赛中战胜人类世界冠军，AI程序在大规模图像识别和人脸识别中达到了超越人类的水平，甚至协助诊断皮肤癌的准确程度已达到专业医生水平。

AlphaGo开发团队负责人戴密斯·哈萨比斯提出，要朝着“创造解决世界上一切问题的通用人工智能”这一目标前进。

1. 专用人工智能的突破

因为特定领域的任务相对单一、需求明确、应用边界清晰、领域知识丰富，所以建模相对简单，人工智能在特定领域更容易取得突破，更容易超越人类的智能水平。如果人工智能具备某项能力代替人来做某个具体岗位的重复的体力劳动或脑力劳动工作，就属于专用人工智能。下面具体介绍专用人工智能的应用情况。

（1）AI＋传媒

传媒领域存在大量跨文化、跨语言的交流和互动，应用人工智能语音识别、合成技术，能够根据声纹特征，将不同的声音识别成文字，同时能够根据特定人的声音特征，将文本转换成特定人的声音，并能在不同的语言之间进行实时翻译，将语音合成技术和视频技术相结合，形成虚拟主播，播报新闻。

① 语音实时转化为文字。

2018年年初，科大讯飞公司推出了“讯飞听见”APP，基于该公司强大的语音识别技术、国际领先的翻译技术，为广大用户提供语音转文字、录音转文字、智能会议系统、人工文档翻译等服务，能够实时将语言翻译成中文或英文，如图1-4所示。目前，讯飞开放平台上的在线日服务量已超35亿人次，用户数超10亿。

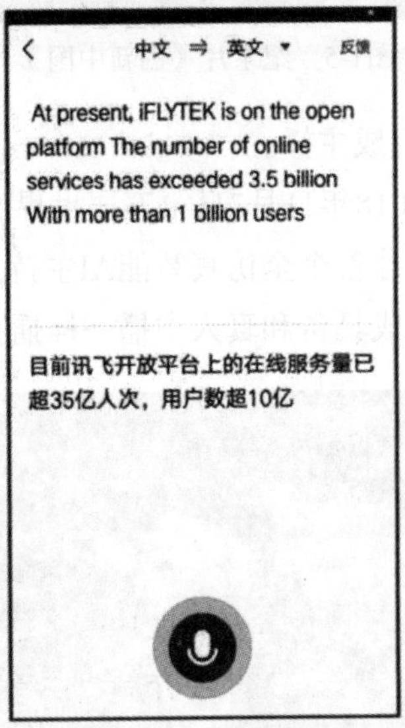

图1-4 实时字幕

② 讯飞翻译机。

在2017年北京硅谷高创会上，志愿者使用讯飞翻译机服务外国来宾，降低了志愿者的工作压力。工作人员细心周到的服务和翻译机精准流畅的即时翻译，受到了与会嘉宾的一致赞扬。讯飞翻译技术正式成为科大讯飞自有技术布局的重要赛道，除推出面向普通消费者的讯飞翻译机外，面向会务、媒体等多种场合的“讯飞听见”实时中英文转写服务也屡次被报道。

③ 语音合成——纪录片《创新中国》重现经典声音。

如图1-5所示，2018年播出的大型纪录片《创新中国》，要求使用已故著名配音演员李易的声音进行旁白解说。科大讯飞利用李易生前的配音资料，成功生成了《创新中国》的旁白语音，重现经典声音。在这部纪录片中，由AI全程担任“解说员”。制片人刘颖曾表示，就自身的体验而言，除部分词汇之间的衔接略有卡顿外，很难察觉是利用AI进行配音的。

图1-5　纪录片《创新中国》

④ 语音+视频合成——AI合成主播。

图1-6所示的AI合成主播是2018年11月7日第五届世界互联网大会上，搜狗与新华社（全称：新华通讯社）联合发布的全球首个全仿真智能AI主持人。通过语音合成、唇形合成、表情合成及深度学习等技术，生成具备和真人主播一样播报能力的AI合成主播。

图1-6　AI合成主播

AI合成主播使用新华社中英文主播的真人形象，配合搜狗“分身”的语音、合成等技术，模拟真人播报画面。这种播报形式突破了以往语音和图像合成领域中，只能单纯创造虚拟形象，并配合语音输出唇部动感效果的约束，提高了观众感觉上的真实度。利用搜狗"分身"技术，AI合成主播还能实时、高效地输出音视频合成效果，使用者通过文字键入、语音输入、机器翻译等多种方式输入文本后，就可以获得实时的播报视频。这种操作方式将减少新闻媒体在后期制作方面的各项成本，提高新闻视频的制作效率；同时，AI合成主播拥有和真人主播同样的播报能力，并能24小时不间断播报。

（2）AI + 安防

应用人工智能技术能够快速提取安防摄像头得到的图像或视频数据，与数据库进行对比，实现对目标的形状、属性及身份特征的识别。在人群密集的各种场所，可根据形成的热度图判断是否出现人群过密、混乱等异常情况并实时监控。智能安防能够对视频进行周界监测与异常行为分析，能够判断是否有行人及车辆在禁区内长时间徘徊、停留、逆行等，能够监测人员奔跑、打斗等异常行为。

① 天网工程。

如图1-7所示，天网工程是指为满足城市治安防控和城市管理需要，利用GIS地图、图像采集、传输、控制、显示等设备和控制软件，对固定区域进行实时监控和信息记录的视频监控系统。天网工程通过在交通要道、治安卡口、公共聚集场所、宾馆、学校、医院及治安复杂场所安装视频监控设备，利用视频专网、互联网等网络把一定区域内所有视频监控点的图像传到监控中心（天网工程管理平台），对刑事案件、治安案件、交通违章、城管违章等图像信息进行分类，为强化城市综合管理、预防打击犯罪和突发性治安灾害事故提供可靠的影像资料。

由国家相关部委共同发起建设的信息化工程涉及众多领域，包含城市治安防控体系的建设、人口信息化建设等，由上述信息构成基础数据库数据，根据需要进行编译、整理、加工，供授权单位进行信息查询。

图1-7　天网工程的摄像设备

天网工程整体按照部级—省厅级—市县级平台架构部署实施，具有良好的拓展性与融合性，目前许多城镇、农村，以及企业都加入了天网工程，为维护社会治安、打击犯罪提供了有力的工具。

② AI Guardman。

日本电信公司宣布已研发出一款名为“AI Guardman”的新型人工智能安全摄像头。这款摄像头可以通过对人类动作意图的理解，在盗窃行为发生前就能准确预测，从而帮助商店识别盗窃行为，发现潜在的商店扒手。

如图1-8所示，这套人工智能系统采用开源技术，能够实时对视频流进行扫描，并预测人们的姿势。当监控到可疑行为时，系统会尝试将行为数据与预定义的“可疑”行为匹配，一旦发现两者相匹配，就会通过相关手机APP来通知店主。据相关媒体报道，这套系统在测试阶段，帮助多个店铺减少了约40%的盗窃案件。

图1-8　AI Guardman

（3）AI＋医疗

随着人机交互、计算机视觉和认知计算等技术的逐渐成熟，人工智能在医疗领域的各项应用变成了可能。其中主要包括：语音识别医生诊断语录，并对信息进行结构化处理，得到可分类的病例信息；通过语音、图像识别技术及电子病历信息进行机器学习，为主治医师提供参考意见；通过图像预处理、抓取特征等进行影像诊断。

① IBM Watson系统。

IBM Watson系统能够快速筛选癌症患者记录，为医生提供可供选择的循证治疗方案。该系统能不断地从全世界的医疗文献中筛选信息，找到与病人所患癌症相关度最大的文献，并分析相关病例，根据病人的症状和就医记录，选择可能有效的治疗方案。Watson肿瘤解决方案是Watson系统提供的众多疾病解决方案之一。

利用不同的应用程序接口，该系统还能读取放射学数据和手写的笔记，识别特殊的图像（如通过某些特征识别出某位病人的手等），并具有语音识别功能。

如果出现了相互矛盾的数据，Watson肿瘤解决方案还会提醒使用者。如果病人的肿瘤大小和实验室报告不一致，Watson肿瘤解决方案就会考虑哪个数据出现的时间更近，提出相应的建议，并记录数据之间的不一致。如果诊断出现了错误，就医的成本会更加高昂。

根据美国国家癌症研究所提供的数据，2016年，美国约有170万个新增癌症病例，其中约有60万人死亡。癌症已经成为人类死亡的主要原因之一。仅需15分钟左右，Watson肿瘤解决方案便能完成一份深度分析报告，而这在过去需要几个月时间才能完成。针对每项医疗建议，该系统都会给出相应的证据，以便让医生和病人进行探讨。

② DeepMind眼疾检测设备。

近日，Google旗下人工智能公司DeepMind发布了一项研究，展示了人工智能在诊断眼部疾病方面取得的进展。

该研究称，DeepMind与伦敦Moorfields眼科医院合作，已经开发了能够检测超过50种眼球疾病的人工智能系统，其准确度与专业临床医生相同。它还能够为患者推荐最合适的方案，并优先考虑那些最迫切需要护理的人。

DeepMind使用数以千计的病例与完全匿名的眼部扫描数据对其机器学习算法进行训练，以识别可能导致视力丧失的疾病，最终该系统达到了94%的识别准确率。通过眼部扫描诊断眼部疾病对于医生而言是复杂且耗时的。此外，全球人口老龄化意味着眼病正变得越来越普遍，增加了医疗系统的负担，这为AI的加入提供了机遇。如图1-9所示，DeepMind的AI已经使用一种特殊的眼部扫描仪进行了训练，研究人员称它与任何型号的仪器都兼容。这意味着它可以广泛使用，而且没有硬件限制。

③ 我国人工智能医疗。

我国人工智能医疗虽然起步稍晚，但是进步较快。数据显示，2017年，中国人工智能医疗市场规模超过130亿元，并在2018年已达到200亿元。

目前，我国人工智能医疗企业聚焦的应用场景集中在以下三个领域。

· 基于声音、对话模式的人工智能虚拟助理。例如，广州市妇女儿童医疗中心主导开发的人工智能平台可实现精确导诊，并辅助医生诊断。

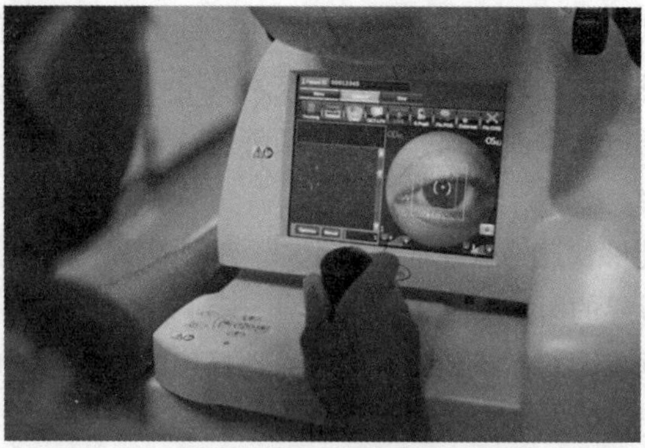

图1-9　Deep Mind眼疾检测设备

· 基于计算机视觉技术对医疗影像进行快速读片和智能诊断，如图1-10所示。据腾讯人工智能实验室专家姚建华介绍，目前人工智能技术与医疗影像诊断结合的场景包括肺癌检查、糖网病眼底检查、食管癌检查，以及部分疾病的核医学检查、核病理检查等。

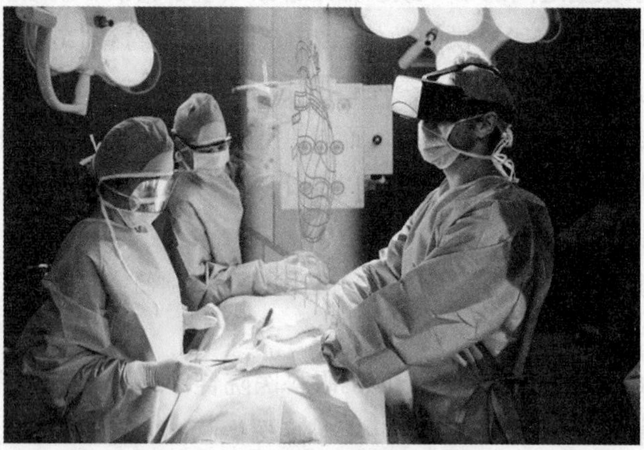

图1-10　医疗影像进行快速读片

· 基于海量医学文献和临床试验信息的药物研发。目前，我国制药企业也纷纷布局人工智能领域。人工智能可以从海量医学文献和临床试验信息等数据中，找到可用的信息并提取生物学知识，进行生物化学预测。据预测，该方法有望将药物的研发时间和成本各减少约50%。

（4）AI + 教育

随着人工智能技术的逐步成熟，个性化的教育服务将会步上新台阶，“因材施教”这一问题也会得到改善。在自适应系统中，可以有一个学生身份的AI，有一个教师身份的AI，通过不断演练教学过程来强化AI的学习能力，为用户提供更智能的教学方案。此外，可以利用人工智能自动进行机器出题、机器阅卷，解决主观题的公平公正性，它能够自动判断每个批次考卷的难易程度。

① 纸笔考试主观题智能阅卷技术。

传统的测评需要占用大量人力、物力资源，且费时费力，而借助人工智能技术，越来越多的测评工作可以交给智能测评系统来完成。如图1-11所示，作文批阅系统主要应用于语文等学科的测评，不仅能自动生成评分，还能提供有针对性的反馈诊断报告，指导学生如何修改，在一定程度上解决了教师因作文批改数量大而导致的批改不精细、反馈不具体等问题。

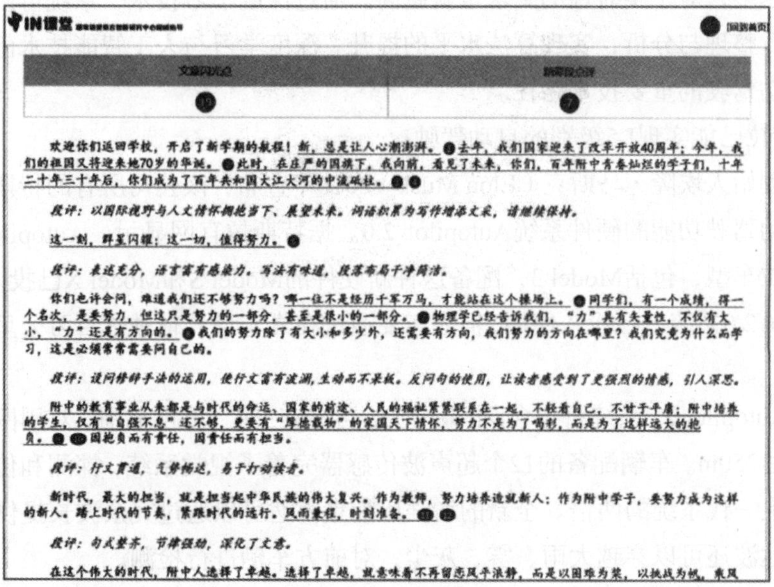

图1-11　作文批阅系统

② 课堂教学智能反馈系统。

如图1-12所示，课堂教学智能反馈系统可以分析学生的课堂专注度和学习状态。在教室正前方布设摄像头采集视频，通过前置计算设备或服务器集成的专注度分析模型进行检测与识别，并在课后生成教学报告，自动分析学生的课堂专注度，实时地将专注度及各种行为统计结果反馈给学校管理系统，从而实现教学与管理联动。

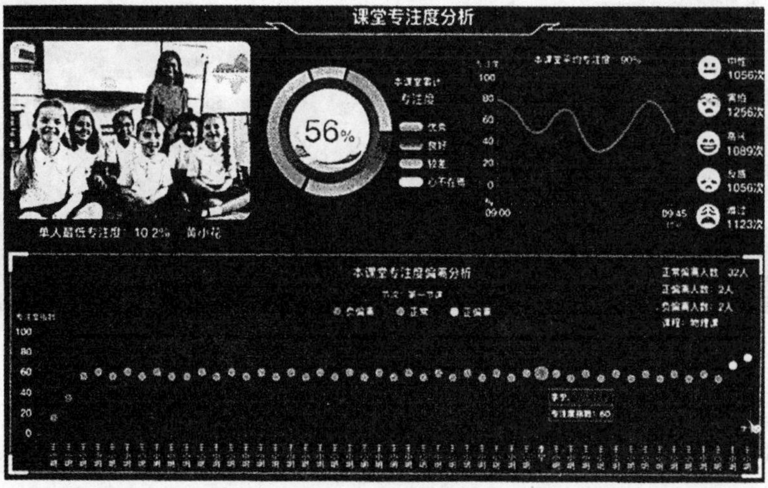

图1-12　课堂教学智能反馈系统

（5）AI＋自动驾驶

在L3及以上级别的自动驾驶过程中，车辆需要能够自动识别周围的环境，并对交通态势进行判断，进而对下一步的行驶路径进行规划。除本车传感器收集到的数据，还会有来自云端的实时信息、与其他车辆或路边设备交换得到的数据，实时数据越多，处理器需要处理的信息越多，对于实时性的要求也就越高。通过深度学习技术，系统可以对大量未处理的数据进行整理与分析，实现算法水平的提升。深度学习与人工智能技术已经成为帮助汽车实现自动驾驶的重要技术路径。

① 特斯拉已能实现L5级别的自动驾驶。

特斯拉创始人埃隆·马斯克（Elon Musk）2016年宣布，该公司所有的特斯拉新车会装配具有全自动驾驶功能的硬件系统Autopilot 2.0。据特斯拉官网显示，Autopilot 2.0适用于所有的特斯拉车型，包括Model 3，配备这种新硬件的Model S和Model X已投入生产。

Autopilot 2.0系统已经投入使用，但还需要通过在真实世界行驶数百万公里的距离来校准和更新。

据悉，Autopilot 2.0系统将包含8个摄像头，可覆盖360° 可视范围，对周围环境的监控距离最远可达250m。车辆配备的12个超声波传感器完善了视觉系统，探测和传感软硬物体的距离则是上一代系统的两倍。全新的增强版前置雷达可以通过冗余波长提供周围更丰富的数据，雷达波还可以穿越大雨、雾、灰尘，对前方车辆进行检测。

马斯克表示，Autopilot 2.0将完全有能力支持L5级别的自动驾驶，这意味着汽车完全可以“自己开车”，如图1-13所示。

图1-13　特斯拉自动驾驶

② 中国无人驾驶公交车。

中国无人驾驶公交车——阿尔法巴已开始在中国广东深圳科技园区的道路上行驶。该车目前正在试运行，在长约1.2 km的公路上行驶3站，运行速度为25 km/h，最高速度控制为40 km/h。40分钟即可充满电，单次续航里程可达150 km，可以监测到100 m之内的路况。

（6）AI + 机器人

“机器人”（robot）一词最早出现在1920年捷克科幻作家卡雷尔·恰佩克的《罗索姆的万能机器人》中，原文写作robota，英文译为robot。更科学的定义是1967年由日本科学家森政弘与合田周平提出的：“机器人是一种具有移动性、个体性、智能性、通用性、半机械半人性、自动性、奴隶性等7个特征的柔性机器。”

国际机器人联合会将机器人分为两类：工业机器人和服务机器人。工业机器人是一种应用于工业自动化的，含有3个及以上的可编程轴、自动控制、可编程、多功能执行机构，可以是固定式的或移动式的。服务机器人则是一种半自主或全自主工作的机器人，能完成有益于人类健康的服务工作，不包括从事生产的设备。由定义可见，工业机器人和服务机器人分类的标准是机器人的应用场合。

① Atlas机器人。

Google收购了波士顿动力公司（Boston Dynamics），这家在机器人领域颇具特色、技术领先的公司在YouTube上发布了新一代Atlas机器人的视频，颠覆了以往机器人重心不稳、笨重迟钝的形象。

如图1-14所示，新版Atlas是机器人发展史上一次质的飞越，它不仅能在坎坷不平的地面上自如行走，还能完成开门、拾物、蹲下等拟人的动作，而且被挑衅时还可以自我调整，被推倒后还可以自己爬起来。

图1-14 新版Atlas

② 亚马逊仓库里的机器人。

2012年，亚马逊以7.75亿美元的价格收购了Kiva System公司，后者以做仓储机器人闻名。Kiva System公司更名为Amazon Robotics。

2014年，亚马逊开始在仓库中全面应用Kiva机器人，以提高物流处理速度。Kiva机器人和我们印象中的机器人不太一样，它就像一个放大版的冰壶，顶部有可顶起货架的托盘，底部靠轮子运动。如图1-15所示，Kiva机器人依靠电力驱动，可以托起最多重3000磅（约1.3吨）的货架，并根据远程指令在仓库内自主运动，把目标货架从仓库移动到工人处理区，由工人从货架上拿下包裹，完成最后的拣选、二次分拣、打包复核等工作。之后，Kiva机器人会把空货架移回原位。电池电量过低时，Kiva机器人还会自动回到充电位给自己充电。Kiva机器人也被用于各大转运中心。目前，亚马逊分布在各地的仓库中有超过10万台Kiva机器人，它们就像一群勤劳的工蚁，在仓库中不停地走来走去，搬运货物。如何让“工蚁”们不在搬运货架的过程中相撞，是Amazon Robotics的核心技术之一。在过去很长一段时间内，它几乎是唯一能把复杂的硬件和软件集成到一个精巧的机器人中的公司。

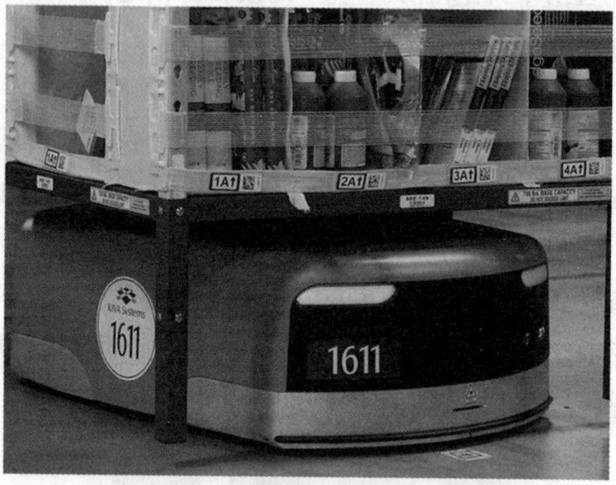

图1-15　Kiva机器人

（7）AI＋电子支付

用户的身份识别是支付起点，随着人工智能的发展，已开始出现用生物识别技术替代通用的“介质安全认证＋密码认证”方式的趋势。生物识别技术包括指纹识别、人脸识别、视网膜识别、虹膜识别、指静脉识别、掌纹识别等，它们可以让人在借助更少物体甚至无附属物体的情况下完成身份识别，实现“人即载体”，达到无感识别。

2015年，马云提出未来将实现刷脸支付。马云现场演示了刷脸支付，马云的笑脸被定格在汉诺威电子展的大屏上，几秒钟后，屏幕显示支付成功。

2017年9月1日，支付宝刷脸支付在一些肯德基连锁店试用，实现了真正的商用。在杭州万象城肯德基餐厅内，用户在自助点餐机上选好餐，进入支付页面，选择“支付宝刷脸支付”，然后进行人脸识别，只需几秒即可识别成功，再输入与账号绑定的手机号，确认之后就可完成支付，整个过程不足10秒。

2．通用人工智能起步阶段

通用人工智能（Artificial General Intelligence，AGI）是一种未来的计算机程序，可以执行相当于人类甚至超越人类智力水平的任务。AGI不仅能够完成独立任务，如识别照片或翻译语言，还会加法、减法、下棋和讲法语，还可以理解物理论文、撰写小说、设计投资策略，并与陌生人进行愉快的交谈，其应用并不局限在某个特定领域。

通用人工智能与强人工智能的区别如下：

（1）通用人工智能强调的是拥有像人一样的能力，可以通过学习胜任人的任何工作，但不要求它有自我意识；

（2）强人工智能不仅要具备人类的某些能力，还要有自我意识，可以独立思考并解决问题，这来源于约翰·希尔勒（John Searle）在提出“中文房间实验”时设定的人工智能级别。

“中文房间实验”是由美国哲学家约翰·希尔勒提出的。如图1-16所示，实验将一位只说英语的人（带着一本中英文字典）放到一个封闭的房间里。写有中文问题的纸片被送入房间，房间中的人可以使用中英文字典来翻译这些文字并用中文回复。虽然他完全不懂中文，但是房间里的人可以让任何房间外的人误以为他会说流利的中文。

图1-16　中文房间实验

约翰·希尔勒想要表达的观点是，人工智能永远不可能像人类那样拥有自我意识，所以人类的研究根本无法达到强人工智能的目标。即使是能够满足人类各种需求的通用人工智能，与自我意识觉醒的强人工智能之间也不存在递进关系。因此，人工智能可以无限接近却无法超越人类智能。

现在世界上有很多机构正在研究AGI。谷歌DeepMind和谷歌研究院正在研究如何通过使用PathNet（一种训练大型通用神经网络的方案）和Evolutionary Architecture Search AutoML（一种为图像分类寻找良好神经网络结构的方法）实现AGI。微软研究院重组为MSR AI，专注于“智能的基本原理”和“更通用、灵活的人工智能”。特斯拉的创始人埃隆·马斯克与西雅图科技公司创立的OpenAI的使命是“建立安全的AGI，并确保AGI的好处尽可能广泛而均匀地分布”。

1.2 人工智能追根溯源

在古代的各种诗歌和著作中，就有人不断幻想将无生命的物体变成有生命的人类。

公元8年，罗马诗人奥维德（Ovid）完成了《变形记》，其中象牙雕刻的少女变成了活生生的少女。

公元200—500年，犹太教的律法集《塔木德》中使用泥巴创造犹太人的守护神。

1816年，人工智能机器人的先驱玛丽·雪莱（Mary Shelly）在长篇科幻小说《弗兰肯斯坦》中描述了人工造人的故事。

人类一直致力于创造越来越复杂、越精密的机器来节省体力，也发明了很多工具用于降低脑力劳动量，如算筹、算盘和计算器等，但它们的应用范围十分有限。随着第三次工业革命的到来，遵循摩尔定律，机器的算力实现了几何级数的增长，推动了人工智能应用的落地。

1.2.1 人工智能的由来

人工智能学科诞生于20世纪50年代中期，当时由于计算机的出现与发展，人们开始了具有真正意义的人工智能的研究。虽然计算机为人工智能提供了必要的技术基础，但直到20世纪50年代早期，人们才注意到人类智能与机器之间的联系。诺伯特·维纳（Norbert Wiener）是最早研究反馈理论的美国人之一，最著名的反馈控制的例子是自动调温器，它将采集到的房间温度与希望达到的温度进行比较，并做出反应将加热器开大或关小，从而控制房间温度。这项研究的重要性在于从理论上指出了所有的智能活动都是反馈机制的结果，对早期AI的发展影响很大。

1956年，美国达特茅斯学院助教麦卡锡、哈佛大学明斯基、贝尔实验室香农、IBM公司信息研究中心罗彻斯特、卡内基梅隆大学纽厄尔和赫伯特·西蒙、麻省理工学院塞夫里奇和所罗门夫，以及IBM公司塞缪尔和莫尔，在美国达特茅斯学院举行了为期两个月的学术讨论会，从不同学科的角度探讨了人类各种学习和其他智能特征的基础，以及用机器模拟人类智能等问题，并首次提出了“人工智能”的术语。从此，人工智能这门新兴的学科诞生了。这些人的研究专业包括数学、心理学、神经生理学、信息论和计算机科学，他们从不同的角度共同探讨了人工智能的可能性。对于他们的名字人们并不陌生，如香农是信息论的创始人，塞缪尔编写了第一个计算机跳棋程序，麦卡锡、明斯基、纽厄尔和西蒙都是计算机“图灵奖”的获得者。

这次会议之后，美国很快形成了3个从事人工智能研究的中心，即以西蒙和纽厄尔为首的卡内基梅隆大学研究组，以麦卡锡、明斯基为首的麻省理工学院研究组，以塞缪尔为首的IBM公司研究组。

1.2.2　人工智能的基本概念

人工智能是计算机学科的一个分支，自20世纪70年代以来被称为世界三大尖端技术（空间技术、能源技术、人工智能）之一。这是因为近30年来它获得了迅速的发展，在很多学科领域都获得了广泛应用，并取得了丰硕的成果。人工智能已逐步成为一个独立的分支，在理论和实践上都已自成一个系统。

人工智能是研究使计算机来模拟人的某些思维过程和智能行为（如学习、推理、思考、规划等）的学科，主要包括计算机实现智能的原理、制造类似于人脑智能的计算机，使计算机能实现更高层次的应用。人工智能涉及计算机科学、心理学、神经科学、生物学、数学、社会学和语言学等学科，可以说几乎覆盖自然科学和社会科学的所有学科，其范围已远远超出了计算机科学的范畴，如图1-17所示。人工智能与思维科学的关系是实践和理论的关系，人工智能处于思维科学的技术应用层次，是它的一个应用分支。从思维角度来看，人工智能不能仅仅局限于逻辑思维，更要考虑形象思维、灵感思维，才能促进人工智能的快速发展。数学常被认为是多种学科的基础科学，对语言、思维领域帮助极大。数学中的标准逻辑、模糊数学对人工智能学科起到了极大的促进作用，使人工智能更快地发展。

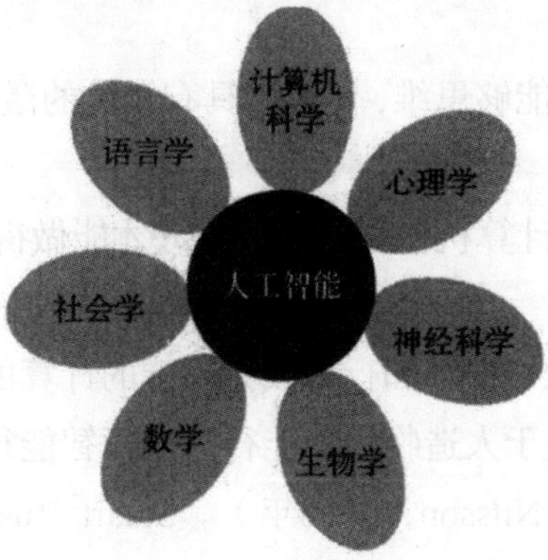

图1-17　人工智能相关学科

美国麻省理工学院尼尔逊教授对人工智能下了这样一个定义：“人工智能是关于知识的学科——怎样表示知识以及怎样获得知识并使用知识的科学。”而另一位同校的温斯顿教授认为：“人工智能就是研究如何使计算机去做过去只有人才能做的智能工作。”这些说法反映了人工智能学科的基本思想和基本内容，即人工智能是研究人类智能活动的规律，构造具有一定智能的人工系统，研究如何让计算机去完成以往需要人的智力才能胜任的工作，也就是研究如何应用计算机的软、硬件来模拟人类某些智能行为的基本理论、方法和技术。

1．人工智能概念的一般描述

人工智能（Artificial Intelligence，AI）也就是人造智能，对人工智能的理解可以分为两部分，即“人工”和“智能”。人工的（Artificial）也就是人造的、模拟的、仿造的、非天然的，其对应的英文为天然的（Natural）。这部分的概念相对易于理解，争议性也不大。而对于“智能”的定义，争议较多，因为它涉及其他诸如意识（Consciousness）、自我（Self）、思维（Mind）等问题。人类唯一了解的智能是人本身的智能，这是普遍认同的观点，美国俄克拉荷马州州立大学教授、心理学家斯腾伯格（R. Stemberg）就“智能”这个主题给出了以下定义：智能是个人从经验中学习、理性思考、记忆重要信息，以及应付日常生活需求的认知能力。

由于我们对自身智能的理解非常有限，因此对构成人的智能的必要元素的了解也非常有限，所以很难定义什么是“人工”制造的“智能”。人工智能的研究往往涉及对人的智能本身的研究，而其他关于动物或其他人造系统的智能也普遍被认为是人工智能相关的研究课题。

从字面上来解释，“人工智能”是指用计算机（机器）来模拟或实现的智能，因此人工智能又可称为机器智能。当然，这只是对人工智能的一般解释。

关于人工智能的科学定义，学术界目前还没有统一的认识。下面摘选部分学者对人工智能概念的描述，可以看作是他们各自对人工智能所下的定义。

· 人工智能是那些与人的思维相关的活动，诸如决策、问题求解和学习等的自动化（Bellman，1978年）。

· 人工智能是一种计算机能够思维，使机器具有智力的激动人心的新尝试（Haugeland，1985年）。

· 人工智能是研究如何让计算机做现阶段只有人才能做得好的事情（Rich Knight，1991年）。

· 人工智能是那些使知觉、推理和行为成为可能的计算的研究（Winston，1992年）。

广义地讲，人工智能是关于人造物的智能行为，而智能行为包括知觉、推理、学习、交流和在复杂环境中的行为（Nilsson，1998年）。Stuart Russel和Peter Norvig则把已有的一些人工智能定义分为4类：像人一样思考的系统、像人一样行动的系统、理性地思考的系统、理性地行动的系统（2003年）。

上述这些定义虽然都指出了人工智能的一些特征，但它们都是描述性的，用于解释人工智能。但如何来界定一台计算机（机器）是否具有智能，它们都没有提及。因为要界定机器是否具有智能，必然要涉及什么是智能的问题，但这却是一个难以准确回答的问题。所以，尽管人们给出了关于人工智能的不少说法，但都没有完全或严格地用“智能”的内涵或外延来定义“人工智能”。

2. 图灵测试

关于如何界定机器智能，早在人工智能学科还未正式诞生之前的1950年，计算机的创始人之一，英国数学家艾伦·图灵（Alan Turing）（如图1-18所示）就提出了现在称为“图灵测试”（Turing Test）的方法。在图灵测试中，一位人类测试员会使用电传设备，通过文字与密室里的一台机器和一个人自由对话，如图1-19所示。如果测试员无法分辨与之对话的两个对象谁是机器、谁是人，则参与对话的机器就被认为具有智能（会思考）。1952年，图灵还提出了更具体的测试标准：如果一台机器能在5分钟之内骗过30%以上的测试者，不能辨别其机器的身份，就可以判定它通过了图灵测试。

图1-18　艾伦·图灵

图1-19　图灵测试模拟游戏

如图1-20所示的是某一次图灵测试中的对话内容。我们可以发现，人工智能的回答可谓是天衣无缝，它在逻辑推理方面丝毫不弱于人类。但是在情感方面，人工智能有着天然的缺陷，它只是理性地思考问题，而不会安慰人，那是因为缺乏所谓的同理心。

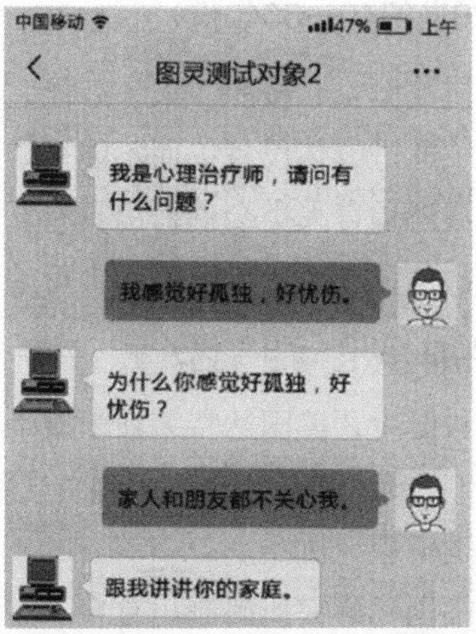

图1-20　图灵测试中的对话内容

虽然图灵测试的科学性受到许多人的质疑，但是它在过去数十年一直被广泛认为是测试机器智能的重要标准，对人工智能的发展产生了极为深远的影响。当然，早期的图灵测试是假设被测试对象位于密室中。后来，与人对话的可能是位于网络另一端的聊天机器人。随着智能语音、自然语言处理等技术的飞速发展，人工智能已经能用语音对话的方式与人类交流，而不被发现是机器人。在2018年的谷歌开发者大会上，谷歌向外界展示了其人工智能技术在语音通话应用上的最新进展，比如通过Google Duplex个人助理来帮助用户在真实世界中预约了美发沙龙和餐馆。

1.2.3 人工智能的发展历程

人工智能的发展历程如图1-21所示。

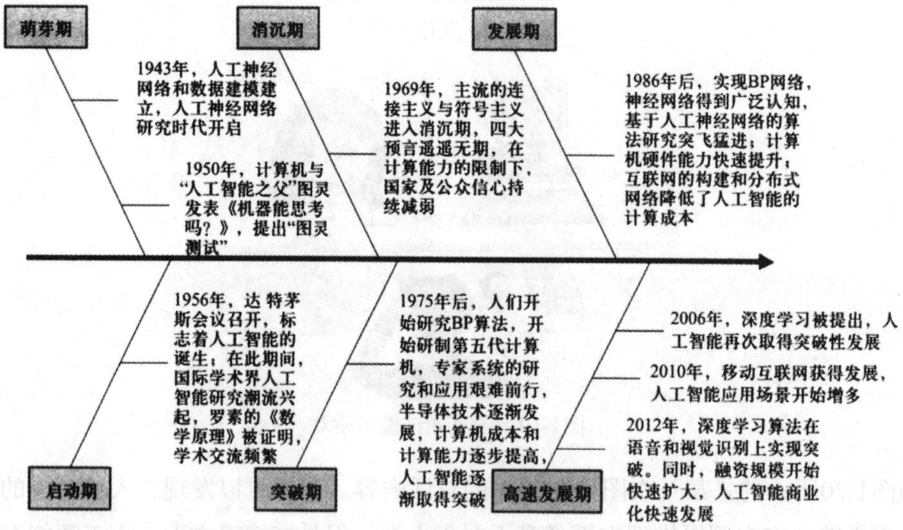

图1-21 人工智能的发展历程

1. 人工智能的萌芽期（20世纪40—50年代）

1950年，著名的“图灵测试”诞生，按照“人工智能之父”艾伦·图灵的定义：如果一台机器能够与人类展开对话（通过电传设备）而不能被辨别出其机器身份，那么便可称这台机器具有智能。同年，图灵还预言人类会创造出具有真正智能的机器。

1954年，美国人乔治·戴沃尔设计了世界上第一台可编程机器人。

2. 人工智能的启动期（20世纪50—70年代）

1956年夏天，人工智能学科诞生，美国达特茅斯学院举行了历史上第一次人工智能研讨会，这被认为是人工智能诞生的标志。会上，麦卡锡首次提出了“人工智能”这个概念，纽厄尔和西蒙则展示了编写的逻辑理论机器。

1966—1972年，美国斯坦福国际研究所研制出首台人工智能机器人Shakey，这是首台采用人工智能的移动机器人。

1966年，美国麻省理工学院的魏泽鲍姆发布了世界上第一台聊天机器人ELIZA，ELIZA的智能体现在它能通过脚本理解简单的自然语言，并能产生类似人类的互动。

1968年，美国加州斯坦福研究所的道格·恩格勒巴特发明了计算机鼠标，构想出了“超文本链接”的概念，这在几十年后成为现代互联网的根基。

3. 人工智能的消沉期（20世纪70—80年代）

20世纪70年代初，人工智能的发展遭遇了瓶颈。当时，计算机有限的内存和处理速度不足以解决任何实际的人工智能问题。刚开始要求程序对这个世界具有儿童水平的认知，但研究者们很快就发现这个要求太高了。

1970年，还没人能够做出如此巨大的数据库，也没人知道一个程序怎样才能学到如此丰富的知识。由于缺乏进展，对人工智能提供资助的机构（如英国政府、美国国防部高级研究计划局和美国国家科学研究委员会）逐渐对无方向的人工智能研究停止了资助。

4. 人工智能的突破期（1980—1986年）

1981年，日本经济产业省投资8.5亿美元用于研发第五代计算机项目，即人工智能计算机；随后，英国、美国纷纷行动，开始为信息技术领域的研究提供大量资金。

1984年，美国在道格拉斯·莱纳特的带领下启动了Cyc（大百科全书）项目，其目标是使人工智能应用能以类似人的方式工作。

1986年，美国发明家查克·赫尔制造出人类历史上首台3D打印机。

5. 人工智能的发展期和高速发展期（1987年至今）

如图1-22所示，1997年5月11日，IBM公司的计算机“深蓝”战胜国际象棋世界冠军卡斯帕罗夫，成为首个在标准比赛时限内击败国际象棋世界冠军的计算机系统。

图1-22　“深蓝”对战卡斯帕罗夫

2011年，IBM开发出使用自然语言回答问题的人工智能程序Watson（沃森），其参加美国智力问答节目，打败两位人类冠军，赢得了100万美元的奖金。

2012年，加拿大神经学家团队创造了一个具备简单认知能力、有250万个模拟“神经元”的虚拟大脑，命名为Spaun，并通过了最基本的智商测试。

2013年，Facebook成立了人工智能实验室，探索深度学习领域，借此为Facebook用户提供更加智能化的产品体验；Google收购了语音和图像识别公司DNNresearch，推广深度学习平台；百度创立了深度学习研究院。

2015年，Google开发了能利用大量数据直接训练计算机来完成任务的第二代机器学习平台TensorFlow；剑桥大学建立了人工智能研究所。

2016年3月15日，Google围棋人工智能系统AlphaGo与围棋世界冠军李世石的人机大战最后一场落下了帷幕，人机大战第五场经过长达5小时的搏杀，最终李世石与AlphaGo的总比分定格在1:4，以李世石认输结束。这次人机对弈使人工智能正式被世人所熟知，整个人工智能市场也像被引燃了导火线，开始了新一轮爆发。

【知识拓展】

人工智能的三大学派

人工智能有三个主要学派，即符号主义（Symbolicism），主要依据物理符号系统（符号操作系统）假设和有限合理性原理；联结主义（Connectionism），主要依据神经网络及神经网络间的连接机制与学习算法；行为主义（Actionism），主要依据控制论及感知—动作型控制原理。这三个学派对人工智能发展历史具有不同的看法。

1. 符号主义

符号主义，又称为逻辑主义（Logicism）、心理学派（Psychologism）或计算机学派（Computerism），认为人工智能源自数理逻辑。数理逻辑自19世纪末以来迅速发展，到20世纪30年代开始用于描述智能行为。计算机出现后，逻辑演绎系统被计算机实现。以启发式程序LT逻辑理论为代表的成果，证明了38条数学定理，表明了可以运用计算机研究人的思维过程以及模拟人类智能活动。早在1956年，符号主义者首先采用了“人工智能”这个术语，随后发展出启发式算法、专家系统、知识工程理论与技术，并在20世纪80年代获得了长足发展。曾长期一枝独秀的符号主义为人工智能的发展做出了重大贡献，尤其是成功开发和应用了专家系统，这对于将人工智能引入工程应用和实现理论联系实际具有特别重要的意义。即使后期出现了其他人工智能学派，符号主义仍然是人工智能的主流学派。

2. 联结主义

联结主义，又称为仿生学派（Bionicsism）或生理学派（Physiologism），认为人工智能源于仿生学，尤其是人脑模型的研究。其代表性成果是1943年由生理学家麦卡洛克（McCulloch）和数理逻辑学家皮茨（Pitts）创立的MP脑模型，开创了用电子装置模拟人类大脑结构和功能的新途径。20世纪60至70年代，联结主义开始兴起对以感知机（Perceptron）为代表的脑模型的研究，但受当时的理论模型、生物原型和技术条件的限制，20世纪70年代末至80年代初脑模型研究陷入低谷，直到Hopfield教授在1982年提出用硬件来模拟神经网络以后，联结主义才再度兴起。自1986年鲁梅尔哈特（Rumelhart）等人提出多层网络中的反向传播（BP）算法以后，从模型到算法，从理论分析到工程实现，联结主义重整旗鼓，为神经网络计算机走向市场奠定了基础。

3. 行为主义

行为主义，又称为进化主义（Evolutionism）或控制论学派（Cyberneticsism），认为人工智能是控制论的产物。早在20世纪40至50年代，控制论思想就成为时代思潮的重要组成部分，把神经系统的工作原理与信息理论、控制理论、逻辑以及计算机联系起来，影响着早期人工智能的研究人员。维纳（Wiener）和麦克洛克（McCulloch）等人提出的控制论和自组织系统以及钱学森等人提出的工程控制论和生物控制论对许多领域都产生了影响。控制论早期研究工作主要集中于模拟人在控制过程中的智能行为和作用，如对自寻优、自适应、自校正、自镇定、自组织和自学习等的研究，并进行“控制论动物”的研制。到20世纪60至70年代，这些控制论系统的研究取得一定进展，为智能控制和智能机器人的产生奠定了基础，20世纪80年代智能控制和智能机器人系统诞生。近几年，行为主义新学派才引起了在人工智能研究者的兴趣和关注。布鲁克斯（Brooks）的六足行走机器人则是这一学派的代表，是基于感知动作模式的模拟昆虫行为控制系统，被视为新一代的“控制论动物”。

1.3　人工智能云应用场景

1.3.1　什么是人工智能云服务

人工智能云服务，一般也被称为AIaaS（AI as a Service，AI即服务）。这是目前主流人工智能平台的服务方式。具体来说，AIaaS平台会把几类常见的AI服务拆分，并在云端提供独立或打包的服务。这种服务模式类似于开了一个AI主题商城：所有的开发者都可以通过API使用平台提供的一种或多种人工智能服务，部分资深的开发者还可以使用平台提供的AI框架和AI基础设施来部署与运维自己专属的机器人。

国内典型的例子有腾讯云、阿里云、百度云、讯飞AIUI开放平台等。以讯飞AIUI开放平台为例，现可提供丰富的开放资源、强大的自定义能力、完备的个性化定制等功能，帮助开发者轻松实现产品的智能化，让产品能理解、会思考。基于讯飞开放平台的生态圈，AIUI开放平台还提供面向各垂直领域的解决方案，助力终端设备快速拥有人机交互能力。

1.3.2 为什么人工智能需要迁移到云端

传统的AI服务有两大不可忽视的弊端：第一，经济价值低；第二，部署和运行成本高昂。第一个弊端主要受制于以前落后的AI技术——深度学习技术等未成熟，AI所能做的事情很少，而且即便是在实现了商业化应用的场景（如企业客服）中，AI的表现也不佳。

人工智能云服务可解决第二个弊端：部署和运行成本高昂。按照业界的主流观点，AI迁移到云平台是大势所趋，因为未来的AI系统必须能够同时处理千亿量级的数据，同时要在上面做自然语言处理或运行机器学习模型。这一过程需要大量的存储资源和算力，完全不是一般的计算机或手机等设备能够承载的。因此，最好的解决方案就是把它们放在云端，在云端进行统一处理，也就是所谓的人工智能云服务。

用户在使用这些人工智能云产品时，不再需要花费很多精力和成本在软硬件上面，只需要从平台上按需购买服务并简单接入自己的产品。如果说以前的AI产品部署像是为了喝水而挖一口井，那么现在就像是企业直接从自来水公司接了一根自来水管，想用水的时候打开水龙头即可。最后，在收费方面也不再是一次性买断，而是根据实际使用量（调用次数）来收费。使用人工智能云产品的另一个优点是，其训练和升级维护也由服务商统一负责管理，不再需要企业聘请专业技术人员驻场，这也为企业节省了一大笔开支。

1.3.3 人工智能云服务的类型

根据部署方式的不同，人工智能云服务分为3种不同的类型：公有云、私有云、混合云。

1. 公有云

公有云服务是指将服务全部存放在公有云端上，用户无需购买软件和硬件设备，可直接调用云端服务。这种部署方式成本低廉、使用方便，是深受中小企业欢迎的一种人工智能云服务类型，但需要注意的是，用户数据全部存放在公有云服务器上，存在潜在的敏感信息泄露风险。

2. 私有云

私有云服务是指服务器独立供指定客户使用，主要目的在于，确保数据安全性，增强企业对系统的管理能力。但是，私有云搭建方案初期投入较高，部署需要的时间较长，而且后期需要专人进行维护。一般来说，私有云不太适合预算不充足的小企业选用。

3. 混合云

混合云服务的主要特点是，帮助用户实现敏感数据的本地化，确保用户的数据安全，同时将非敏感的环节放在公有云服务器上处理。这种方案比较适合无力搭建私有云，但又注重自身敏感数据安全的企业使用。

1.3.4 体验人工智能云应用

随着智能手机的普及，手机上已经集成了各种各样有趣的人工智能云应用，下面具体介绍其中四款。

1．微信公众号“微软小冰”

如图1-23所示，微信公众号“微软小冰”是一款领先的跨平台人工智能机器人，用户可以使用语音和文字与“微软小冰”对话，能够咨询“微软小冰”一些相关问题。如图1-24所示，当用户发送图片时，它能够进行颜值鉴定并进行相关分析。

图1-23　微信公众号“微软小冰”

图1-24　“微软小冰”功能展示

2．微信小程序“形色识花＋”

如图1-25所示，“形色识花＋”是一款微信小程序，可以对花朵拍照，自动识别该花的名称，并给出与该花相关的诗句、习性及相应的介绍。

图1-25　微信小程序“形色识花＋”

3. 微信小程序“多媒体AI平台”

如图1-26所示，“多媒体AI平台”是腾讯公司提供的专门用于体验多媒体人工智能云功能的微信小程序，里面集成了计算机视觉、自然语言处理和无障碍AI三大功能。它能够让用户体验多媒体人工智能云的功能，同时给出了返回数据的格式，方便用户将相应的人工智能云技术融合到自主产品中。

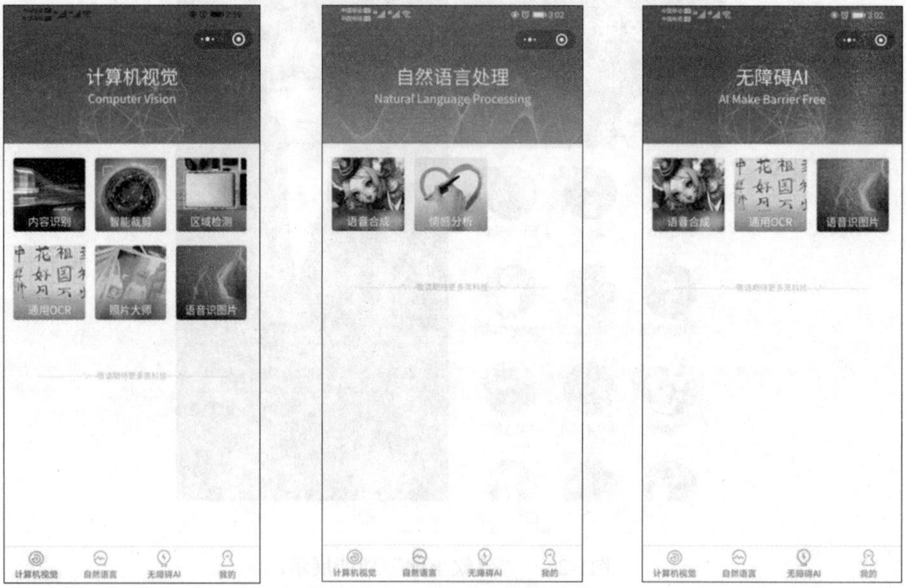

图1-26　微信小程序“多媒体AI平台”

4. 微信小程序“百度AI体验中心”

如图1-27所示，“百度AI体验中心”是百度公司提供的专门用于体验百度AI各种处理功能的微信小程序，包括图像技术、人脸与人体识别、语音技术、知识与语义四大功能，基本上涵盖了现有专用人工智能技术突破的方方面面。百度公司通过小程序功能的试用，吸引更多开发者将相关技术融合到实际应用中。

图1-27　微信小程序“百度AI体验中心”

1.4　未来发展趋势

纵观AI的发展史，可以发现其发展过程经历了潮起潮落。近年来，一些重大的技术进展和突破让AI风靡全球，这是否又是一次潮起？潮落是否又将来临？不管未来如何，不可否认，AI对各行各业的影响是巨大的。专用人工智能在教育、汽车自动驾驶、电商、安保、金融、医疗、个人助理等领域不断取得突破，涉及人类生活的方方面面。

剑桥大学的研究者预测，未来十年，人类大概50%的工作都会被人工智能取代。

被取代可能性较小的工作特征如下：

- 需要从业者具备较强的社交能力、协商能力及人际沟通能力；
- 需要从业者具备较强的同情心，以及对他人提供真心实意的扶助和关切；
- 创意性较强。

被取代可能性较大的工作特征如下：

- 不需要天赋，经由训练即可掌握的技能；
- 简单、重复性的劳动；
- 无需学习的工作。

BBC基于剑桥大学研究者Michael Osborne和Carl Frey的数据体系分析了未来365种职业在英国的被淘汰概率，表1-1列举了部分职业的被淘汰概率。

表 1-1 部分职业的被淘汰概率

序号	职业	被淘汰概率	序号	职业	被淘汰概率
1	电话推销员	99%	18	演员和艺人	37.4%
2	打字员	98.5%	19	化妆师	36.9%
3	会计	97.60%	20	写手和翻译	32.7%
4	保险业务员	97%	21	理发师	32.7%
5	银行职员	96.8%	22	运动员	28.3%
6	政府职员	96.8%	23	警察	22.4%
7	接线员	96.5%	24	程序员	8.5%
8	前台	95.6%	25	健身教练	7.5%
9	客服	91%	26	科学家	6.2%
10	人事	89.7%	27	音乐家	4.5%
11	保安	89.3%	28	艺术家	3.8%
12	房地产经纪人	86%	29	牙医和理疗师	2.1%
13	保洁员、司机	80%	30	建筑师	1.8%
14	厨师	73.4%	31	公关	1.4%
15	IT工程师	58.3%	32	心理医生	0.7%
16	图书管理员	51.9%	33	教师	0.4%
17	摄影师	50.3%	34	酒店管理者	0.4%

在即将到来的AI全新时代，如何让自己变得更具有竞争力，在AI视野下定位自己的发展方向并进行合理的职业规划，变得尤为关键。

【知识拓展】

人工智能学科的基础

1. 数学基础

数学是理工科基础的学科之一，是一门对现实世界进行抽象、归纳及计算的学科。在人工智能专业的学习中，算法和数学基础是不可或缺的基础能力。如果说人工智能是万丈高楼，那么数学思维与逻辑分析就是它的支撑钢筋。所以学习高等数学可以让我们更理性地以逻辑思维看待整个编程世界！线性代数，非常重要，模型计算全靠它；高等代数+概率分布，这俩只要掌握基础就行了，比如积分和求导、各种分布、参数估计等；概率论与数理统计应该被视为工具学科，其在大数据方面的应用极为广泛，主要体现在两方面：一是数据的采集与处理，其保证了数据的规范化和丰富度；二是数据研究，它使数据的特征得到了有效的保证。

2. 英语基础

英语是一门有生命的语言，多加接触，它会慢慢沉淀到你的思想之中。当你看到smile时，会想起嘴角勾起的样子；当你看到turkey时，鼻尖已闻到了诱人的香气；当你看到beautiful时，脑海里会浮现花丛锦簇的景象。用心去感受英语这门语言，会在美好的世界里发现另一片天地。计算机起源于国外，很多有价值的文献都来自国外，所以想要在人工智能方向有所成就，最好还是要读一些外文文献，所以至少要达到能够读懂外文文献的英语水平。

3. 计算机方向理论基础

数据库原理与应用：关于数据库，适用于很多专业的同学，在掌握了一定的数据库基础知识后，一行代码，千万数据任凭调动。

操作系统与 Linux 系统应用：学完操作系统，会发现这个系统软件不再只是给我们呈现界面和其他软件的一个工作平台，而是一个将资源合理分配、任务合理调度的一个超级大工厂。

计算思维（C语言）：学习C语言并不一定要从事与C语言有关的开发工作，但是可以给你养成一种学习编程的思维方式，其他很多的语言在语法上都和C语言类似，Java、C++、C#、PHP、JavaScript等，学完C语言再学这些语言就轻松很多。

数据结构与算法：数据结构+算法=程序，学习数据结构与算法可以培养数据抽象的能力，能够把数据结构和算法理论与编程实践相结合，在实际的工程实践中灵活地予以应用。

面向对象程序设计：古时某帝王唯独偏爱小儿子，特把西南三军整编名为双林军进行特殊训练，此军听令于帝王小儿子，为日后他专独调用（封装）。帝王驾崩，众多儿子分别继承国池，小儿子也成为新帝王，继承他父王的江山（继承）。野蛮人进攻，新帝王挥动旗帜，发号施令。诸侯纷纷起兵进军勤王（多态）。

计算机体系结构：系统地学习了计算机的基础知识以及每个子系统的运行和子系统之间的相互关系等知识后，所有计算机组成原理的难题都会迎刃而解。

计算机网络基础：世间万物皆系于一网之上，将世间万物都联系在一起形成一个庞大的信息网。当你去使用Socket去实现聊天，TCP/IP协议去查询知识时你就会发现网络是个好东西。

本章小结

本章介绍了人工智能的由来、基本概念和发展历程，以及专用人工智能在各行业的应用现状，重点阐述了人工智能云的应用前景和当下一些人工智能云应用，探讨了人工智能对于人们现在和未来工作、生活的深远影响，以期为人们未来的发展提供一些参考。

课后习题

一、基础知识题

1. 下列各项中，不属于“机器人三原则”的是（　　）。

A. 机器人不得伤害人类，或者看到人类受到伤害而袖手旁观

B. 机器人必须服从人类的命令，除非这条命令与A选项相矛盾

C. 机器人必须保护自己，除非这种保护与A选项、B选项相矛盾

D. 机器人不能保护自己，需要无条件服从人类

2. 第一次工业革命期间，（　　）设备大大推动了机器的普及和发展。

A. 蒸汽机车　　B. 圆周式蒸汽机　　C. 纽科门蒸汽机　　D. 珍妮纺织机

3. 第四次工业革命的最终目标就是使人类生活全面智能化，以下特点不属于第四次工业革命特点的是（　　）。

A. 标准化　　B. 个性化　　C. 人性化　　D. 智能化

4. 人工智能学科诞生于（　　）。

A. 20世纪60年代中期　　B. 20世纪50年代中期

C. 20世纪70年代中期　　D. 20世纪80年代中期

5. 以下各项中，不属于人工智能研究范围的是（　　）。

A. 思维　　B. 感知　　C. 行动　　D. 以上都不是

6. 下列各项中，不属于生物识别技术的是（　　）。

A. 指静脉识别　B. 掌纹识别　　C. 虹膜识别　　D. 字体识别

7. 以下关于通用人工智能的说法中，正确的是（　　）。

A. 能够完成特别危险的任务的程序，称为通用人工智能程序

B. 通用人工智能强调的是拥有像人一样的能力，可以通过学习胜任人的任何工作，但不要求它有自我意识

C. 通用人工智能不仅要具备人类的某些能力，还要有自我意识，可以独立思考并解决问题

D. 通用人工智能就是强人工智能

8. 下列各项中，（　　）不是传统AI服务的弊端。

A. 经济价值低　　B. 部署费用贵　C. 运行成本昂贵　　D. 运行速度慢

9. 从部署方式上考虑，不属于人工智能云服务类型的是（　　）。

A. 公有云　　B. 私有云　　C. 无线云　　D. 混合云

10. 下列各项中，不属于微信小程序AI应用的是（　　）。

A. 猜画小歌　　B. 形色识花+　C. QQ　　D. 旧照片修复

二、思考题

查阅相关资料，阐述以下问题：人工智能在本专业有哪些应用？本专业对应的岗位在AI时代会被人工智能取代吗？你打算如何应对这些变化？（以Word文档的形式提交）

第2章　机器学习

内容导读

目前，机器学习在很多人眼中是数据专家或人工智能专家的专属武器。很多想要学习和实践人工智能的工程师往往学习了很多机器学习的理论及算法，但面对实际项目却手足无措。近年来，Amazon工程团队应用机器学习、深度学习技术在全球客服系统智能化、推荐系统本地化及合规性检测自动化等多个方面实现了大量的成功创新。Amazon中国研发中心首席架构师蔡超在AICon上分享了Amazon工程师的学习和实践经验分享，告诉广大工程师如何成长为人工智能的实践者。

机器学习内容导读如图2-1所示。

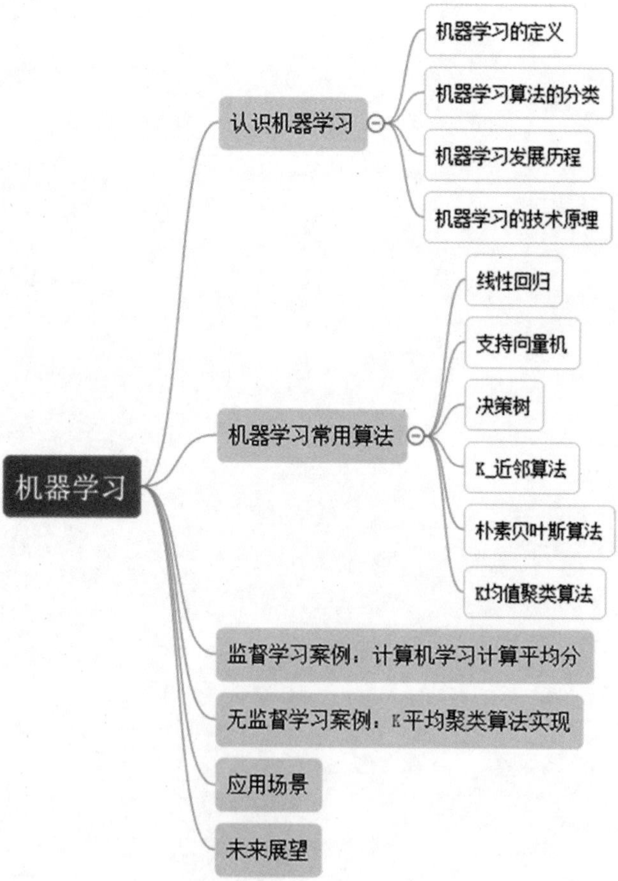

图2-1　机器学习内容导读

2.1 认识机器学习

人工智能近年来在人机博弈、计算机视觉、语音处理等诸多领域都获得了重要进展，在人脸识别、机器翻译等任务中已经达到甚至超越了人类的表现。尤其是在举世瞩目的围棋“人机大战”中，AlphaGo的两代人工智能产品先后战胜了世界围棋冠军李世石和柯洁，让人类领略到了人工智能技术的巨大潜力。可以说，近年来人工智能技术所取得的成就，除了计算能力的提高及海量数据的支撑，在很大程度上也得益于目前机器学习（Machine Learning）理论和技术的进步。

与计算机视觉、语音处理、自然语言处理等应用技术相比，机器学习更偏重分类、聚类、回归等方向的基础研究，常用算法有支持向量机、神经网络、线性回归、K均值聚类等。机器学习常用算法及应用如图2-2所示。

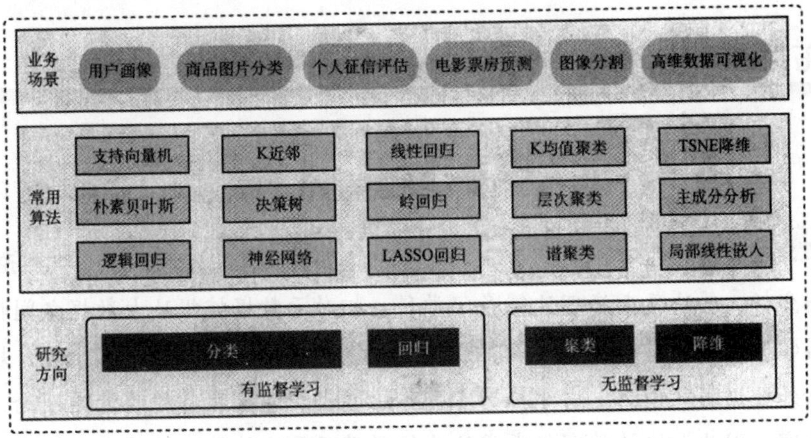

图2-2 机器学习常用算法及应用

当然，机器学习的研究方向还有监督学习/无监督学习、强化学习等，关联规则挖掘等算法也得到了广泛的应用。

2.1.1 机器学习的定义

机器学习是一个多学科交叉领域，涵盖计算机科学、概率论知识、统计学知识、近似理论知识。它用计算机来模拟人类的学习方式。对“机器学习”，目前尚无一个公认的和准确的定义，目前有下面三种定义：

· 机器学习是一门人工智能的科学，该领域的主要研究对象是人工智能，特别是如何在经验学习中改善具体算法的性能。

· 机器学习是对能通过经验自动改进的计算机算法的研究。

· 机器学习是用数据或以往的经验，以此优化计算机程序的性能标准。

简单地按照字面理解，机器学习的目的是让机器能像人一样具有学习能力。机器学习领域奠基人之一、美国工程院院士Mitchell教授在撰写的经典教材*Machine Learning*（《机器学习》）中所给出的机器学习定义为“利用经验来改善计算机系统自身的性能”。他认为，机器学习是计算机科学和统计学的交叉，同时也是人工智能和数据科学的核心。一般而言，经验对应于历史数据（如互联网数据、科学实验数据等），计算机系统对应于机器学习模型（如决策树、支持向量机等），而性能则是模型对新数据的处理能力（如分类精度和预测性能等）。通俗来说，经验和数据是燃料，性能是目标，而机器学习技术则是火箭，是计算机系统通往智能的技术途径。

更进一步说，机器学习致力于研究如何通过计算机算法，利用经验改善自身的性能，其根本任务是数据的智能分析与建模，进而从数据中挖掘出有价值的信息。随着计算机、通信、传感器等信息技术的飞速发展，数据以指数方式迅速增长。机器学习技术是从数据当中挖掘出有价值信息的重要手段，它通过对数据进行建模，然后估计模型的参数，从而从数据中挖掘出对人类有用的信息。

【知识拓展】

机器学习和数据挖掘

机器学习和数据挖掘有一定的关联，也是一门多领域交叉学科，涉及概率论、统计学、逼近论、凸分析、算法复杂度理论等多门学科。相对于数据挖掘从大数据之间找相关特性而言，机器学习更加注重算法的设计，让计算机能够自动地从数据中“学习”规律，并利用规律对未知数据进行预测。由于机器学习算法通常会涉及大量的统计学理论，与统计推断联系很紧密，因此，统计学家们常常认为机器学习是统计学比较偏向应用的一个分支，是统计学与计算机科学的交叉。

人类在成长、生活过程中积累了不少的经验。我们可以对这些经验进行归纳，并获得一些规律，对将来进行推测，如图2-3所示。机器学习中的“训练”与“预测”过程可以对应到人类的“归纳”和“推测”过程，如图2-4所示。

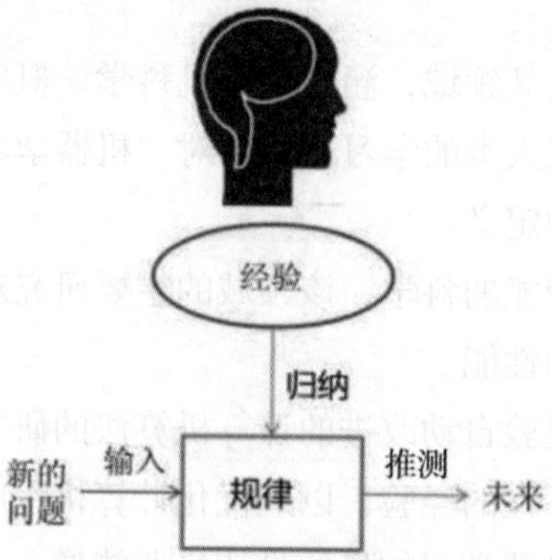

图2-3　人类从经验中学习

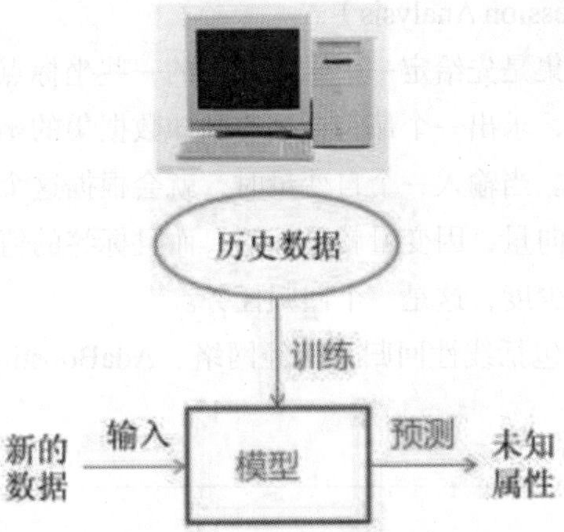

图2-4　机器学习的基本过程

在机器学习中，我们需要一批数据（训练数据集），通过一些机器学习算法进行处理（训练），训练得到的模型可以用于对新的数据（测试数据集）进行处理（预测）。“训练”产生“模型”，“模型”指导“预测”。

2.1.2　机器学习算法的分类

一般而言，机器学习可分为有监督学习、无监督学习两大类，当然还可以扩展出半监督学习、强化学习甚至迁移学习等方向。

1．有监督学习

有监督学习（Supervised Learning）是从给定的训练数据集中学习出一个函数，当新的数据到来时，可以根据这个函数预测结果。监督学习的训练集要求包括输入和输出，也可以说是特征和目标，训练集中的目标是由人标注的。常见的监督学习算法包括分类和回归。分类和回归的主要区别就是输出结果是离散的还是连续的。

（1）分类（Classification）

在分类任务中，数据集是由特征向量和它们的标签组成的，当我们学习了这些数据之后，给定一个只知道特征向量不知道标签的数据，可以求它的标签是哪一个。例如，预测明天是阴天、晴天还是下雨天，就是一个分类任务。

分类任务的常见算法包括逻辑回归、决策树、随机森林、KNN、支持向量机、朴素贝叶斯、神经网络等。分类示意图如图2-5所示。

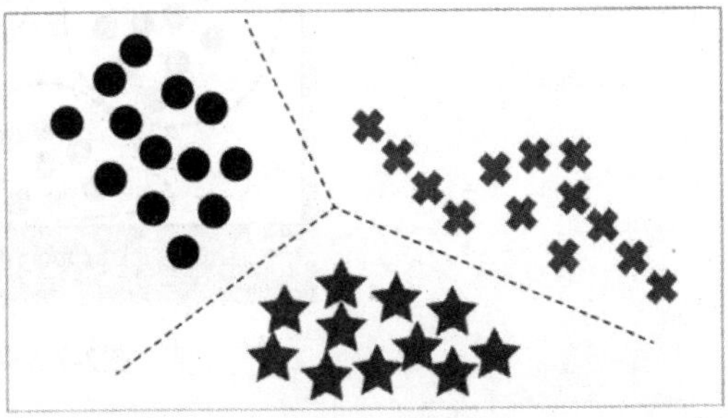

图2-5　分类示意图

（2）回归分析（Regression Analysis）

在回归分析中，数据集是先给定一个函数和它的一些坐标点，然后通过回归分析的算法，来估计原函数的模型，求出一个最符合这些已知数据集的函数解析式后，可以用来预估其他未知输出的数据了。当输入一个自变量时，就会根据这个函数解析式输出一个因变量。这些自变量就是特征向量，因变量就是标签，而且标签的值是建立在连续范围的。例如，预测明天的气温是多少度，这是一个回归任务。

回归分析的常用算法包括线性回归、神经网络、AdaBoosting等。回归示意图如图2-6所示。

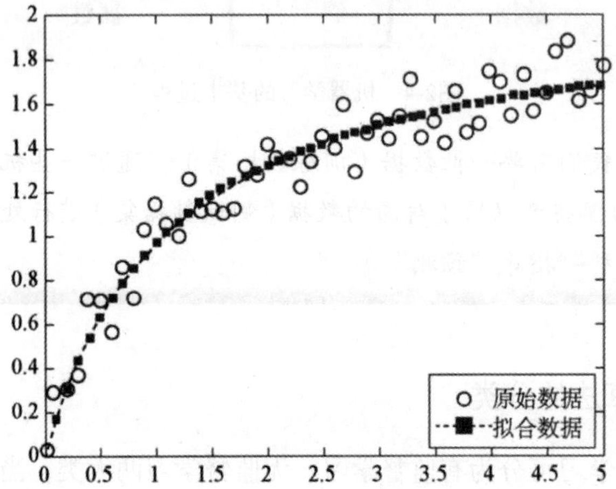

图2-6　回归示意图

2．无监督学习

无监督学习（Unsupervised Learning）与有监督学习相比，训练集是没有人为标注的。无监督学习的应用模式主要包括聚类算法和关联规则抽取。

聚类算法又分K-means聚类和层次聚类。聚类分析的目标是创建对象分组，使得同一组内的对象尽可能相似，而处于不同组内的对象尽可能相异。聚类示意图如图2-7所示。

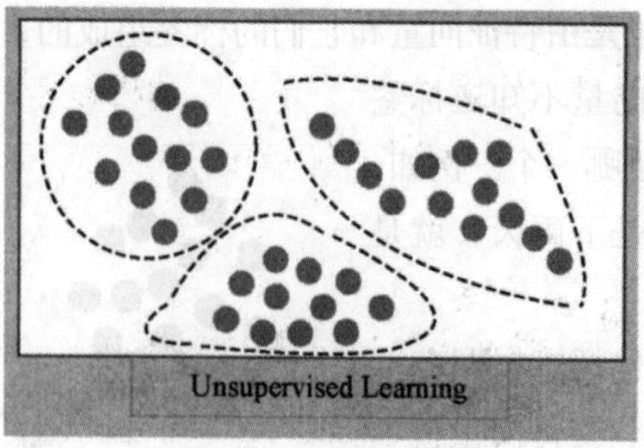

图2-7　聚类示意图

关联规则抽取在生活中得到了很多应用。沃尔玛拥有世界上最大的数据仓库系统，为了能够准确了解顾客在其门店的购买习惯，沃尔玛对其顾客的购物行为进行购物篮分析，想知道顾客经常一起购买的商品有哪些，发现跟尿布一起购买最多的商品竟是啤酒！经过大量实际调查和分析，揭示了一个隐藏在“尿布与啤酒”背后的美国人的一种行为模式：在美国，一些年轻的父亲下班后经常要到超市去买婴儿尿布，而他们中有30%~40%的人同时也为自己买一些啤酒。产生这一现象的原因是，美国的太太们常叮嘱她们的丈夫下班后为小孩买尿布，而丈夫们在买尿布后又随手带回了他们喜欢的啤酒。

3．半监督学习

半监督学习（Semi-Supervised Learning，SSL）是模式识别和机器学习领域研究的重点问题，是有监督学习与无监督学习相结合的一种学习方法。半监督学习使用大量的未标记数据，同时使用标记数据来进行模式识别工作。当使用半监督学习时，将会要求尽量少的人员来从事标注工作，同时，又能够带来比较高的准确性，因此，半监督学习目前正越来越受到人们的重视。

4．迁移学习

随着计算机硬件和算法的发展，缺乏有标签数据的问题逐渐凸显出来，不是每个领域都会像ImageNet那样花费大量的人工标注来产出一些数据，尤其针对工业界，每时每刻都在产生大量的新数据，标注这些数据是一件耗时耗力的事情。因此，目前有监督学习虽然能够解决很多重要的问题，却也存在着一定的局限性，基于这样的一个环境，迁移学习变得尤为重要。

迁移学习的适用场景：假定源域（Source Domain）中有较多的样本，能较好地完成源任务（Source Task），而目标域（Target Domain）中样本量较少，不能较好地完成目标任务（Target Task），即分类或者回归的性能不稳定。这时候，可以利用源域的样本或者模型来协助提升目标任务的性能。

其中域（Domain），包括两个内容$D=(X, P(X))$，X是特征空间，它代表了所有可能特征向量的取值，$P(X)$是边缘概率分布，它代表了某种特定的采样。例如，X是一个二维空间，$P(X)$为过原点的一条直线。任务（Task），它也包括两个部分$T=(Y, f(x))$，标签空间和预测函数。预测函数是基于输入的特征向量和标签学习而来的，它也称为条件概率分布$P(y|x)$。

当然，其中源域与目标域之间有一定的相关性，但又不完全相同。如果源域与目标域是相同的，则可以直接合并两个任务，不存在迁移之说。而如果源域与目标域没有相关性，或者相关性很弱，则将源域信息加入训练，不仅不会提升，反而可能损害目标任务的性能，即产生负迁移现象。

5．强化学习

强化学习（Reinforcement Learning，RL），又称再励学习、评价学习或增强学习，是机器学习的范式和方法论之一，用于描述和解决智能体（Agent）在与环境的交互过程中通过学习策略以达成回报最大化或实现特定目标的问题。强化学习问题经常在信息论、博弈论、自动控制理论等领域讨论，被用于解释有限理性条件下的平衡态、设计推荐系统和机器人交互系统。一些复杂的强化学习算法在一定程度上具备解决复杂问题的通用智能，可以在围棋和电子游戏中达到或者超过人类水平。

强化学习是从动物学习、参数扰动自适应控制理论等发展而来的。其基本原理是，如果智能体（Agent）的某个行为策略导致环境正向奖赏（强化信号），那么Agent以后产生这个行为策略的趋势便会加强。Agent的目标是，在每个离散状态发现最优策略，以使期望的折扣和奖赏达到最大。

强化学习把学习看作试探评价过程，Agent选择一个动作用于环境，环境接受该动作后状态发生变化，同时产生一个强化信号（奖或惩）反馈给Agent，Agent根据强化信号和环境当前状态再选择下一个动作，选择的原则是使受到正强化（奖）的概率增大。选择的动作不仅影响立即强化值，而且影响环境下一时刻的状态及最终的强化值，如图2-8所示。

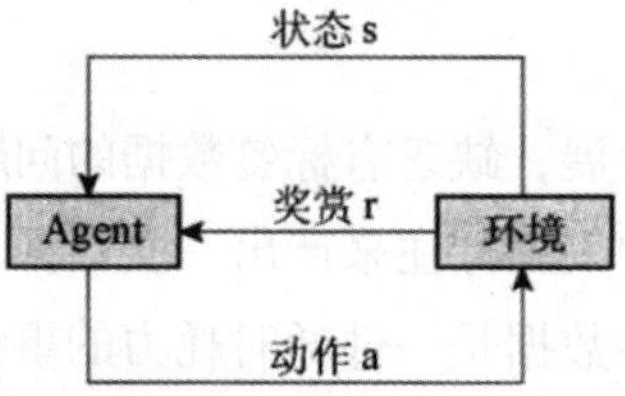

图2-8　强化学习

强化学习不同于连接主义学习中的有监督学习，主要表现在教师信号上，强化学习中由环境提供的强化信号是Agent对所产生动作的好坏做一种评价（通常为标量信号），而不是告诉Agent如何去产生正确的动作。由于外部环境提供了很少的信息，Agent必须靠自身的经历进行学习。通过这种方式，Agent在“动作—评价”的环境中获得知识，改进动作方案以适应环境。

强化学习系统学习的目标是动态地调整参数，以使强化信号达到最大。若已知r/a梯度信息，则可以直接使用有监督学习算法。因为强化信号r与Agent产生的动作a没有明确的函数形式描述，所以梯度信息r/a无法得到。因此，在强化学习系统中，需要某种随机单元，使用这种随机单元，Agent在可能动作空间中进行搜索并发现正确的动作。

2.1.3　机器学习发展历程

早在古代，人类就萌生了制造出智能机器的想法。中国古代发明的指南车，以及三国时期诸葛亮发明的尽人皆知的木牛流马；日本人在几百年前制造过靠机械装置驱动的玩偶；1770年，英国公使给当时的清朝皇帝进贡了一个能写“八方向化，九土来王”8个汉字的机器玩偶（保存在故宫博物院），等等。这些例子都只是人类早期对机器学习（或机器）的一种认识和尝试。

真正的机器学习研究起步较晚，它的发展过程大体上可分为以下4个阶段：第一阶段是在20世纪50年代中叶到20世纪60年代中叶，属于机器学习热烈时期；第二阶段是在20世纪60年代中叶至20世纪70年代中叶，被称为机器学习冷静期；第三阶段是从20世纪70年代中叶至20世纪80年代中叶，被称为机器学习复兴期；第四个阶段从1986年至现在，是机器学习快速发展期。

最新的阶段起始于1986年。当时，机器学习综合应用心理学、生物学和神经生理学以及数学、自动化和计算机科学，并形成了机器学习理论基础，同时还结合各种学习方法取长补短，形成集成学习系统。此外，机器学习与人工智能各种基础问题的统一性观点正在形成，各种学习方法的应用范围不断扩大，同时出现了商业化的机器学习产品，还积极开展了与机器学习有关的学术活动。

1989年，Carbonell指出机器学习有4个研究方向：连接机器学习、基于符号的归纳机器学习、遗传机器学习与分析机器学习。1997年，Dietterich提出了另外4个新的研究方向：分类器的集成（Ensembles of classifiers）、海量数据的有监督学习算法（Methods for scaling up supervised learning algorithm）、增强机器学习（Reinforcement Learning）与学习复杂统计模型（Learning complex stochastic models）。

在机器学习的发展道路上，值得一提的是“人工大脑之父”雨果·德·加里斯教授。他创造的“CBM”大脑制造机器可以在几秒钟内进化成一个神经网络，可以处理将近1亿个人工神经元，它的计算能力相当于10000台个人计算机。2000年，人工大脑可以控制“小猫机器人”的数百个行为能力。

2010年以来，Google、Microsoft等国际IT公司加快了对机器学习的研究，已经取得很好的商业收益，国内很多知名的公司也纷纷效仿。阿里巴巴、淘宝为应对大数据时代带来的挑战，已经在自己的产品中大量应用机器学习算法。百度、搜狗等已拥有能与Google竞争的搜索引擎，其产品中也早已融合了机器学习知识，奇虎360公司也意识到了机器学习的意义所在，这些公司纷纷表现出对机器学习研发领域的持续关注。近几年正是机器学习知识在国内软件行业普及的黄金时代，也给软件工程师们进入机器学习这一行业带来了机遇。

2.1.4　机器学习的技术原理

机器是有可能自己学习事物规律的，那么如何才能让它学到规律呢？我们先来看一个故事：

猫妈妈让小猫去捉老鼠，小猫问：“老鼠是什么样子啊？”

猫妈妈说：“老鼠长着胡须。”结果小猫找来一头大蒜。

猫妈妈又说：“老鼠四条腿。”结果小猫找来一个板凳。

猫妈妈再说：“老鼠有一条尾巴。”结果小猫找来一个萝卜。

在这个故事里，小猫就是一个基于规则的（Rule-Based）计算机程序，它完全听命于开发者猫妈妈的指令行事。但是因为三次指令都不够全面，结果，三次都得出了错误的结果。如果要把小猫变成一个基于机器学习模型的（Model-Based）计算机程序，猫妈妈该怎么做呢？猫妈妈应该这样做，应该给小猫看一些照片，并告诉小猫，有些是老鼠，有些不是，如图2-9所示。

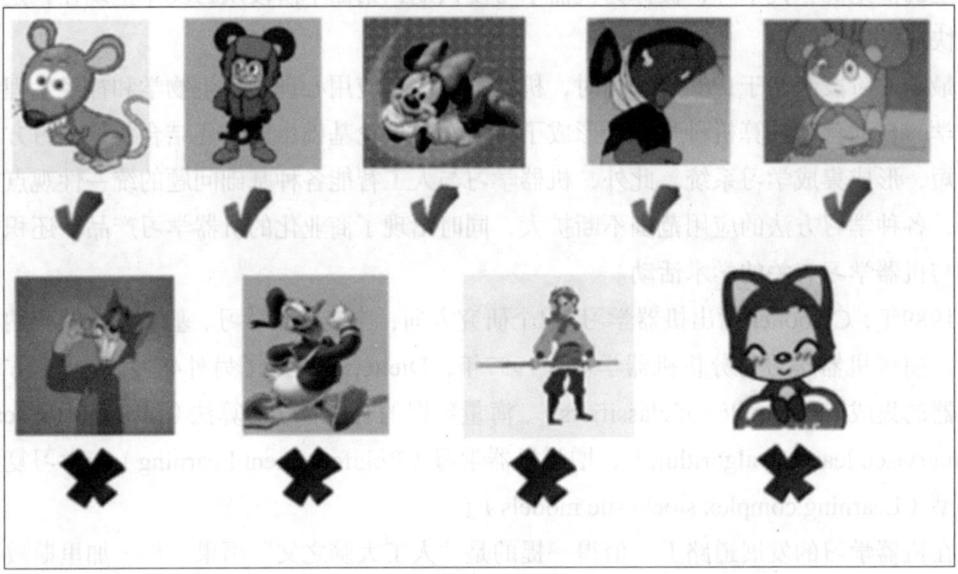

图2-9　老鼠和其他动物

猫妈妈可以先告诉它要注意老鼠的耳朵、鼻子和尾巴。然后小猫通过对比发现：老鼠的耳朵是圆形的，别的动物要么没耳朵，要么不是圆形耳朵；老鼠都有尾巴，别的动物有的有，有的没有；老鼠的鼻子是尖的，别的动物不一定都是这样的。

然后小猫就用自己学习到的“老鼠是圆耳朵、有尾巴、尖鼻子的动物”的规则去抓老鼠，那么小猫就成了一个“老鼠分类器”。小猫（在此处类比一个计算机程序）是机器（Machine），它成为“老鼠分类器”的过程，就叫作学习（Learning）。猫妈妈给的那些照片是用于学习的数据（Data）。猫妈妈告知要注意的几点，是这个分类器的特征（Feature）。学习的结果——老鼠分类器——是一个模型（Model）。这个模型的类型可能是逻辑回归，或者朴素贝叶斯，或者决策树……总之是一个分类模型。小猫思考的过程就是算法（Algorithm），无论有监督学习，还是无监督学习，都离不开这三个要素。

有监督学习——小猫通过学习成为“老鼠分类器”，就属于典型的有监督学习（Supervised Learning）。

大家请看上面的图2-9，其中不仅有老鼠、非老鼠的照片，而且在每张老鼠照片的下面还有一个绿色的对钩，说明这是一只老鼠；而非老鼠的照片下面是一个红叉子，说明这不是一只老鼠。每一张照片是一个数据样本（Sample）。下面的对钩或者红叉子，就是这个数据样本的标签（Label）。而给样本打上标签的过程，就叫作标注（Labeling）。标注这件事情，机器学习程序自己是解决不了的，必须依靠外力。这些钩叉都是猫妈妈打上去的，而不是小猫。

小猫通过学习过程获得的，就是给图片打钩或打叉的能力。如果小猫通过该过程已经能够给图片打钩或者打叉了，就说明该过程已经是一个学习成熟的模型了。这种通过标注数据进行学习的方法，就叫作有监督学习或直接叫监督学习（Supervised Learning）。

无监督学习——反过来，如果用于学习的数据只有样本，没有标签，那么通过这种无标注数据进行学习的方法，就叫作无监督学习（Unsupervised Learning）。

比如说，我们有这样六个样本（如图2-10所示）：

图2-10 样本图

要做的事情是，根据他们的体貌区分他们的种族。明明是六匹马，为什么还要分种族呢？因为在小马（Little Pony）的世界里，小马（Pony）在马这个大类之下，还有细分的种族。我可以告诉你，要关注的特征（Features）是独角和翅膀。而他们一共可以被归为3个小马种族。这样你是不是就能分出来了——两个有独角的一组（他们叫独角兽）；两个有翅膀的一族（他们叫飞马）；另外两个正常的一组（他们叫陆马）。聚类完成，这就是一次有趣的无监督学习的过程。

一般来说，机器学习流程大致分为以下四步（如图2-11所示）。

第①步：数据收集与预处理。例如，新闻中会掺杂很多特殊字符和广告等无关因素，要先把这些剔除掉。除此之外，可能还会用到对文章进行分词、提取关键词等操作，这些在后续案例中会进行详细分析。

第②步：特征工程，也叫作特征抽取。例如，有一段新闻，描述“科比职业生涯画上圆满句号，今天正式退役了”。显然这是一篇与体育相关的新闻，但是计算机并不认识科比，所以还需要将人能读懂的字符转换成计算机能识别的数值。这一步看起来容易，做起来就非常难了，如何构造合适的输入特征也是机器学习中非常重要的一部分。

第③步：模型构建。这一步只要训练一个分类器即可，当然，建模过程中还会涉及很多调整参数工作，随便建立一个差不多的模型很容易，但是想要将模型做得完美还需要大量的实验。

第④步：评估与预测。最后，模型构建完成就可以进行判断预测，一篇文章经过预处理再被传入模型中，机器就会告诉我们按照它所学数据得出的是什么结果。

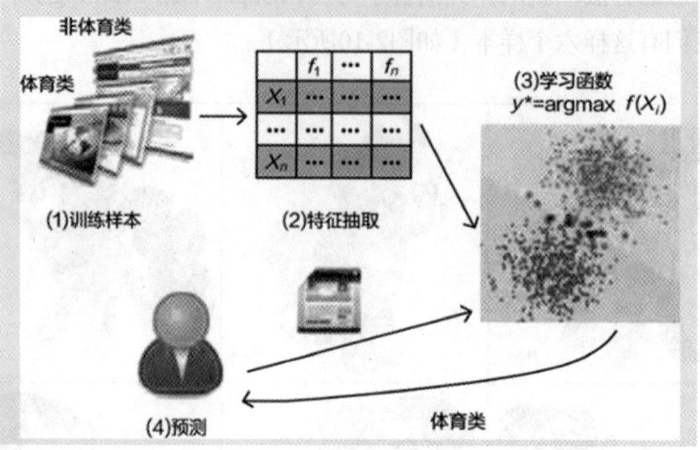

图2-11　机器学习流程

2.2　机器学习常用算法

在神经网络的成功带动下，越来越多的研究人员和开发人员都开始重新审视机器学习，尝试用某些机器学习方法自动解决一些应用问题。

以下将介绍数据科学家们最常使用的六种机器学习算法，包括线性回归、支持向量机、决策树、K-近邻算法、朴素贝叶斯算法、K均值聚类算法。

2.2.1　线性回归

线性回归（Linear Regression）是利用数理统计中的回归分析，来确定两种或两种以上变量间相互依赖的定量关系的一种统计分析方法，运用十分广泛。其表达形式为$y=w'x+e$，e为误差服从均值为0的正态分布。在回归分析中，如果只包括一个自变量（x）和一个因变量（y），且二者的关系可用一条直线（斜率为w'）近似表示，这种回归分析称为一元线性回归分析。如果回归分析中包括两个或两个以上的自变量，且因变量和自变量之间是线性关系，则称为多元线性回归分析。

线性回归是回归分析中一种经过严格研究并在实际应用中广泛使用的类型。这是因为线性依赖与其未知参数的模型比非线性依赖与其位置参数的模型更容易拟合，而且产生的估计的统计特性也更容易确定。在机器学习中，有一个奥卡姆剃刀（Occam's Razor）原则，主张选择与经验观察一致的最简单假设，是一种常用的、自然科学研究中最基本的原则，即“若有多个假设与观察一致，则选最简单的那个”。线性回归无疑是奥卡姆剃刀原则最好的例子之一。

一般来说，线性回归都可以通过最小二乘法求出方程式，即可以计算出$y=w'x+e$的直线。但是线性回归模型也可能用别的方法来拟合，比如用最小化“拟合缺陷”。另外，“最小二乘法”逼近也可以用来拟合那些非线性的模型。因此，尽管“最小二乘法”和“线性模型”是紧密相连的，但它们并不能画等号。

人们早就知晓，相比凉爽的天气，蟋蟀在较为炎热的天气里鸣叫更为频繁。数十年来，昆虫学者已将每分钟的鸣叫声和温度方面的数据编入目录。现在，我们已经拥有蟋蟀数据库，希望利用该数据库训练一个模型，从而预测鸣叫声与温度的关系。我们首先将数据绘制成图表，了解数据的分布情况，如图2-12（a）所示。我们可以发现，数据的分布接近一条直线。

可以画出一条直线来模拟每分钟的鸣叫声与温度（单位：摄氏度）的关系，如图2-12（b）所示。事实上，虽然该直线并未精确无误地经过每个点，但针对我们拥有的数据，还是清楚地显示了鸣叫声与温度之间的关系。

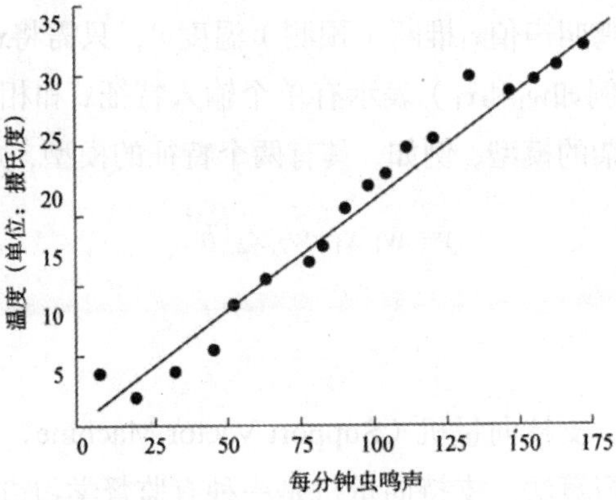

（a）

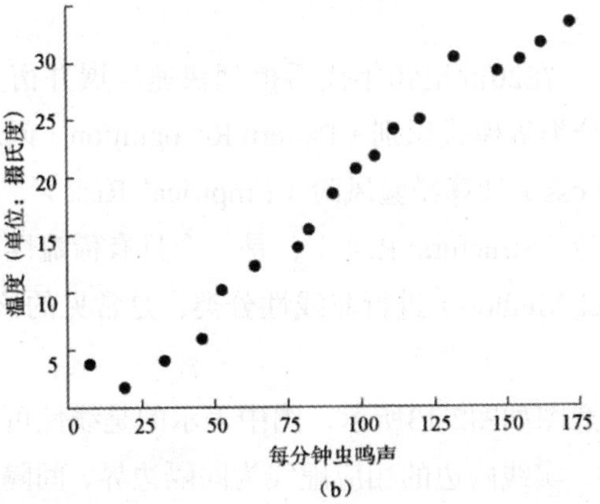

（b）

图2-12　每分钟的鸣叫声与温度（单位：摄氏度）之间的关系

只需运用一点代数知识，就可以将这种关系写下来，如下方程式所示：

$$y=kx+b$$

其中，

· y指的是温度（以摄氏度表示），即我们试图预测的值。

· b指的是y轴截距。

· x指的是每分钟的鸣叫声次数，即输入特征的值。

· k指的是直线的斜率。

按照机器学习的惯例，需要写一个存在细微差别的模型方程式：

$$y'=w_1.x_1+b$$

其中，

· y'指的是预测标签（理想输出值）。

· b指的是偏差（y轴截距）或偏置项（bias）。而在一些机器学习文档中，它称为w_0。

· x_1指的是特征（已知输入项）。

· w_1指的是特征1的权重。权重与上面用k表示“斜率”的概念相同。

要根据新的每分钟的鸣叫声值x_1推断（预测）温度y'，只需将x_1的值代入此模型即可。

另外，本例中下标（例如w_1和x_1）表示有单个输入特征x_1和相应的单个权重w_1。如果有多个输入特征表示更复杂的模型，例如，具有两个特征的模型，则可以采用以下方程式：

$$y='w_{1.}x_1+w_{2.}x_2+b$$

2.2.2 支持向量机

在深度学习盛行之前，支持向量机（Support Vector Machine，SVM）被认为是最常用并且最常被谈到的机器学习算法。支持向量机是一种有监督学习方式，可以进行分类，也可以进行回归分析。

SVM产生于1964年，在20世纪90年代后得到快速发展并衍生出一系列改进和扩展算法，在人像识别、文本分类等模式识别（Pattern Recognition）问题中得到应用。SVM使用铰链损失函数（Hinge Loss）计算经验风险（Empirical Risk），并在求解系统中加入了正则化项，以优化结构风险（Structural Risk），是一个具有稀疏性和稳健性的分类器。SVM可以通过核方法（Kernel Method）进行非线性分类，是常见的核学习（Kernel Learning）方法之一。

支持向量机原理示意图如图2-13所示，图中表示的是线性可分状况。其中，图中的直线A和直线B为决策边界，实线两边的相应虚线为间隔边界，间隔边界上的带圈点为支持向量。在图2-13（a）中，我们可以看到有两个类别的数据，而图2-13（b）和图2-13（c）中的直线A和直线B都可以把这两类数据点分开。那么，到底选用直接A还是直线B来作为分类边界呢？支持向量机采用间隔最大化（Maximum Margin）原则，即选用到间隔边界的距离最大的决策直线。由于直线A到它两边虚线的距离更大，也就是间隔更大，则直线A将比直线B有更多的机会成为决策函数。

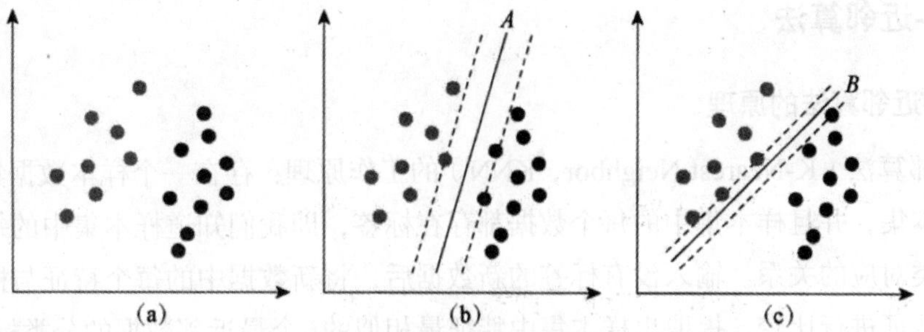

图2-13　支持向量机原理示意图

在小样本的场景中，SVM是分类性能较稳定的分类器。

2.2.3　决策树

决策树（Decision Tree）是在已知各种情况发生概率的基础上，通过构成决策树来求取净现值的期望值大于等于零的概率，评价项目风险，判断其可行性的决策分析方法，是直观运用概率分析的一种图解法。由于这种决策分支画成的图形很像一棵树的枝干，故称决策树，如图2-14所示。在机器学习中，决策树是一个预测模型，它代表的是对象属性与对象值之间的一种映射关系。

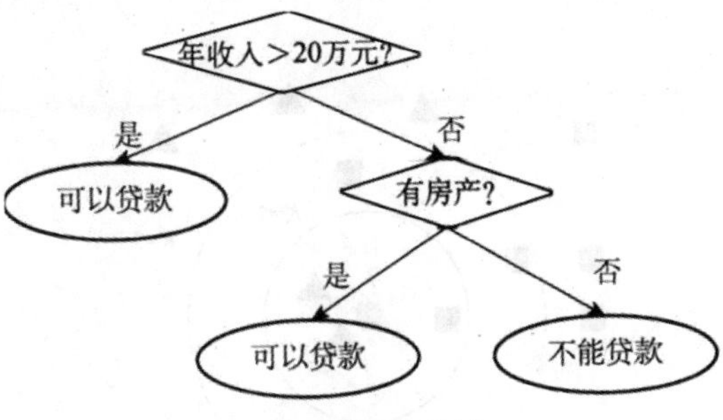

图2-14　决策树

决策树是一种树形结构，其中每个内部节点表示一个属性上的测试，每个分支代表一个测试输出，每个叶节点代表一种类别。

分类树（决策树）是一种十分常用的分类方法，是机器学习预测建模的一类重要算法。我们可以用二叉树来解释决策树模型。在图2-14中根据算法和数据结构建立的二叉树，每个节点代表一个输入变量及变量的分叉点。

决策树的叶节点包括用于预测的输出变量。通过树的各分支到达叶节点，并输出对应叶节点的分类值。树可以进行快速的学习和预测，通常并不需要对数据做特殊的处理，就可以使用这个方法对多种问题得到准确的结果。

2.2.4 K-近邻算法

1. K-近邻算法的原理

K-近邻算法（K-Nearest Neighbor，KNN）的工作原理：存在一个样本数据集合，也称为训练样本集，并且样本集中的每个数据都存在标签，即我们知道样本集中的每一个数据与所属分类对应的关系。输入没有标签的新数据后，将新数据中的每个特征与样本集中数据对应的特征进行比较，提取出样本集中特征最相似的K个最近邻数据的分类标签。

2. KNN算法的流程

KNN算法可以分为以下5个步骤：

· 计算测试数据与各个训练数据之间的距离。

· 按照距离的递增关系进行排序。

· 选取距离最小的K个点。

· 确定前K个点所在类别的出现频率。

· 返回前K个点中出现频率最高的类别作为测试数据的预测分类。

图2-15给出了KNN算法中K值选区的规则。图中的数据集是良好的数据集，即都有对应的标签。一类是正方形，一类是三角形，圆形表示待分类的数据。

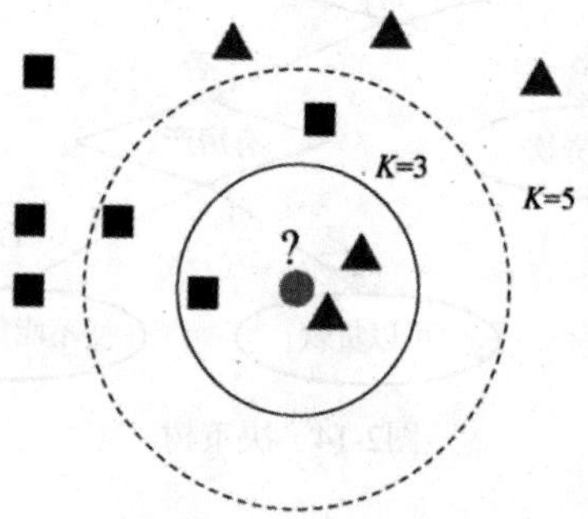

图2-15 KNN算法原理

K=3时（图中实线），范围内三角形多，这个待分类点属于三角形。

K=5时（图中虚线），范围内正方形多，这个待分类点属于正方形。

如何选择一个最佳的K值取决于数据。一般情况下，在分类时，较大的K值能够减小噪声的影响，但会使类别之间的界限变得模糊。因此，K的取值一般比较小（K<20）。

3. KNN算法的优缺点

优点：简单，易于理解，无需建模与训练，易于实现；适合对稀有事件进行分类；适合于多分类问题，例如，根据基因特征来判断其功能分类，KNN比SVM的表现要好。

缺点：属于惰性算法，内存开销大，对测试样本分类时的计算量大，性能较低；可解释性差，无法给出决策树那样的规则。

2.2.5　朴素贝叶斯算法

1. 朴素贝叶斯算法概念

贝叶斯方法以贝叶斯原理为基础，使用概率统计的知识对样本数据集进行分类。由于其有着坚实的数学基础，贝叶斯分类算法的误判率是很低的。贝叶斯方法的特点是，结合先验概率和后验概率，既避免了只使用先验概率的主观偏见，也避免了单独使用样本信息的过拟合现象。贝叶斯分类算法在数据集较大的情况下表现出较高的准确率，同时算法本身也比较简单。

朴素贝叶斯算法（Naive Bayesian Algorithm）是应用最为广泛的分类算法之一。朴素贝叶斯方法在贝叶斯算法的基础上进行了相应的简化，即假定给定目标值时，属性之间相互条件独立。也就是说，没有哪个属性变量对于决策结果来说占有较大的比重，也没有哪个属性变量对于决策结果占有较小的比重。虽然这个简化方式在一定程度上降低了贝叶斯分类算法的分类效果，但是在实际的应用场景中，极大地简化了贝叶斯方法的复杂性。

2. 朴素贝叶斯算法的优缺点

优点：朴素贝叶斯算法假设数据集属性之间是相互独立的，因此，算法的逻辑性十分简单，并且算法较为稳定，当数据呈现不同的特点时，朴素贝叶斯的分类性能不会有太大的差异。换句话说，朴素贝叶斯算法的健壮性比较好，对于不同类型的数据集，分类结果不会呈现出太大的差异性。当数据集属性之间的关系相对比较独立时，朴素贝叶斯分类算法会有较好的效果。

缺点：属性独立性的条件同时也是朴素贝叶斯分类算法的不足之处。数据集属性的独立性在很多情况下是很难满足的，因为数据集的属性之间往往都存在着相互关联，如果在分类过程中出现这种问题，会导致分类的效果大大降低。

3. 朴素贝叶斯算法应用

分类是数据分析和机器学习领域的一个基本问题。文本分类已广泛应用于网络信息过滤、信息检索和信息推荐等多个方面。数据驱动分类器学习一直是近年来的热点，方法有很多，比如神经网络、决策树、支持向量机、朴素贝叶斯等。相对于其他精心设计的更复杂的分类算法，朴素贝叶斯分类算法是学习效率和分类效果较好的分类器之一。直观的文本分类算法，也是最简单的贝叶斯分类器，具有很好的可解释性。朴素贝叶斯算法的特点是假设所有特征的出现相互独立、互不影响，每一特征同等重要。但事实上这个假设在现实世界中并不成立：首先，相邻的两个词之间的必然联系，不能独立；其次，对一篇文章来说，其中的某一些代表词就确定它的主题，不需要通读整篇文章、查看所有词。所以需要采用合适的方法进行特征选择，这样朴素贝叶斯分类器才能达到更高的分类效率。

朴素贝叶斯算法在文字识别、图像识别方面有着较为重要的作用。可以将未知的一种文字或图像，根据其已有的分类规则来进行分类，最终达到完整分类的目的。

现实生活中朴素贝叶斯算法应用广泛，如文本分类、垃圾邮件分类、信用评估、钓鱼网站检测等。

2.2.6 K均值聚类算法

分类作为一种监督学习方法，需要事先知道样本的各种类别信息。当对海量数据进行分类时，为了降低数据满足分类算法要求所需要的预处理代价，往往需要选择无监督学习的聚类算法。

K均值聚类算法（K-Means Clustering Algorithm）就是最典型的聚类算法之一。这是一种迭代求解的聚类分析算法，其步骤是：先随机选取K个对象作为初始的聚类中心，然后计算每个对象与各个初始聚类中心之间的距离，把每个对象分配给距离它最近的聚类中心。聚类中心及分配给它们的对象就代表一个聚类。每分配一个样本，聚类的聚类中心会根据聚类中现有的对象被重新计算。这个过程将不断重复直到满足某个终止条件。终止条件可以是没有（或最小数目）对象被重新分配给不同的聚类、没有（或最小数目）聚类中心再发生变化、误差平方和局部最小。

1. K均值聚类算法原理

对给定的样本集，事先确定聚类簇数K，让簇内的样本尽可能紧密地分布在一起，使簇间的距离尽可能大。该算法试图使集群数据分为n组独立数据样本，使n组集群间的方差相等，数学描述为最小化惯性或集群内的平方和。K均值聚类算法作为无监督的聚类算法，实现较简单，聚类效果好，因此被广泛使用。

2. K均值聚类算法步骤及流程

算法步骤：

输入：样本集D，簇的数目K，最大迭代次数N。

输出：簇划分（K个簇，使平方误差最小）。

K-Means流程图如图2-16所示。

① 为每个聚类选择一个初始聚类中心。

② 将样本集按照最小距离原则分配到最邻近聚类。

③ 使用每个聚类的样本均值更新聚类中心。

④ 重复步骤②、③，直到聚类中心不再发生变化。

⑤ 输出最终的聚类中心和K个簇划分。

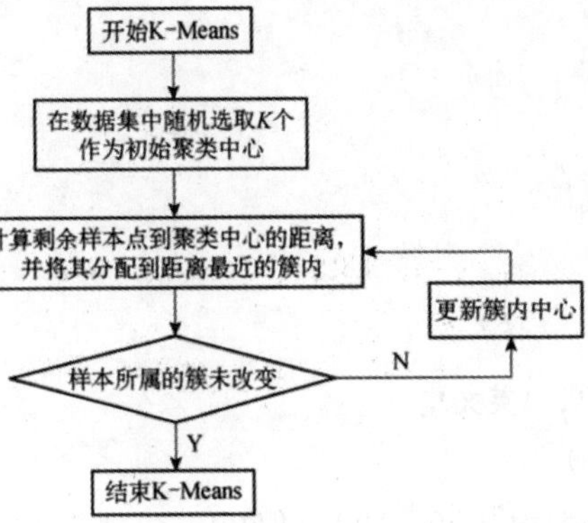

图2-16 K-Means流程图

3. K均值聚类算法优缺点

（1）优点

· 原理易懂、易于实现。

· 当簇间的区别较明显时，聚类效果较好。

（2）缺点

· 当样本集规模大时，收敛速度会变慢。

· 对孤立点数据敏感，少量噪声就会对平均值造成较大影响。

· *K*的取值十分关键，对于不同数据集，*K*选择没有参考性，需要大量的实验。

2.3 监督学习案例：计算机学习计算平均分

1. 项目描述

让计算机通过观察一堆数据，不依靠任何公式，找出这堆数字的规律，体验监督学习的过程。

2. 相关知识

提供一份成绩单，里面包含语文、数学、英文、平均分这4列记录，

我们人类已知：平均分 = （语文 + 数学 + 英文）/3

但是计算机不知道这个公式，现在需要把这样的数据给计算机观察，让计算机自己“学习”，找到无限接近于这个公式的函数，进而计算出“学习”后的结果。

3. 项目设计

（1）随机生成500条记录，每条记录包含语文、数学、英文、平均分这4列数据。

（2）让计算机观察数据，告诉语文、数学、英文这3列数据，可以得到一个平均分的结果，让计算机按照这样的规律去推导出计算平均分的公式。

（3）计算机学习后，我们给计算机输入一些已知的和未知的分数来计算验证一下，看

看计算机“学习”结果。

4. 项目过程

```
import numpy as np
import pandas as pd

#生成数据
col = ['语文', '数学', '英文']
np.random.seed(100)
np1 = np.random.randint(50, 100, (500, 3))
pd1 = pd.DataFrame(data=np1, columns=col)
pd1['平均分'] = np.mean(pd1.loc[: , '语文': '英文'], axis=1)

#展示数据
print(pd1)

#数据划分
X = pd1.loc[: , '语文': '英文']  #已知数据
y = pd1['平均分']  #结果数据

#计算机学习
from sklearn.model_selection import train_test_split
X_train, X_test, y_train,  y_test = train_test_split(X, y, test_size = 0.3,
random_state = 0)
from sklearn.linear_model import LinearRegression
LR = LinearRegression()
model = LR.fit(X_train,  y_train)  #学习结果

#结果展示
print('已知分数58,74,53,预测结果为{}'.format(LR.predict([[58, 74, 53]])[-1]))
print('已知分数80,90,100,预测结果为{}'.format(LR.predict([[80,90,100]])[-1]))
```

5. 项目测试

提供的学习数据

```
     语文  数学  英文      平均分
0    58   74   53   61.666667
1    89   73   65   75.666667
2    98   60   80   79.333333
3    84   52   84   73.333333
4    64   84   99   82.333333
```

已知 58、74、53三科成绩，人工计算出的结果为61.666分。

计算机预测结果：

已知分数58、74、53，预测结果为61.66666666666667。

已知80、90、100三科成绩，人工计算出的结果为90分。

计算机预测结果：

已知分数80、90、100，预测结果为90.0。

2.4　无监督学习案例：K平均聚类算法实现

无监督学习对图像进行分类时，可以采用K-Means算法。该算法实现简单，运行速度快，要求事先知道数据所具有的类别数。K-Means时数据最初的随机分类类别会对最终结果产生很大的影响。数据较少时，K-Means算法分类可能会失败。

1. 项目描述

将色彩量化后，图像的直方图作为识别时的特征量。

2. 相关知识

（1）为每个数据随机分配类。

（2）计算每个类的重心。

（3）计算每个数据与重心之间的距离，将该数据分配到与重心距离最近的那个类。

（4）重复步骤2和步骤3，直到没有数据的类别发生改变为止。

3. 项目设计

（1）对图像进行减色化处理后，计算直方图，将其用作特征量。

（2）对每张图随机分配类别0或类别1（已知类别数为2）。

（3）分别计算类别0和类别1特征量的质心（质心存储在 gs=np.zeros（（Class，12），dtype=np.float32）中），gs具有如下所示的形状和内容：

```
[32911.69214732 41921.1409911 ]
```

（4）对于每个图像，计算特征量与质心之间的距离（在此取欧式距离），并将图像类别指定为距离最近的质心所代表的类别。

（5）重复步骤3和步骤4，直到没有数据的类别发生改变为止。

4. 项目过程

实现代码为：

```
# 引入第三方模块
import cv2
import numpy as np
import matplotlib.pyplot as plt
from glob import glob


# Dicrease color
def dic_color (img) :
    img //= 63
    img = img * 64 + 32
    return img

# Database
def get_DB () :
    # 获取训练集图片的路径
    train = glob ("../dataset/train/*")
    # 排序
    train.sort ()

    # 将图片的数量创建一个数组
    db = np.zeros ( (len (train) , 13) , dtype=np.int32)
    pdb = []

    # 循环读取图片
    for i, path in enumerate (train) :
        # 读取图片
        img = dic_color (cv2.imread (path) )
        # 生成图
        for j in range (4) :
            db[i, j] = len (np.where (img[..., 0] == (64 * j + 32) ) [0])
            db[i, j + 4] = len (np.where (img[..., 1] == (64 * j + 32) ) [0])
            db[i, j + 8] = len (np.where (img[..., 2] == (64 * j + 32) ) [0])
```

```
        # 获取类别
        if 'akahara' in path:
            cls = 0
        elif 'madara' in path:
            cls = 1

        # 存储类别标签
        db[i, -1] = cls

        # 添加图片路径
        pdb.append (path)

    return db, pdb

# k-Means 算法
def k_means (db, pdb, Class=2, th=0.5) :
    # 复制数据
    feats = db.copy ()

    # 利用随机数种子，每次生成相同的随机数
    np.random.seed (4)

    # 循环 分配随机类别
    for i in range (len (feats) ) :
        if np.random.random () < th:
            feats[i, -1] = 0
        else:
            feats[i, -1] = 1

    while True:
        # prepare gravity 准备权重
        gs = np.zeros ( (Class, 12) , dtype=np.float32)
        change_count = 0

        # compute gravity 循环 计算权重
        for i in range (Class) :
```

```
            gs[i] = np.mean (feats[np.where (feats[..., -1] == i) [0], :12],
axis=0)

            # re-labeling  重新标记
            for i in range (len (feats) ) :
                # get distance each nearest gravity  距离最近的权重有一定的距离
                dis = np.sqrt (np.sum (np.square (np.abs (gs - feats[i, :12]) ) ,
axis=1) )

                # get new label  获取新的标记
                pred = np.argmin (dis, axis=0)

                # 如果新的标签与老的标记不同
                if int (feats[i, -1]) != pred:
                    change_count += 1
                    feats[i, -1] = pred

            if change_count < 1:
                break

        for i in range (db.shape[0]) :
            print (pdb[i], " Pred:", feats[i, -1])

db, pdb = get_DB ()  # 调用get_DB函数
k_means (db, pdb, th=0.3)  # 调用k_means函数
```

5. 项目测试

```
../dataset/train\akahara_0004.jpg  Pred: 0
../dataset/train\akahara_0005.jpg  Pred: 1
../dataset/train\akahara_0007.jpg  Pred: 0
../dataset/train\madara_0001.jpg  Pred: 1
../dataset/train\madara_0003.jpg  Pred: 1
../dataset/train\madara_0006.jpg  Pred: 0
```

2.5 应用场景

机器学习的应用非常广泛。我们日常生活中所接触的广告推荐系统、智能图片美化及聊天机器人等各种应用中，许多采用了大量的机器学习和数据处理算法，实现不同的功能以满足人类的各种需求。下面简单介绍三种较为典型的应用场景。

1．金融安全

据2017年6月网络安全评价服务平台“安全值”的调查分析，金融业已成为我国网络安全关注度较高的10个重点行业之一，金融机构已经成为网络犯罪的主要目标。与传统金融业务不同，互联网金融业务大多发生在线上，往往几秒钟就能完成审核、申请、放款等，面临的欺诈风险也是前所未有的。据统计，我国网络犯罪导致的损失占GDP的0.63%，一年损失金额高达4000多亿元。

目前，国内反欺诈金融服务采用的方法主要有黑白名单、监督学习及无监督学习。无监督学习不需要任何训练数据和标签，通过聚类等算法模型即可发现用户的共性行为，并通过用户和用户间的关系来检测欺诈，从而发现伪装的异常用户并将其锁定。例如，银行可应用机器学习算法实时监控每一个账户的大量交易参数，通过算法分析持卡人的每一个行为并尝试发现该用户行为背后的目的，该模型能够准确地发现欺诈行为。当系统识别到可疑账户行为时，它可向用户询问额外的认证信息来验证该笔交易行为的合法性，如果有较大可能是欺诈行为，系统可采取相应措施，甚至完全阻止该笔交易的执行。机器学习算法可以非常快速地验证一个账户的交易行为，从而能够实时防止欺诈行为的发生，而不是在行为发生后再鉴定其合法性。

机器学习还可应用于金融中的财务监控系统方面，能够大大增强网络的安全性，可利用机器学习训练一个系统来定位并隔离网络威胁。目前，很多金融科技公司在安全机器学习方面也投入了大量资金，用于增强互联网金融方面的安全性。

2．自动驾驶

目前，自动驾驶汽车的设计和制造仍面临着较多的技术挑战，很多汽车公司应用机器学习技术实现解决方案。例如，将传感器数据处理模块整合到汽车的电子控制单元后，如何应用机器学习算法完成相应任务，如何将汽车内外部传感器所采集的数据进行融合，如何基于数据信息评估驾驶员情况、进行驾驶场景分类等。

在自动驾驶技术中，机器学习算法主要任务之一就是，不间断地检测车辆周围环境，并预测可能会出现的变化。该类任务可进一步划分为物体检测、物体分类、物体定位及行为预测，与之对应的机器学习算法分别是决策矩阵算法、聚类算法、模式识别算法及回归算法。每种算法均可用于实现两个或多个任务，如回归算法可用于物体定位、物体检测及行为预测。决策矩阵算法可用于系统分析、确定并评估信息集和价值集之间的关联表现。该算法还可用于决策，如车辆行驶中是否需要刹车、转向等动作，就是基于算法对物体识别、分类及行为预测的置信水平所做的决策。决策矩阵算法通常由许多独立的训练决策模型组成，最终预测结果是由这些独立的决策模型的预测结果汇总而成的，从而大大提高了决策的可靠性，降低了决策出错的概率。

3．医学影像分析

近几十年来，医学影像技术如计算机断层扫描（CT）、磁共振成像（MRI）、X射线拍片等在疾病的医学影像检查、诊断和治疗中起着重要的作用。医学影像主要由放射科和临床医生等进行分析判断，然而医生的经验往往存在较大的不稳定性，因此希望能借助机器学习技术得到改进，使医生受益于人工智能技术。

在用机器学习算法分析医学影像时，有效的特征提取是目标任务成功完成的核心。深度学习可解决这一问题，即人工提取特征后，再进行必要的预处理，然后输入数据和学习目标，深度学习技术就可以通过自我学习的方式找到解决方案。

深度学习通过建立两层以上的网络来改进传统的人工神经网络。研究表明，在深层神经网络中发现分层特征，可以从低层特征中提取高层特征。由于具有从数据中学习分层特征的优良特性，深度学习已在各种人工智能应用中获得了优异的性能。特别是计算机视觉领域的巨大进步启发了其在医学图像分析中的应用，如图像分割、图像配准、图像融合、图像标注、医疗辅助诊断和医疗预后、病变检测和显微成像分析。

2.6 未来展望

在技术不断进步的今天，人工智能已经逐渐走进了我们的日常生活，它正在引领着一场新的技术变革，其背后的最大推手就是机器学习。

基于计算机越来越强大的计算能力和存储能力，现如今的机器学习比以往任何时候都更实用、更受欢迎。机器学习主要由算法组成，这些算法可使计算机模仿人类去工作。例如，若希望计算机能根据天气情况向主人提供相应建议，则可通过编写程序实现这一任务，即让计算机在下雨或有雨时提醒主人带伞，在天气炎热时提醒主人戴帽子等。

人工智能和机器学习只是一种技术或工具，只有这种技术充分地与社会和时代需求相结合，才能把它巨大的潜在价值挖掘出来。如目前的无人驾驶汽车、无人机和人脸识别等技术应用都只是一个开始，未来机器学习技术将会与各行各业进行深度融合，那时人工智能技术对行业的影响将是革命性的。相信在未来的企业中，机器人将是团队中最重要的成员之一，它能根据人类的思维方式来处理各种各样的信息，它将从目前仅具备单一功能的机器人转变为通用机器人，即具备可以像人类一样进行思考和行动的能力。

虽然机器学习取得了长足的进步，也解决了很多实际问题，但它同样面临着很多挑战，存在着一定的社会伦理问题。由于主流的机器学习都采用黑箱技术，这使人们无法预知该技术是否暗藏危机，从而使得机器学习不具有可解释性及可干预性。因此，人们难免会担心机器人是否会伤害人类个体，是否会影响人类的结婚意愿，是否会为社会带来长远的负面影响等一系列问题。

本章小结

机器学习是人工智能的核心，它的应用遍及人工智能的各个领域。分类是机器学习和模式识别中的重要一环。很多应用都可从分类问题演变而来，也有很多问题都可以转化成分类问题。本章主要介绍了机器学习的基本原理、发展历程，以及它的几个经典应用场景。

课后习题

一、选择题

1. 人类通过对经验的归纳，总结规律，并以此对新的问题进行预测。类似的机器会对（　　）进行（　　），建立（　　），并以此对新的问题进行预测。

A. 经验，训练，模型　　B. 数据，总结，模型

C. 数据，训练，模式　　D. 数据，训练，模型

2. 下面（　　）步骤不属于机器学习的流程。

A. 特征提取　　B. 模型训练　　C. 模型评估　　D. 数据展示

3. 学习样本中有一部分有标记，有一部分无标记，这类计算学习的算法，属于（　　）。

A. 监督学习　　B. 半监督学习　　C. 无监督学习　　D. 集成学习

4. 机器学习算法中有一类称为聚类算法，会将数据根据相似性进行分组。这类算法属于（　　）。

A. 监督学习　　B. 半监督学习　　C. 无监督学习　　D. 集成学习

5. 下面关于无监督学习描述正确的是（　　）。

A. 无监督算法只处理“特征”，不处理“标签”

B. 降维算法不属于无监督学习

C. K-Means算法和SVM算法都属于无监督学习

D. 以上都不对

二、填空题

1. 在线性回归、决策树、随机森林、关联规则抽取这些机器学习算法中，________、________、随机森林属于有监督的机器学习方法。

2. ________学习（Reinforcement Learning，RL），又称再励学习、评价学习或增强学习，其基本原理是：如果智能体（Agent）的某个行为策略导致环境正的奖赏（强化信号），那么Agent以后产生这个行为策略的趋势便会加强。

三、简答题

1. 请说出分类算法与回归算法之间的相同与不同之处。

2. 试比较有监督学习与无监督学习之间的差别。

第3章　深度神经网络

内容导读

“躺在家中网购”已成为现今大多数人的购物方式，越来越多的包裹走在回家的路上。如何在规定的时间内实现包裹的分拣和信息录入，成为快递行业的一大难题。

AI通用文字识别（高精度含位置版）技术能够快速提取快递面单的重要信息，与系统数据进行匹配，实现自动分拣。与原来人工操作相比，耗时缩短近1/4，人工成本节省70%。在降低企业成本的同时，也做到了本地集中的数据存储，便于后期的优化管理。

那么这种基于AI通用文字识别的包裹自动分拣系统是怎么实现的呢？

第一步：通过采集系统完成包裹信息的拍摄、搜索裁剪面单，将三段码、目的地、单号等面单信息转化为图片信息；

第二步：通过百度通用文字识别（高精度含位置版）技术，将三段码、目的地、单号等图片信息转化为文字信息并录入系统；

第三步：提取的文字信息进入分析系统，与后台数据进行匹配（三段码中的区域信息与目的地信息匹配）；

第四步：数据匹配正确进入自动分拣设备；信息不全或者不正确的由人工补码系统处理后，进入自动分拣设备。

深度神经网络内容导读如图3-1所示。

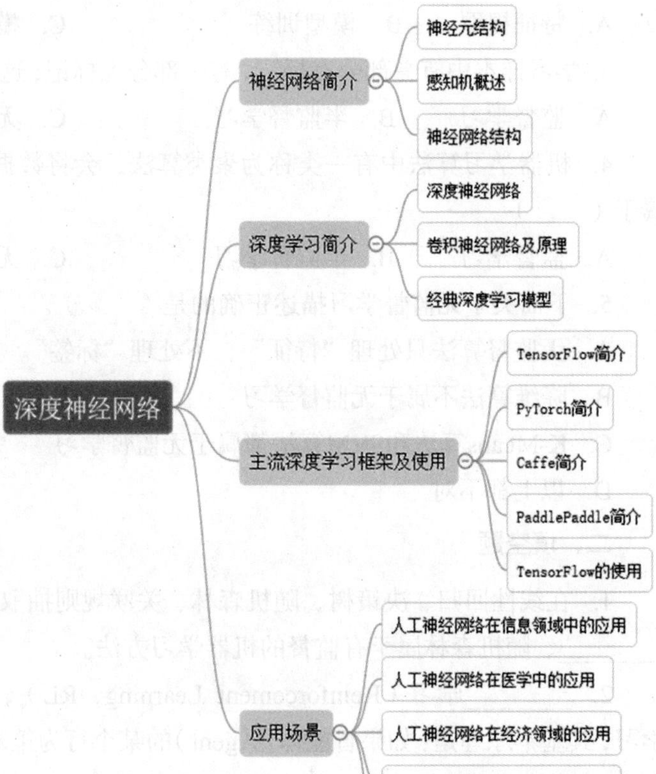

图3-1　深度神经网络内容导读

3.1　神经网络简介

人工神经网络（Artificial Neural Networks，ANNs）也简称为神经网络（NNs）或称作连接模型（Connection Model），它是一种模仿动物神经网络行为特征，进行分布式并行信息处理的算法数学模型。这种网络依靠系统的复杂程度，通过调整内部大量节点之间相互连接的关系，从而达到处理信息的目的。在工程与学术界也常直接简称为“神经网络”或“类神经网络”。

3.1.1　神经元结构

1904年，生物学家发现了神经元的组成结构。神经元通过树突接收信号，到达一定的阈值后会激活神经元细胞，通过轴突把信号传递到末端其他神经元，如图3-2所示。

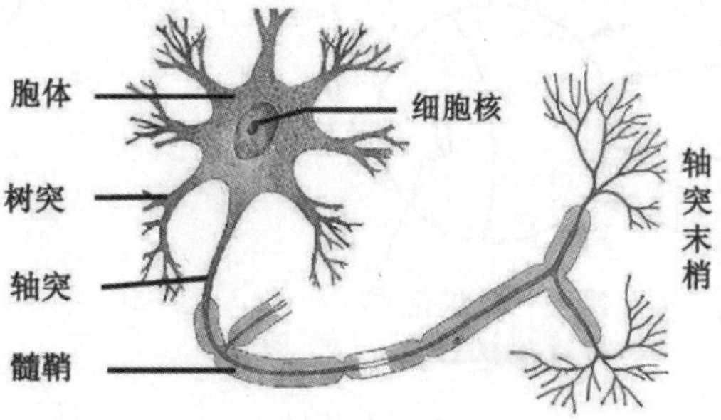

图3-2　神经元的组成结构

1943年，心理学家Warren McCulloch和数学家Walter Pits发明了神经元模型，非常类似人类的神经元，x_1到x_n模拟树突的输入，不同的权重参数衡量不同的输入对输出的影响，通过加权求和、增加偏置值的方式传输出来，再通过激活函数，得到输出，传递下去，如图3-3所示。

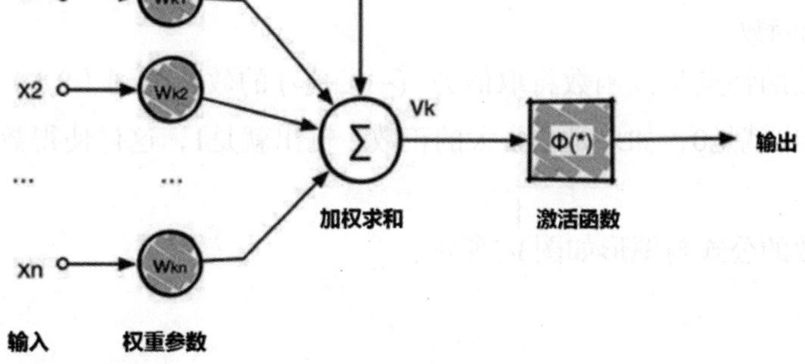

图3-3　神经元模型

此模型沿用至今，并且直接影响着这一领域研究的进展。因而，他们两人可称为人工神经网络研究的先驱。

3.1.2 感知机概述

1. 感知机模型

感知机模型是神经网络最基本的构成部分，如图3-4所示是典型的MP神经元模型，其中包括n个输入,每个输入有各自的连接权重,计算输入与连接权重乘积的和与阈值的差值,作为激活函数的输入，得到输出。

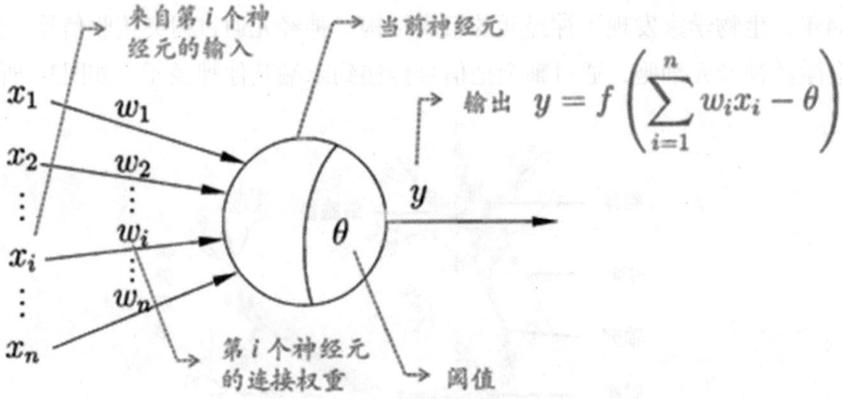

图3-4 典型的MP神经元模型

图中$x_1,x_2,...,x_n$是从其他神经元传入的输入信号，$w_1,w_2,...,w_n$分别是传入信号的权重，即参数，是特征的缩放倍数，θ表示一个阈值，或称为偏置值（bias）。神经元综合的输入信号和偏置值相加或相减之后，产生当前神经元最终的处理信号net=$\sum_{i=1}^{n} w_i x_i-\theta$，该信号作为上图中$f$（*）函数的输入，即$f$（net）， f称为激活函数或激励函数（Activation Function），激活函数的主要作用是加入非线性因素，解决线性模型的表达、分类能力不足的问题。

（1）Sigmod函数

Sigmoid函数的特点是该函数将取值为 $(-\infty,+\infty)$ 的数映射到（0,1）之间，如果是非常大的负数，输出就是0；如果是非常大的正数，输出就是1，这样使得数据在传递过程中不容易发散。

Sigmoid函数的公式与图形如图3-5所示：

$$g(z)=\frac{1}{1+e^{-z}}$$

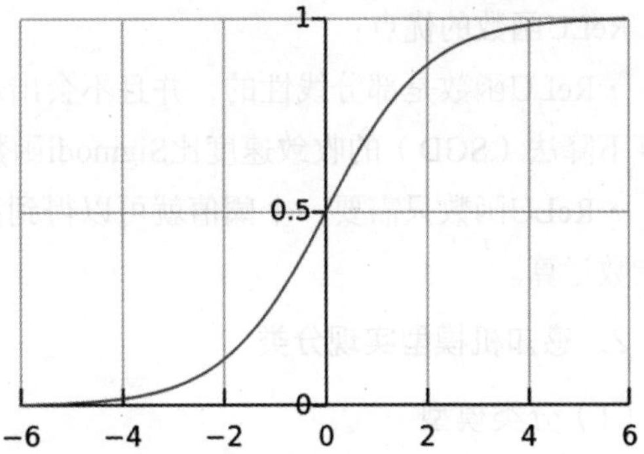

图3-5　Sigmoid函数的公式与图形

（2）Tanh函数

Tanh是Sigmoid函数的变形，该函数是将 $(-\infty,+\infty)$ 的数映射到（−1,1）之间，在实际应用中有比函数Sigmoid更好的效果，其公式与图形如图3-6所示：

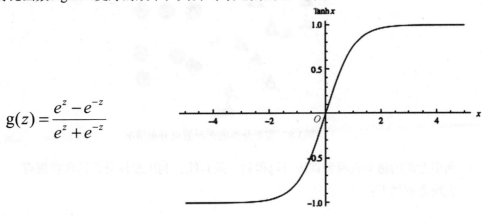

$$g(z)=\frac{e^{z}-e^{-z}}{e^{z}+e^{-z}}$$

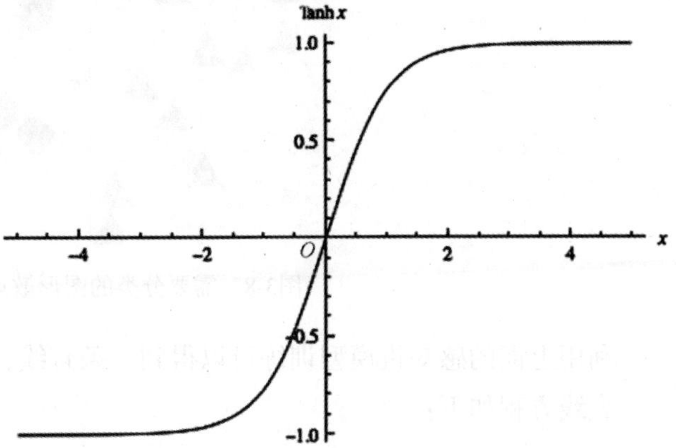

图3-6　Tanh函数的公式与图形

（3）ReLU函数

ReLU函数称为修正线性单元（Rectified Linear Unit），是一种分段线性函数，近来比较流行的激活函数。当输入信号小于0时，输出为0；当输入信号大于0时，输出等于输入，其弥补了Sigmoid函数以及Tanh函数的梯度消失问题。

ReLU函数的公式与图形如图3-7所示：

$$g(z)=\begin{cases} z, & \text{if } z>0 \\ 0, & \text{if } z<0 \end{cases}$$

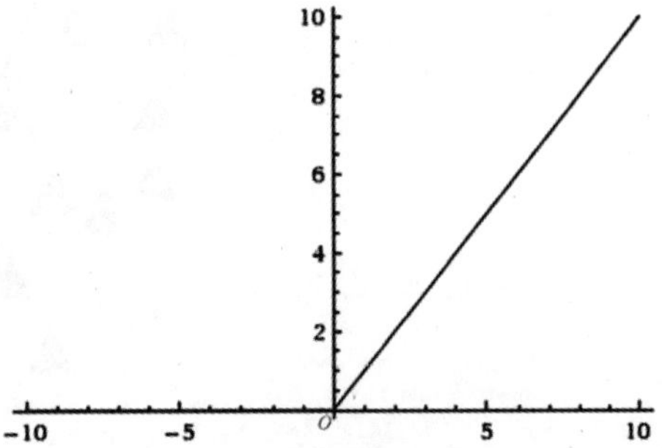

图3-7　ReLU函数的公式与图形

ReLU函数的优点：

· ReLU函数是部分线性的，并且不会出现过饱和的现象，使用ReLU函数得到的随机梯度下降法（SGD）的收敛速度比Sigmodi函数和Tanh函数都快。

· ReLU函数只需要一个阈值就可以得到激活值，不需要像Sigmoid函数一样需要复杂的指数运算。

2. 感知机模型实现分类

（1）分类模型

现在我们有一个简单的任务，需要将下面的三角形和圆形进行分类，如图3-8所示：

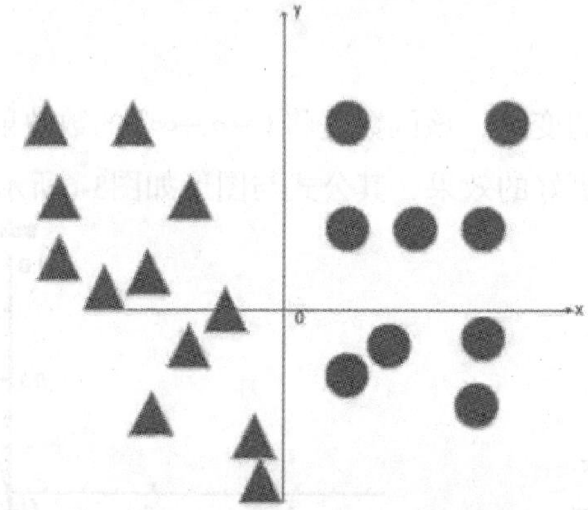

图3-8　需要分类的图形散点分布情况

利用上面的感知机模型训练可以得到一条直线，利用线性分开这些数据点。

直线方程如下：

$$w_1*x_1+w_2*x_2+b=0$$

求解出w_1、w_2和b，我们就可以得到图3-9中类似的直线，来分割两种不同类型的数据点：

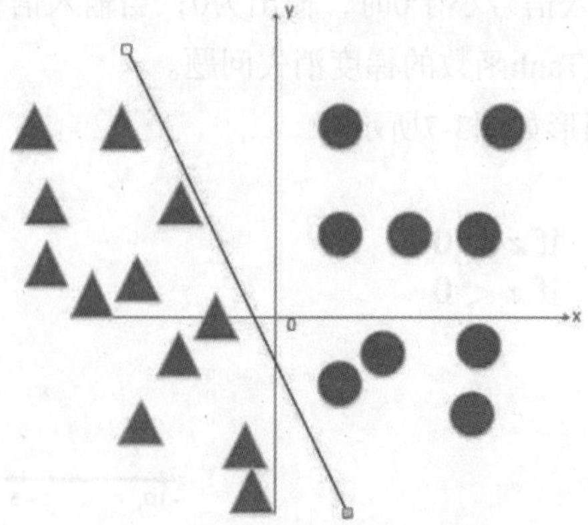

图3-9　线性分割两种不同类型的数据点

那么这条边界找到了，这个边界是方程$w_1*x_1+w_2*x_2+b=0$，感知机模型则使用函数值$w_1*x_1+w_2*x_2+b$作为激活函数Sigmoid的输入。激活函数将这个输入映射到（0,1）的范围内.那么可以增加一个维度来表示激活函数的输出。

我们假设$g(x)>0.5$就为正类（这里指圆形类），$g(x)<0.5$就为负类（这里指三角形类）。得到的三维图如图3-10所示：第三维z可以看成是一种类别（比如圆形就是+1、三角形就是-1）！

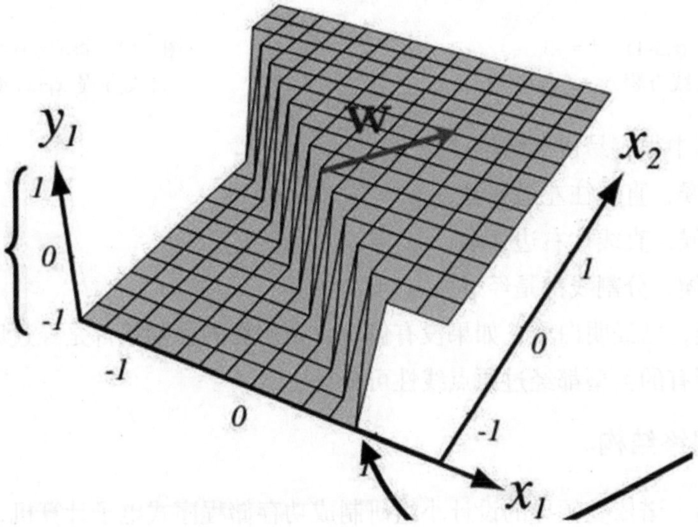

图3-10　线性到非线性

右边输出为1的部分就是说$w_1*x_1+w_2*x_2+b>0$,导致激活函数输出 > 0.5，从而分为正类（圆形类），

左边输出为-1的部分就是说$w_1*x_1+w_2*x_2+b<0$,导致激活函数输出 < 0.5，从而分为负类（三角形类）。

（2）参数w权重的作用

参数w是决定那个分割平面的方向所在，分割平面的投影就是直线：

$$w_1*x_1+w_2*x_2+\mathrm{b}=0$$

简单解释如下，已知二元输入x_1、x_2，需要求解系数$w=[w_1,w_2]$,令方程$w_1*x_1+w_2*x_2+b=0$，那么该直线的斜率就是$-w_1/w_2$。随着w_1、w_2的变动，直线的方向在改变，那么分割平面的方向也在改变。

（3）参数b偏置的作用

参数b是决定竖直平面沿着垂直于直线方向移动的距离，当$b>0$的时候，直线往左边移动，当$b<0$的时候，直线往右边移动.

假设我们有图3-11和图3-12：

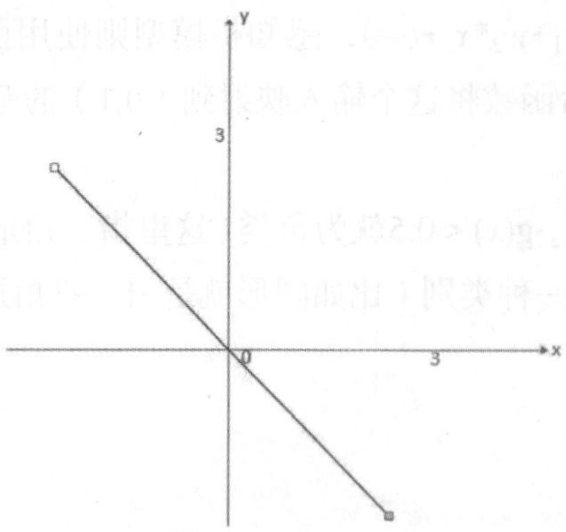

图3-11 $b = -3$

直线方程 $x_1+x_2-3=0$

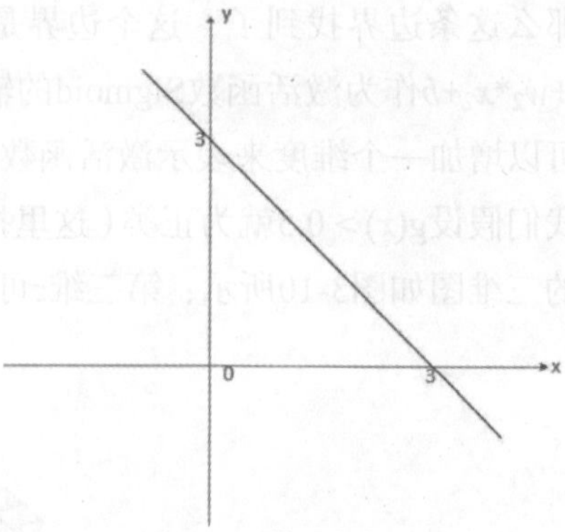

图3-12 将b减小到0

直线方程 $x_1+x_2=0$

我们从上图中很容易得到结论：

当$b>0$的时候，直线往左边移动；

当$b<0$的时候，直线往右边移动；

当$b=0$的时候，分割线都是经过原点的。

到这个时候，已经明白了，如果没有偏置，则所有的分割线都是经过原点的，但是现实问题并不会所有的类型都经过原点线性可分。

3.1.3 神经网络结构

1945年，冯·诺依曼领导的设计小组研制成功存储程序式电子计算机，标志着电子计算机时代的开始。1948年，他在研究工作中比较了人脑结构与存储程序式计算机的区别，提出了以简单神经元构成的再生自动机网络结构。但是，由于指令存储式计算机技术的发展非常迅速，迫使他放弃了神经网络研究的新途径，继续投身于指令存储式计算机技术的研究，并做出了巨大贡献。虽然冯·诺依曼的名字是与普通计算机联系在一起的，但他也是人工神经网络研究的先驱之一。

20世纪50年代末，罗森布拉特（F. Rosenblatt）设计制作了“感知机”，它是一种多层的神经网络。这项工作首次把人工神经网络的研究从理论探讨付诸工程实践。当时，世界上许多实验室仿效制作了感知机，分别应用于文字识别、声音识别、声呐信号识别及学习记忆问题的研究。然而，这次人工神经网络的研究高潮未能持续很久，许多人陆续放弃了这方面的研究工作，这是因为当时数字计算机的发展处于旺盛时期，许多人误以为数字计算机可以解决人工智能、模式识别、专家系统等方面的一切问题，因而感知机方面的研究工作被冷落了；其次，当时的电子技术工艺水平比较落后，主要的元件是电子管或晶体管，利用它们制作的神经网络体积庞大，价格昂贵，要制作在规模上与真实的神经网络相似是完全不可能的；另外，1968年一本名为《感知机》的著作指出线性感知机功能是有限的，它不能解决如“异或”运算这样的基本问题，而且多层网络还不能找到有效的计算方法，这些论点促使大批研究人员对于人工神经网络的前景失去信心。20世纪60年代末期，人工神经网络的研究进入了低潮。

另外，在20世纪60年代初期，Widrow提出了自适应线性元件网络，这是一种连续取值的线性加权求和阈值网络。后来，在此基础上发展了非线性多层自适应网络。当时，这些工作虽未标出神经网络的名称，而实际上就是一种人工神经网络模型。

随着人们对感知机兴趣的衰退，神经网络的研究沉寂了相当长的时间。20世纪80年代初期，模拟与数字混合的超大规模集成电路制作技术提高到新的水平，实现了商业化，此外，数字计算机的发展在若干应用领域遇到困难。这一背景预示，向人工神经网络寻求出路的时机已经成熟。美国的物理学家Hopfield于1982年和1984年在美国科学院院刊上发表了两篇关于人工神经网络研究的论文，引起了巨大的反响。Hopfield神经网络HNN（Hopfiled Neural Network）是一种结合存储系统和二元系统的神经网络。它保证了向局部极小值收敛，但收敛到错误的局部极小值（Local Minimum），而非全局极小值（Global Minimum）的情况也可能发生。Hopfield神经网络也提供了模拟人类记忆的模型。人们重新认识到神经网络的威力及付诸应用的现实性。随即，一大批学者和研究人员围绕着Hopfield提出的方法展开了进一步的工作，形成了20世纪80年代中期的人工神经网络研究热潮。

神经网络是由多个神经元组成的网络，如图3-13所示。以手写数字识别的项目为例，如图3-14所示中的0～9的手写数字，它们由像素组成，每个像素的值作为输入层的x_1到x_n，输入层的信号传给不同深度、数量的神经元，并进行加权计算，神经元再把信号传给下一级，最后输出一个结果y，代表0～9中的某个数字，如图3-15所示。

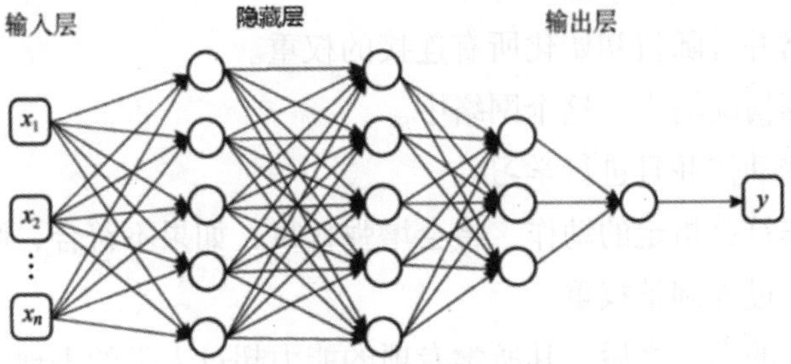

图3-13　多层神经网络模型

图3-14　手写数字

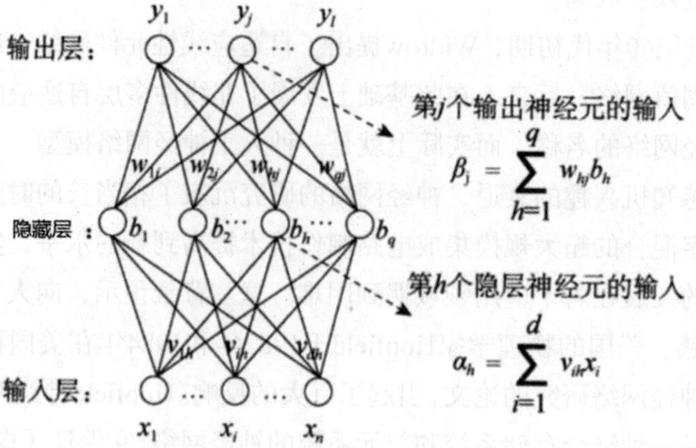

图3-15　单层神经网络模型

3.2　深度学习简介

深度学习是人工智能领域的一项重要技术。说到深度学习，大家第一个想到的可能是AlphaGo，通过一次又一次的学习、更新算法，最终在人机大战中打败围棋世界冠军。对于一个智能系统来讲，深度学习的能力大小，决定着它在多大程度上能达到用户对它的期待。

深度学习的过程可以概括描述为：

· 构建一个网络并且随机初始化所有连接的权重。

· 将大量的数据情况输出到这个网络中。

· 网络处理这些动作并且进行学习。

· 如果这个动作符合指定的动作，将会增强权重；如果不符合，则会降低权重。

· 系统通过如上过程调整权重。

· 在成千上万次的学习之后，其所学专项的能力超过人类的表现。

3.2.1　深度神经网络

1．深度神经网络定义

神经网络包括输入层、隐藏层、输出层。通常来说，隐藏层达到或超过3层，就可以称为深度神经网络，深度神经网络极端可以达到上百层、数千层，如图3-16所示。

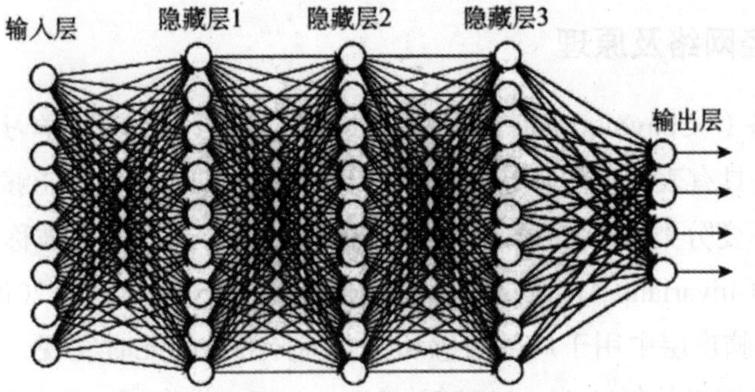

图3-16 深度神经网络模型

2. 常见激活函数

在深度学习中，如果每一层输出都是上层输入的线性函数，那么不管有多少次隐藏层的运算，输出结果都是输入的线性组合，与不采用隐藏层时的效果相当，这种情况就是最原始的感知机（Perceptron）。

比如下面的三个函数：

$x = 2*t+3$ （2-1）

$y = 3*x+4$ （2-2）

$y = 3*（2*t+3）+4 = 6*t+13$ （2-3）

在上面的三个函数中，前两个函数都是线性的，将它们组合在一起形成新的函数，见式（2-3），仍然是一个线性函数，两个隐藏层与一个隐藏层是等效的。

在这种情况下，可以引入非线性函数作为激活函数，使输出信息可以逼近任意函数。这种非线性函数，称为激活函数（也称为激励函数）。

常见的激活函数包括Sigmoid函数、Tanh函数和ReLU函数，如图3-17所示。

Sigmoid函数的输出范围为0 ~ 1，*x*很小时，*y*趋近于0，*x*越大，值越大，最终趋近于1。

Tanh函数的输出范围为-1到1。

ReLU函数*x*值大于0的时候，信号原样输出，*x*值小于0的时候无输出。

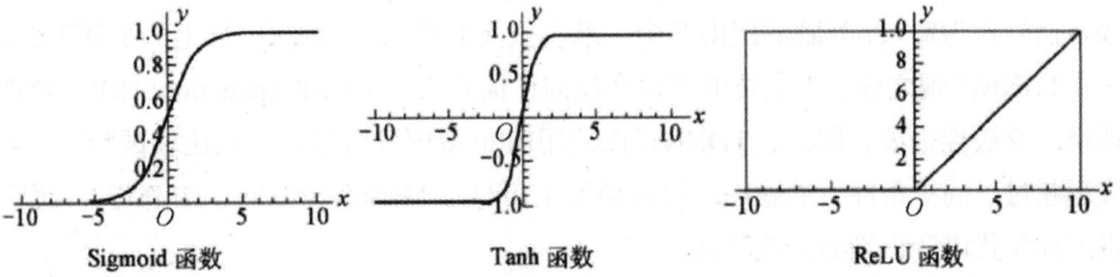

图3-17 常见的激活函数

3.2.2 卷积神经网络及原理

卷积神经网络（ Convolutional Neural Network，CNN ）是深度学习中最重要的概念之一。卷积神经网络具有表征学习（ Representation Learning）能力，能够按其阶层结构对输入信息进行平移不变分类（Shift-Invariant Classification），因此也被称为“平移不变人工神经网络”（Shift-Invariant Artificial Neural Networks，SIANN）。20世纪60年代，Hubel和Wiesel在研究猫脑皮层中用于局部敏感和方向选择的神经元时发现，其独特的网络结构可以有效降低神经网络的复杂性。1998年，Yann LeCun提出了LeNet神经网络，标志着第一个采用卷积思想的神经网络面世。进入21世纪后，随着深度学习理论的提出和数值计算设备的改进，卷积神经网络得到了快速发展，并被应用于计算机视觉、自然语言处理等领域。

卷积神经网络仿造生物的视知觉（Visual Perception）机制构建，可以进行监督学习和无监督学习，其隐藏层内的卷积核参数共享和层间连接的稀疏性，使得卷积神经网络能够以较小的计算量对格点化（Grid-Like Topology）特征，例如像素和音频，进行学习，有稳定的效果且对数据没有额外的特征工程（Feature Engineering）要求。

1. 卷积神经网络历史

对卷积神经网络的研究可追溯至日本学者福岛邦彦（Kunihiko Fukushima）提出的neocognitron模型。在其1979和1980年发表的论文中，福岛仿造生物的视觉皮层（Visual Cortex）设计了以“neocognitron”命名的神经网络。neocognitron是一个具有深度结构的神经网络，并且是最早被提出的深度学习算法之一，其隐藏层由S层（Simple Layer）和C层（Complex Layer）交替构成。其中S层单元在感受野（Receptive Field）内对图像特征进行提取，C层单元接收和响应不同感受野返回的相同特征。neocognitron的S层-C层组合能够进行特征提取和筛选，部分实现了卷积神经网络中卷积层（Convolution Layer）和池化层（Pooling Layer）的功能，被认为是启发了卷积神经网络的开创性研究。

第一个卷积神经网络是1987年由Alexander Waibel等提出的时间延迟网络（Time Delay Neural Network，TDNN）。TDNN可应用于语音识别问题，它使用快速傅里叶变换预处理的语音信号作为输入，其隐藏层由两个一维卷积核组成，以提取频率域上的平移不变特征。由于在TDNN出现之前，人工智能领域在反向传播算法（Back-Propagation，BP）的研究中已取得了突破性进展，因此，TDNN得以使用BP框架内进行学习。在比较试验中，TDNN的表现超过了同等条件下的隐马尔可夫模型（Hidden Markov Model，HMM），而后者是20世纪80年代语音识别的主流算法。

1988年，Wei Zhang提出了第一个二维卷积神经网络：平移不变人工神经网络（SIANN），并将其应用于检测医学影像。独立于Wei Zhang，Yann LeCun在1989年同样构建了应用于计算机视觉问题的卷积神经网络，即LeNet的最初版本。LeNet包含2个卷积层，2个全连接层，共计6万个学习参数，规模远超TDNN和SIANN，且在结构上与现代的卷积神经网络十分接近。1989年，LeCun对权重进行随机初始化后，使用了随机梯度下降（Stochastic Gradient Descent，SGD）进行学习，这一策略被其后的深度学习研究所保留。此外，LeCun于1989年在论述其网络结构时首次使用了“卷积”一词，“卷积神经网络”也因此得名。

1993年，LeCun的工作由贝尔实验室（AT&T Bell Laboratories）完成代码开发并被部署于NCR（National Cash Register Coporation）的支票读取系统。但总体而言，由于数值计算能力有限、学习样本不足，加上同一时期以支持向量机（Support Vector Machine，SVM）为代表的核学习（Kernel Learning）方法的兴起，这一时期为各类图像处理问题设计的卷积神经网络停留在了研究阶段，应用端的推广较少。

1998年，在LeNet的基础上，Yann LeCun及其合作者构建了更加完备的卷积神经网络LeNet-5，并在手写数字的识别问题中取得成功。LeNet-5沿用了LeCun的策略，并在原有设计中加入了池化层对输入特征进行筛选。LeNet-5及其后产生的变体定义了现代卷积神经网络的基本结构，其构筑中交替出现的卷积层—池化层被认为能够提取输入图像的平移不变特征。LeNet-5的成功使卷积神经网络的应用得到关注，微软在2003年使用卷积神经网络开发了光学字符读取（Optical Character Recognition，OCR）系统。其他基于卷积神经网络的应用研究也得到展开，包括人像识别、手势识别等。

2006年，深度学习理论被提出以后，卷积神经网络的表征学习能力得到了关注，并随着数值计算设备的更新得到发展。自2012年的AlexNet开始，得到GPU计算集群支持的复杂卷积神经网络，多次成为ImageNet大规模视觉识别竞赛（ImageNet Large Scale Visual Recognition Challenge，ILSVRC）的优胜算法，包括2013年的ZFNet、2014年的VGGNet、GoogLeNet和2015年的ResNet。

2. 卷积神经网络原理

以动物识别为例子，我们描述一下对小狗进行识别训练时的整个流程。当小狗的图片（数字化格式）被送入卷积神经网络时，需要通过多次的卷积（Convolutional）→池化（Pooling）运算，最后通过全连接层（Fully-Connected Layer），输出为属于猫、狗等各个动物类别的概率，如图3-18所示。

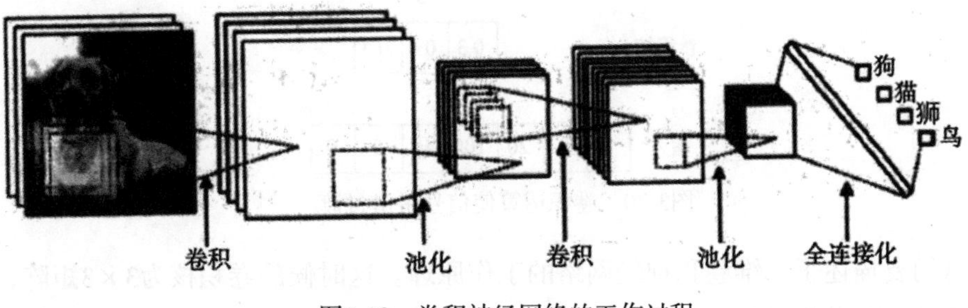

图3-18 卷积神经网络的工作过程

（1）卷积

卷积是一个数学名词，它的产生是为了能较好地处理“冲击函数”。“冲击函数”是狄拉克为了解决一些瞬间作用的物理现象而提出的符号。后来卷积被广泛用于信号处理，使输出信号能够比较平滑地过渡。

图3-19展示了一维卷积神经网络的工作原理，图中的输入层有1行7列的数据信息，经过1行3列的卷积核进行运算，得到1行5列的输出信息。卷积核相当于小滑块，自左向右滑动。当卷积核停留在某个位置时，将相应的输入信号与卷积核作一个卷积运算，运算结果呈现在输出信号层中。例如，在图3-19中，卷积核是一维的[-1，0，1]，如果停留在第二个位置，对准的信号分别是[-2，1，-1]，相当于两个向量的内积，结果为：

-2*（-1）+1*0+（-1）*1=1

因此，本次卷积运算的输出信号为1。另外，卷积核每次滑动步长为1，共进行5次计算，相当于共有5个神经元（不包括用作偏置项的神经元）。

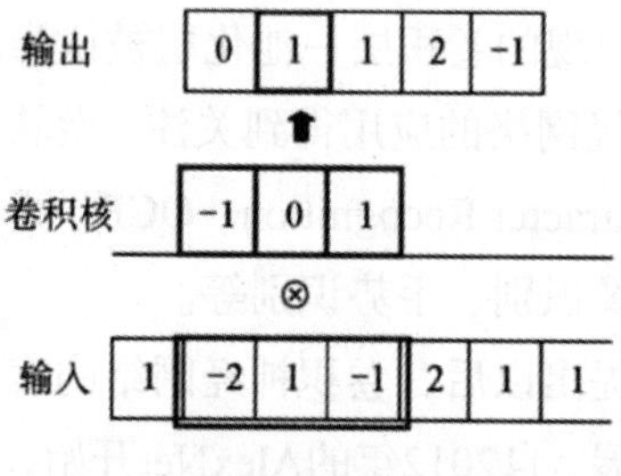

图3-19　一维卷积神经网络的工作原理

图3-20简单阐述了利用卷积运算使信号平滑过渡的过程。当有一个较大信号（如100），甚至可能是噪音时，经过卷积运算，可以起到降噪作用，如图3-20中的最大输出信息已经降为58，且与周边的信号更接近。通过精心设计卷积核，我们有机会得到更理想的结果，比如调整卷积核尺寸、调整卷积核内相应的权重值等。在图像处理中，利用边缘检测卷积核（如Sobel算子），能清晰地识别出图像的边缘。由于卷积核与信号处理有很多的相关性，因此，也有人称卷积核为滤波器（Filters）。

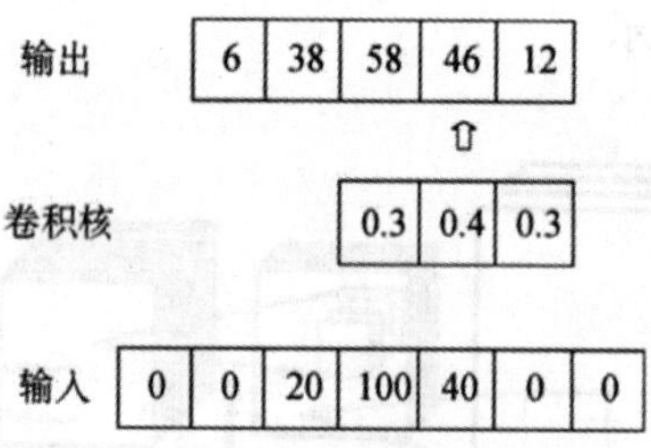

图3-20　卷积运算使信号平滑过渡

图3-21简要描述了二维卷积神经网络的工作原理。这时候的卷积核为3×3矩阵，与左侧输入信息中相应位置的3×3子集进行点积运算，得到输出信号。

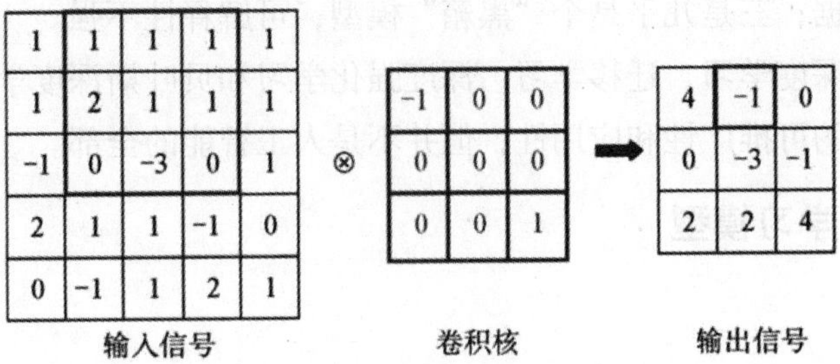

图3-21　二维卷积神经网络的工作原理

（2）池化

Pooling层（池化层）的输入一般来源于上一个卷积层，主要作用有两个：一是保留主要的特征，同时减少下一层的参数和计算量，防止过拟合；二是保持某种不变性，包括Translation（平移）、Rotation（旋转）、Scale（尺寸）。常用的池化方法有均值池化（Mean-Pooling）和最大池化（Max-Pooling）。

图3-22展示了将上一次卷积运算的结果作为输入，分别经过最大池化及均值池化运算后的结果。先将输入矩阵平均划分为若干对称子集，再计算子集中的最大值和平均值。

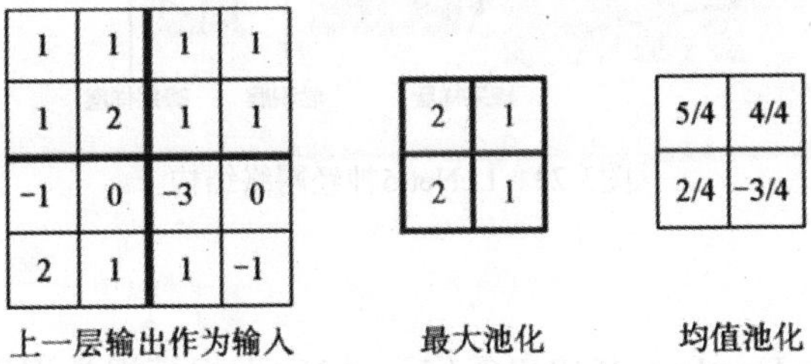

图3-22　两种池化的结果

当然，具体到图像的卷积运算，还要考虑红、绿、蓝（Red、Green、Blue，RGB）三种颜色，图像已经不是简单的二维矩阵，而应该是三维矩阵。但是卷积运算的原理是相同的，即使用一个规模较小的三维矩阵作为卷积核，当卷积核在规定范围内滑动时，计算出相应的输出信息。

（3）全连接层

卷积运算中的卷积核的基本单元是局部视野，它的主要作用是将输入信息中的各个特征提取出来，它是将外界信息翻译成神经信号的工具；当然，经过卷积运算的输出信号，彼此之间可能不存在交集。通过全连接层（Fully Connected Layer），我们就有机会将前述输入信号中的特征提取出来，供决策参考。当然，全连接的个数是非常多的，N个输入信号，M个全连接节点，那就有$N \times M$个全连接，由此带来的计算代价也是非常高的。

3．深度学习的不足

深度学习技术在取得成功的同时，也存在着一些问题：一是面向任务单一；二是依赖于大规模有标签数据；三是几乎是个“黑箱”模型，可解释性不强。

目前无监督的深度学习、迁移学习、深度强化学习和贝叶斯深度学习等也备受关注。深度学习具有很好的可推广性和应用性，但并不是人工智能的全部。

3.2.3 经典深度学习模型

1. LeNet

LeNet-5是一个较为简单的神经网络。图3-23显示了其结构。将字母K的这张图通过卷积核扫描，得到不同的特征图，然后进一步得到细节更多的特征图，最终通过全连接的网络，把所有数值输出到最终结果，通过激活函数得出是哪个数字的概率。

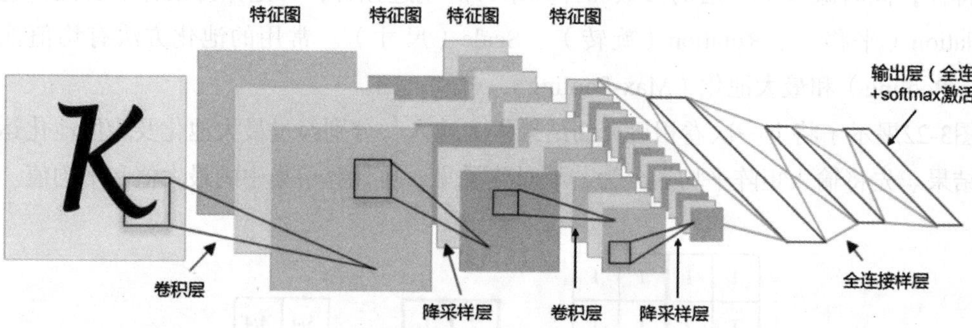

图3-23 LeNet-5神经网络结构

2. AlexNet

2012年，Alex Krizhevsky在ILSVRC（ImageNet大规模视觉识别挑战赛）提出的CNN模型，其效果大幅度超越传统方法，获得了ILSVRC 2012年冠军，该模型被称作AlexNet，如图3-24所示。

这也是首次将深度学习用于大规模图像分类中。

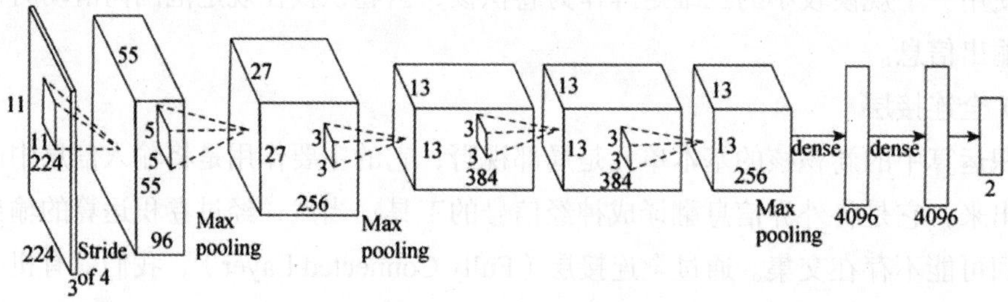

图3-24 AlexNet神经网络

3. VGGNet

VGGNet（Visual Geometry Group Net）是牛津大学计算机视觉组和Google DeepMind

公司的研究员共同研发的深度卷积神经网络。VGG Net主要探究了卷积神经网络的深度和其性能之间的关系，通过反复堆叠3 × 3的小卷积核和2 × 2的最大池化层，VGGNet成功地搭建了16 ~ 19层的深度卷积神经网络。与之前的State-Of-The-Art的网络结构相比，错误率大幅度下降；同时，VGGNet的泛化能力非常好，在不同的图片数据集上都有良好的表现。到目前为止，VGGNet依然经常被用来提取特征图像。

4．GoogleNet

2014年，GoogleNet在ILSVRC上获得了冠军，采用了NIN （Network In Network）模型思想，由多组Inception模块组成。

从AlexNet之后，涌现了一系列CNN模型，不断地在ImageNet上刷新成绩，如图3-25所示。随着模型变得越来越深及精妙的结构设计，Top-5的错误率也越来越低，降到了3.5%附近。而在同样的ImageNet数据集上，人眼的辨识错误率大概在5.1%，也就是说，目前的深度学习模型的识别能力已经超过了人眼。

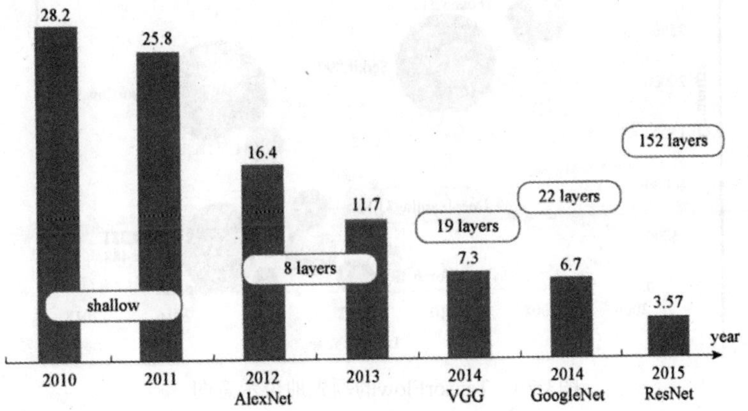

图3-25　深度学习模型的识别能力

3.3　主流深度学习框架及使用

3.3.1　TensorFlow简介

TensorFlow是一个基于数据流编程（Dataflow Programming）的符号数学系统，被广泛应用于各类机器学习（Machine Learning）算法的编程实现之中，其前身是谷歌的神经网络算法库DistBelief。TensorFlow拥有多层级结构，可部署于各类服务器、PC终端和网页，并支持GPU和TPU高性能数值计算，被广泛应用于谷歌内部的产品开发和各领域的科学研究。

TensorFlow由谷歌人工智能团队谷歌大脑（Google Brain）开发和维护，拥有包括TensorFlow Hub、TensorFlow Lite、TensorFlow Research Cloud在内的多个项目及各类应用程序接口（Application Programming Interface，API）。自2015年11月9日起，TensorFlow依

据阿帕奇授权协议（Apache 2.0 Open Source License）开放源代码。

Google Mind自2011年成立起开展了面向科学研究和谷歌产品开发的大规模深度学习应用研究，其早期工作即是TensorFlow的前身DistBelief。DistBelief的功能是构建各尺寸下的神经网络分布式学习和交互系统，也被称为“第一代机器学习系统”。DistBelief在其他公司的产品开发中被改进和广泛使用。2015年11月，在DistBelief的基础上，Google Mind完成了对“第二代机器学习系统”TensorFlow的开发并对代码开源。相比于前者，TensorFlow在性能上有显著改进、构架灵活性和可移植性也得到了增强。此后TensorFlow快速发展，截至稳定API版本1.12，已拥有包含各类开发和研究项目的完整生态系统。在2018年4月的TensorFlow开发者峰会中，有21个TensorFlow有关项目得到展示。在GitHub上，大约845个贡献者共提交超过17000次，这本身就是衡量TensorFlow流行度和性能的一个指标。TensorFlow的领先地位示意图，如图3-26所示。

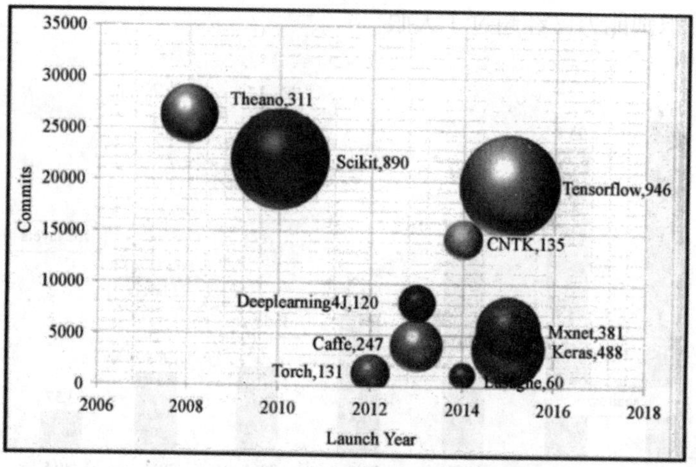

图3-26　TensorFlow的领先地位示意图

TensorFlow（图中Tensorflow）与Torch、Theano、Caffe和MxNet（图中Mxnet）等其他大多数深度学习库一样，能够自动求导、开源、支持多种CPU/GPU、拥有预训练模型，并支持常用的NN架构，如递归神经网络（RNN）、卷积神经网络（CNN）和深度置信网络（DBN）。TensorFlow还有更多自身的特点，比如：

· 支持所有的流行语言，如Python、C++、Java、R和Go。
· 可以在多种平台上工作，甚至是移动平台和分布式平台。
· 它受到所有云服务（AWS、Google和Azure）的支持。
· Keras是高级神经网络API，已经与TensorFlow整合。
· 与Torch/Theano比较，TensorFlow拥有更好的计算图表可视化性能。
· 允许模型部署到工业生产中，并且容易使用。
· 有非常好的社区支持。

TensorFlow不仅仅是一个软件库，它还是一套包括TensorFlow、TensorBoard和

TensorServing的软件。

3.3.2　PyTorch简介

PyTorch在学术研究者中很受欢迎，也是比较新的深度学习框架。Facebook人工智能研究组开发了PyTorch，以应对一些在前任数据库软件Torch使用中遇到的问题。由于编程语言Lua的普及程度不高，Torch达不到Google TensorFlow那样的迅猛发展，因此，PyTorch采用已经为许多研究人员、开发人员和数据科学家所熟悉的原始Python编程风格。同时它还支持动态计算图，这一特性使得其对时间序列及自然语言处理数据相关工作的研究人员和工程师很有吸引力。

PyTorch是Torch的Python版，2017年年初推出后，PyTorch很快成为AI研究人员的热门选择并受到推崇。PyTorch有许多优势，如采用Python语言、动态图机制、网络构建灵活及拥有强大的社群等。由于其灵活、动态的编程环境和用户友好的界面，PyTorch是快速实验的理想选择。

PyTorch现在是GitHub上增长速度第二快的开源项目，在2018年的12个月里，贡献者增加了2.8倍。而且，2018年12月在NeurIPS大会上，PyTorch 1.0稳定版终于发布了。PyTorch1.0增加了一系列强大的新功能，大有赶超深度学习框架老大哥TensorFlow之势。

PyTorch的特点有：

① TensorFlow 1.0与Caffe都是命令式的编程语言，而且是静态的，首先必须构建一个神经网络，然后一次又一次地使用同样的结构，如果想要改变网络的结构，就必须从头开始。但是对于PyTorch，通过一种反向自动求导的技术，可以零延迟地任意改变神经网络的行为，尽管这项技术不是PyTorch所独有的，但目前为止它的实现是最快的，能够为任何想法的实现获得最快的速度和最佳的灵活性，这也是PyTorch对比TensorFlow最大的优势。

② PyTorch的设计思路是线性、直观且易于使用的，当代码出现Bug的时候，可以通过这些信息轻松快捷地找到出错的代码，不会在出现Debug的时候因为错误的指向或者异步和不透明的引擎浪费太多的时间。

③ PyTorch的代码相对于TensorFlow而言，更加简洁直观，同时对于TensorFlow高度工业化的很难看懂的底层代码，PyTorch的源代码就要友好得多，更容易看懂。深入API，理解PyTorch底层肯定是一件令人高兴的事。一个底层架构能够看懂的框架，对其的理解会更深。

简要总结一下PyTorch的优点：

- 支持GPU。
- 动态神经网络。
- Python优先。
- 命令式体验。
- 轻松扩展。

3.3.3 Caffe简介

Caffe，全称Convolutional Architecture for Fast Feature Embedding（快速特征嵌入的卷积架构），是一个兼具表达性、速度和思维模块化的深度学习框架。由伯克利人工智能研究小组和伯克利视觉与学习中心开发。虽然其内核是用C++编写的，但Caffe有Python和Matlab相关接口。Caffe支持多种类型的深度学习架构，面向图像分类和图像分割，还支持CNN、RCNN、LSTM和全连接神经网络设计。Caffe支持基于GPU或CPU的加速计算内核库，如NVIDIA cuDNN和Intel MKL。

Caffe完全开源，并且在多个活跃社区沟通解答问题，同时提供了一个用于训练、测试等完整工具包，可以帮助使用者快速上手。此外Caffe还具有以下特点：

· 模块性。Caffe以模块化原则设计，实现了对新的数据格式、网络层和损失函数的轻松扩展。

· 表示和实现分离。Caffe已经用谷歌的Protocol Buffer定义模型文件。使用特殊的文本文件prototxt表示网络结构，以有向非循环图形式进行网络构建。

· Python和MATLAB结合。Caffe提供了Python和MATLAB接口，供使用者选择熟悉的语言调用部署算法应用。

· GPU加速。利用了MKL、Open BLAS、cuBLAS等计算库，利用GPU实现计算加速。

2017年4月，Facebook发布Caffe 2，加入了递归神经网络等新功能。2018年3月，Caffe 2并入PyTorch。

3.3.4 PaddlePaddle简介

PaddlePaddle是百度研发的开源开放的深度学习平台，是国内最早开源的功能完备的深度学习平台。依托百度业务场景的长期锤炼，PaddlePaddle有最全面的官方支持的工业级应用模型，涵盖自然语言处理、计算机视觉、推荐引擎等多个领域，并开放多个领先的预训练中文模型，以及多个在国际范围内取得竞赛冠军的算法模型。

PaddlePaddle同时支持稠密参数和稀疏参数场景的超大规模深度学习并行训练，支持千亿规模参数、数百个节点的高效并行训练，也是较早提供深度学习并行技术的深度学习框架。PaddlePaddle拥有多端部署能力，支持服务器端、移动端等多种异构硬件设备的高速推理，预测性能有显著优势。目前PaddlePaddle已经实现了API的稳定和向后兼容，具有完善的中英双语使用文档，形成了易学易用、简洁高效的技术特色。

PaddlePaddle 3.0版本升级为全面的深度学习开发套件，除了核心框架，还开放了VisualDL、PARL、AutoDL、EasyDL、AIStudio等一整套的深度学习工具组件和服务平台，更好地满足不同层次的深度学习开发者的开发需求，具备了强大支持工业级应用的能力，已经被中国企业广泛使用，也拥有了活跃的开发者社区生态。

3.3.5　TensorFlow的使用

1. TensorFlow安装准备工作

TensorFlow安装的前提是系统安装了Python 2.5或更高的版本，本书中的例子是以Python3.5（Anaconda 3版）为基础设计的。为了安装TensorFlow，需确保先安装了Anaconda，可以从网址https://www.anaconda.com/products/individual中下载，并安装适用于Windows/macOS或Linux的Anaconda。

安装完成后，可以在窗口中使用以下命令进行安装验证：

```
conda--version
```

安装了Anaconda，下一步决定是否安装TensorFlow CPU版本或GPU版本。几乎所有计算机都支持TensorFlow CPU版本，而GPU版本则要求计算机有一个CUDA Compute Capability 3.0及以上的NVDIA GPU显卡（对于台式机而言最低配置为NVDIA GTX 650）。

【知识拓展】

CPU与GPU的对比

中央处理器（CPU）由对顺序串行处理优化的内核（通常是4～8个）组成。图形处理器（GPU）具有大规模并行架构，由数千个更小且更有效的核芯（大致以千计）组成，能够同时处理多个任务。

对于TensorFlow GPU版本，需要先安装CUDA Toolkit 7.0及以上版本、NVDIA【R】驱动程序和cuDNN v3或以上版本。Windows系统还需要一些DLL文件，读者可以下载所需的DLL文件或安装Visual Studio C++。

另外，cuDNN文件需安装在不同的目录中，并需要确保目录在系统路径中。当然也可以将CUDA库中的相关文件复制到相应的文件夹中。

2. TensorFlow安装步骤

TensorFlow的安装与配置过程可以参见附录D。

① 在命令行中使用以下命令创建conda环境（如果使用Windows，最好在命令行中以管理员身份执行）。

```
conda create -n tensorflow python=3.5
```

② 激活conda环境。

③ 根据需要，可以在conda环境中安装TensorFlow版本。

④ 在命令行中禁用conda环境。

3. 编写第一个TensorFlow程序

```
# 导入模块 tensorflow，缩写成 tf
import tensorflow as tf

# 初始化一个 2*3*1 的神经网络，随机初始化权重
w1 =tf. Variable （tf.random_ normal （[2， 3]， stddev=1， seed=1））
w2 =tf. Variable （tf.random_ normal （[3， 1]， stddev=1， seed=1））
x=tf. constant（[[0.7, 0.9]]）

# 执行计算，没有权重bias
a= tf. matmul （x， w1）
y= tf. matmul （t1， w2）

with tf. Session （） as sess:
# 必须先执行初始化
sess. run （w1. initializer）
sess. run （w2. initializer）
# print （sess. run （a））
print （sess. run （y））
```

上面的代码实现的是最简单的神经网络向前传播过程，初始化x为一个1×2的矩阵，中间是三个神经元的隐藏层，w_1，w_2分别是初始化权重，是2×3和3×1的矩阵。最后通过计算得到y的值[[3.95757794]]。

这样，就完成了Python环境和TensorFlow的安装，可以开始运行最简单的深度案例。

3.4 应用场景

经过几十年的发展，神经网络理论在模式识别、自动控制、信号处理、辅助决策、人工智能等众多研究领域取得了广泛的成功。下面介绍神经网络在一些领域中的应用现状。

3.4.1 人工神经网络在信息领域中的应用

在处理许多问题中，信息来源既不完整，又包含假象，决策规则有时相互矛盾，有时无章可循，这给传统的信息处理方式带来了很大的困难，而神经网络却能很好地处理这些

问题，并给出合理的识别与判断。

1．信息处理

现代信息处理要解决的问题是复杂的，人工神经网络具有模仿或代替与人的思维有关的功能，可以实现自动诊断、问题求解，解决传统方法所不能或难以解决的问题。人工神经网络系统具有很高的容错性、健壮性及自组织性，即使连接关系遭到很高程度的破坏，它仍能处在优化工作状态，这点在军事系统电子设备中得到广泛的应用。现有的智能信息系统有智能仪器、自动跟踪监测仪器系统、自动控制制导系统、自动故障诊断（如图3-27所示）和报警系统等。

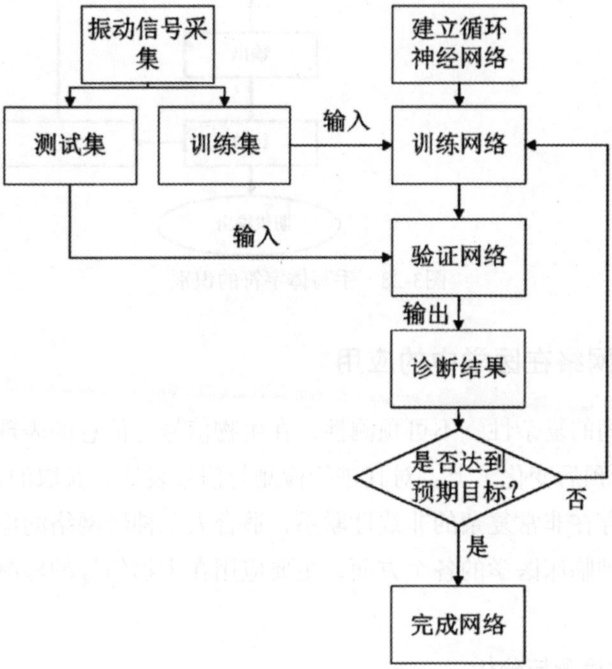

图3-27　一种基于循环神经网络的智能故障诊断流程

2．模式识别

模式识别是对表征事物或现象的各种形式的信息进行处理和分析，来对事物或现象进行描述、辨认、分类和解释的过程。该技术以贝叶斯概率论和申农的信息论为理论基础，对信息的处理过程更接近人类大脑的逻辑思维过程。现在有两种基本的模式识别方法，即统计模式识别方法和结构模式识别方法。人工神经网络是模式识别中的常用方法，近年来发展起来的人工神经网络模式的识别方法逐渐取代传统的模式识别方法。经过多年的研究和发展，模式识别已成为当前比较先进的技术，被广泛应用到文字识别、语音识别、指纹识别、遥感图像识别、人脸识别、手写体字符的识别（如图3-28所示）、工业故障检测、精确制导等方面。

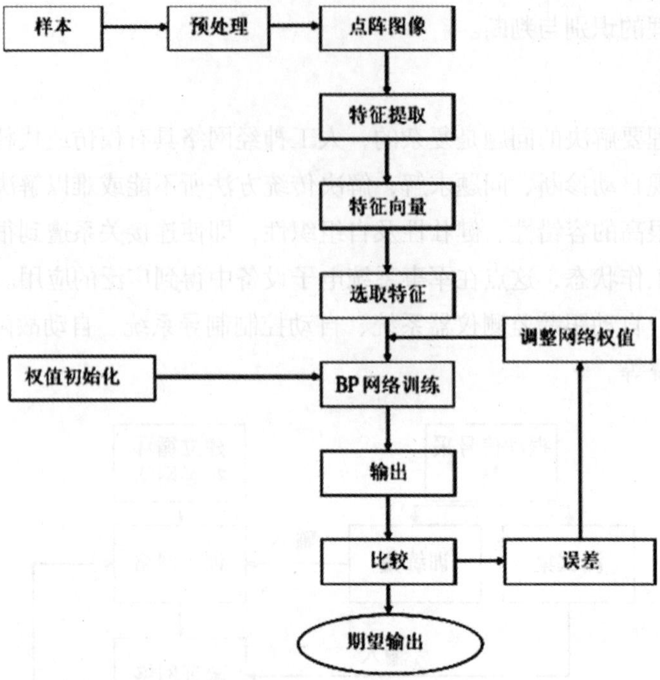

图3-28 手写体字符的识别

3.4.2 人工神经网络在医学中的应用

由于人体和疾病的复杂性、不可预测性，在生物信号与信息的表现形式上、变化规律（自身变化与医学干预后变化）上，对其进行检测与信号表达，获取的数据及信息的分析、决策等诸多方面都存在非常复杂的非线性联系，适合人工神经网络的应用。目前的研究几乎涉及从基础医学到临床医学的各个方面，主要应用在生物信号的检测与自动分析、医学专家系统等。

1. 生物信号的检测与分析

大部分医学检测设备都是以连续波形的方式输出数据的，这些波形是诊断的依据。人工神经网络是由大量的简单处理单元连接而成的自适应动力学系统，具有巨量并行性、分布式存储、自适应学习的自组织等功能，可以用它来解决生物医学信号分析处理中常规法难以解决或无法解决的问题。神经网络在生物医学信号检测与处理中的应用主要集中在对脑电波信号的分析、听觉诱发电位信号的提取、肌电波和胃肠电波等信号的识别、心电波信号的压缩、医学图像的识别和处理等。

例如，神经网络可用于模拟人体心血管系统。利用神经网络构建人的心血管系统模型，并将模型与人的实际生理测量进行对比，从而对身体健康情况进行诊断。如果这个程序定期进行，就可以在早期检测出潜在的危害，与疾病做斗争的过程容易得多。人的心血管系统模型必须模仿不同生理活动水平下的生理变量（心率、收缩压、舒张压和呼吸率）之间的关系。如果将模型应用于国人，那么该模型便是此人的身体状况模型。

2．医学专家系统

传统的专家系统，是把专家的经验和知识以规则的形式存储在计算机中，建立知识库，用逻辑推理的方式进行医疗诊断。但是在实际应用中，随着数据库规模的增大，将导致知识“爆炸”，在知识获取途径中也存在“瓶颈”问题，致使工作效率很低。以非线性并行处理为基础的神经网络为专家系统的研究指明了新的发展方向，解决了专家系统的上述问题，并提高了知识的推理、自组织、自学习能力，从而神经网络在医学专家系统中得到广泛的应用和发展。

在麻醉与危重医学等相关领域的研究中，涉及多生理变量的分析与预测，在临床数据中存在着一些尚未发现或无确切证据的关系与现象，信号的处理、干扰信号的自动区分检测、各种临床状况的预测等都可以应用到人工神经网络技术。

3.4.3　人工神经网络在经济领域中的应用

1．市场价格预测

对商品价格变动的分析，可归结为对影响市场供求关系的诸多因素的综合分析。传统的统计经济学方法因其固有的局限性，难以对价格变动做出科学的预测，而人工神经网络容易处理不完整的、模糊不确定或规律性不明显的数据，所以用人工神经网络进行价格预测有着传统方法无法相比的优势。从市场价格的确定机制出发，依据影响商品价格的家庭个数、人均可支配收入、贷款利率、城市化水平等复杂、多变的因素，建立较为准确可靠的模型。该模型可以对商品价格的变动趋势进行科学预测，并得到准确客观的评价结果。

2．风险评估

风险是指在从事某项特定活动的过程中，因其存在的不确定性而产生的经济或财务的损失、自然破坏或损伤的可能性。防范风险的最佳办法就是事先对风险做出科学的预测和评估。应用人工神经网络的预测思想是根据具体现实的风险来源，构造出适合实际情况的信用风险模型的结构和算法，得到风险评价系数，然后确定实际问题的解决方案。利用该模型进行实证分析能够弥补主观评估的不足，可以取得满意效果。

3.4.4　人工神经网络在交通领域中的应用

近年来，人们对神经网络在交通运输系统中的应用开始了深入的研究。交通运输问题是高度非线性的，可获得的数据通常是大量的、复杂的，用神经网络处理相关问题有它巨大的优越性。应用范围涉及汽车驾驶员行为的模拟、参数估计、路面维护、车辆检测与分类、交通模式分析、货物运营管理、交通流量预测、运输策略与经济、交通环保、空中运输、船舶的自动导航及船只的辨认、地铁运营及交通控制等领域并已经取得了很好的效果。

例如，配网线路智能化巡检，架空线路主要依靠无人机巡视，根据巡视计划智能化设定无人机巡航路线，在拍摄过程中智能化识别线路名称、杆号、设备类型等，对路线上设备进行全方位、多视角抓拍，并将图像信息发送至人工智能缺陷判断模块。

人工智能缺陷判断模块，通过图像识别和机器学习技术，与典型缺陷库中缺陷图像进行逐一比对，从而进行缺陷判断，并将包含缺陷判断结果的巡视信息自动传送到信息系统。电缆设备主要依靠红外和局放等带电检测手段，检测完成后将检测图片和地理信息及设备名称智能化对应，利用自然语言处理技术智能化生成检测信息报告，自动发送给信息系统。

基于掌上电脑（Personal Digital Assistant, PDA）的人工巡视作为辅助巡视手段，集成了设备台账信息和地理信息，在巡视中智能化提醒巡视人员当前巡视的线路名称以及历史巡视记录、故障记录以及检修记录等，巡视结束后更新巡视记录数据库，并将本次巡视信息发送给信息系统。配电线路智能化巡检流程如图3-29所示。

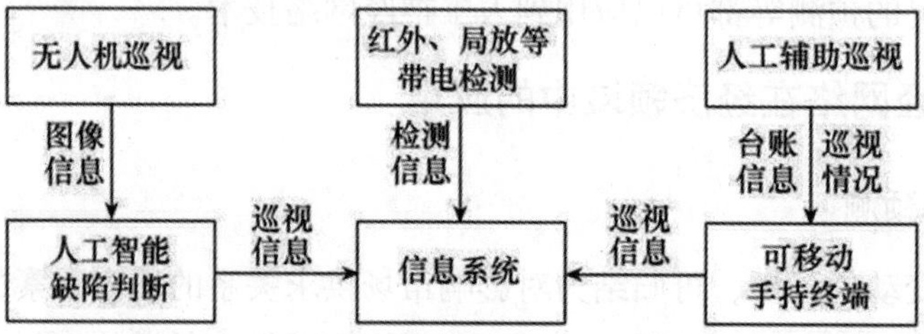

图3-29　配电线路智能化巡检流程

3.4.5　人工神经网络在心理学领域中的应用

从神经网络模型的形成开始，它就与心理学就有着密不可分的联系。神经网络抽象于神经元的信息处理功能，神经网络的训练则反映了感觉、记忆、学习等认知过程。人们通过不断的研究，变化着人工神经网络的结构模型和学习规则，从不同角度探讨着神经网络的认知功能，为其在心理学的研究中奠定了坚实的基础。近年来，人工神经网络模型已经成为探讨社会认知、记忆、学习等高级心理过程机制的不可或缺的工具。人工神经网络模型还可以对脑损伤病人的认知缺陷进行研究，对传统的认知定位机制提出了挑战。

虽然人工神经网络已经取得了一定的进步，但是还存在许多缺陷，例如：应用的面不够宽阔、结果不够精确；现有模型算法的训练速度不够高；算法的集成度不够高；同时我们希望在理论上寻找新的突破点，建立新的通用模型和算法。需进一步对生物神经元系统进行研究，不断丰富人们对人脑神经的认识。

本章小结

本章介绍神经网络与深度学习基本概念以及神经网络工作原理，并能够通过神经网络与深度的学习能够理解现实生活中的应用。

课后习题

一、选择题

1. 标志着第一个采用卷积思想的神经网络面世的是（　　）。

A. LeNet　　B. AlexNet　　C. CNN　　D. VGG

2. 下列表述中，不属于神经网络的组成部分的是（　　）。

A. 输入层　　B. 隐藏层　　C. 输出层　　D. 特征层

3. 不属于深度学习的优化方法是（　　）。

A. 随机梯度下降　　B. 反向传播　　C. 主成分分析　　D. 动量

4. 不属于卷积神经网络典型术语的是（　　）。

A. 全连接　　B. 卷积　　C. 递归　　D. 池化

5. 神经元通过（　　）接收信号，到达一定的阈值后会激活神经元细胞，通过轴突把信号传递到末端其他神经元。

A. 树突　　B. 细胞体　　C. 细胞核　　D. 神经末梢

二、填空题

1. 神经网络包括输入层、________、________。通常来说，________达到或超过3层，就可以称为深度神经网络，深度神经网络通常可以达到上百层、数千层。

2. 深度学习存在的问题主要有：面向任务________、依赖于________有标签数据、几乎是个________，可解释性不强。

3. 常见的神经网络的激活函数有________、________、________等。

4. 卷积神经网络仿造生物的视知觉机制构建，可以进行________和__________。

5. 经过几十年的发展，神经网络理论在、__________、____________信号处理、____________、____________等众多研究领域取得了广泛的成功。

三、简答题

1. 简述至少三个主流深度学习开源工具的特点（TensorFlow、Caffe、Torch、Theano等）。

2. 简述卷积神经网络原理。

第4章　知识图谱及应用

内容导读

我们上网的时候会经常查找一些自己感兴趣的页面或者产品，在浏览器上浏览过的痕迹会被系统记录下来，放入我们的特征库，比如对于电子商务网站来说，如果我们想购买笔记本计算机，就会在电子商务网站上查看并比较不同商家的笔记本计算机，当我们再次打开电子商务网站的时候，笔记本计算机这个产品就会优先显示在商品列表中，供我们选择。再比如，浏览新闻，如果我们对体育类或者社会热点很关注，新闻APP就会给我们推荐体育题材或者社会热点的新闻。这就是将用户的个性化特征与知识图谱结合得到的个性化推荐系统。

知识图谱实现的个性化推荐系统通过收集用户的兴趣偏好、属性和产品的分类、属性、内容等，分析用户之间的社会关系、用户和产品的关联关系，利用个性化算法，推断出用户的喜好和需求，从而为用户推荐感兴趣的产品或者内容。

知识图谱及其应用内容导读如图4-1所示。

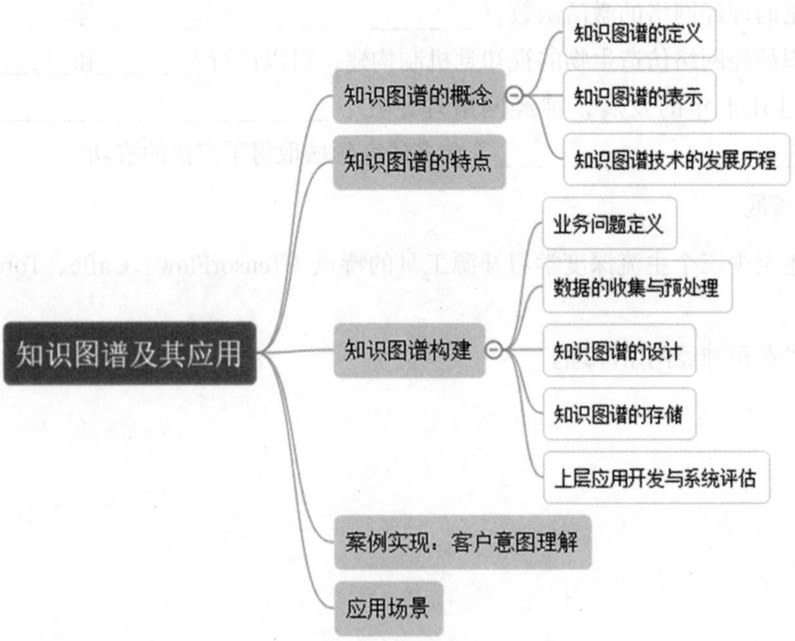

图4-1　知识图谱及其应用内容导读

4.1　知识图谱的概念

4.1.1　知识图谱的定义

2012年，Google公司提出“知识图谱”的概念。从学术的角度讲，我们可以给知识图谱一个这样的定义：“知识图谱本质上是语义网络（Semantic Network）的知识库”。但这有点抽象，所以换个角度，从实际应用的角度出发其实可以简单地把知识图谱理解成多关系图（Multi-Relational Graph）。

那什么叫多关系图呢？学过数据结构的人都应该知道什么是图（Graph）。图是由节点（Vertex）和边（Edge）来构成的，但这些图通常只包含一种类型的节点和边。但相反，多关系图一般包含多种类型的节点和边。比如图4-2（a）表示一个经典的图结构，图4-2（b）则表示多关系图，因为图里包含了多种类型的节点和边。这些类型由不同的颜色来标记。

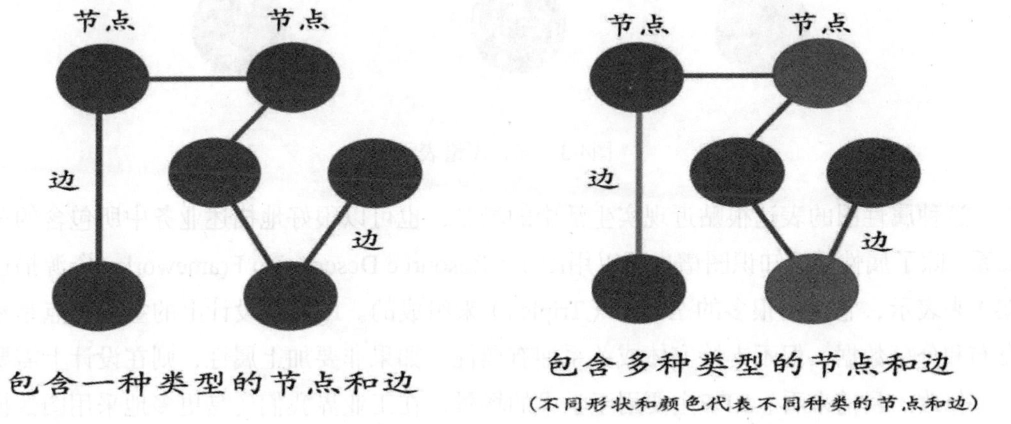

（a）　（b）

图4-2　知识图谱关系图

4.1.2　知识图谱的表示

知识图谱应用的前提是已经构建好了知识图谱，也可以把它认为是一个知识库。这也是为什么它可以用来回答一些搜索相关问题的原因，比如在Google搜索引擎里输入“Who is the wife of Bill Gates？”，我们可以直接得到答案“Melinda Gates”。这是因为我们在系统层面上已经创建好了一个包含“Bill Gates”和“Melinda Gates”的实体以及他俩之间关系的知识库。所以，当我们执行搜索的时候，就可以通过关键词（“Bill Gates”“Melinda Gates”“wife”）提取以及知识库上的匹配直接获得最终的答案。这种搜索方式跟传统的搜索引擎是不一样的，一个传统的搜索引擎返回的是网页，而不是最终的答案，所以就多了一个用户自己筛选并过滤信息的过程。

在现实世界里，实体和关系拥有各自的属性，比如人可以有“姓名”和“年龄”。当一个知识图谱拥有属性时，我们可以用属性图（Property Graph）来表示。图4-3表示一个简单的知识图谱表示图。李明和李飞是父子关系，并且李明拥有一个“138”开头的电话号，这个电话号的开通时间是2018年，其中“2018年”就可以作为关系的属性。类似地，李明本人也带有一些属性值，比如年龄为25岁、职位是总经理等。

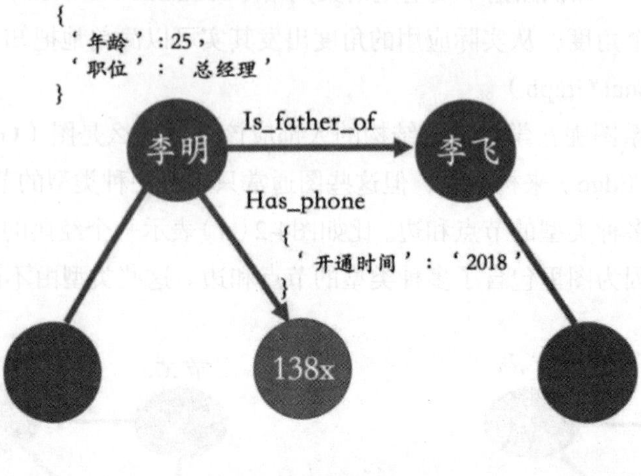

图4-3　知识图谱表示图

这种属性图的表达很贴近现实生活中的场景，也可以很好地描述业务中所包含的逻辑关系。除了属性图，知识图谱也可以用RDF（Resource Description Framework，资源描述框架）来表示，它是由很多的三元组（Triples）来组成的。RDF在设计上的主要特点是易于发布和分享数据，但不支持实体或关系拥有属性，如果非要加上属性，则在设计上需要做一些修改。目前来看，RDF主要用于学术的场景，在工业界我们还是更多地采用图数据库（比如用来存储属性图）的方式。

4.1.3　知识图谱技术的发展历程

知识图谱（Knowledge Graph）的历程发展可以追溯到20世纪50年代诞生的专家系统，专家系统是一个具有大量的专门知识与经验的程序系统，它应用人工智能技术和计算机技术，根据某领域一个或多个专家提供的知识和经验，进行推理和判断，模拟人类专家的决策过程，以便解决那些需要人类专家处理的复杂问题。知识图谱发展史图如图4-4所示。

20世纪50年代到70年代，符号逻辑、神经网络、LISP语言（List Processing的缩写）和一些语义网络已经出现，不过尚处于简单且不太规范的知识表示形式。

20世纪70年代到90年代，出现了一些专家系统、一些限定领域的知识库（如金融、农业、林业等领域），以及后来出现的一些脚本、框架、推理。

20世纪90年代到2000年，出现了万维网、人工大规模知识库、本体概念、智能主体与机器人。

2000年到2006年，出现了语义Web（语义网）、群体智能、维基百科、百度百科、工作百科之类的内容。

2006年至今，我们对数据进行了结构化。但是数据和知识的体量越来越大，因此导致了通用知识库越来越多。随着大规模的知识需要被获取、整理、融合，知识图谱应运而生。

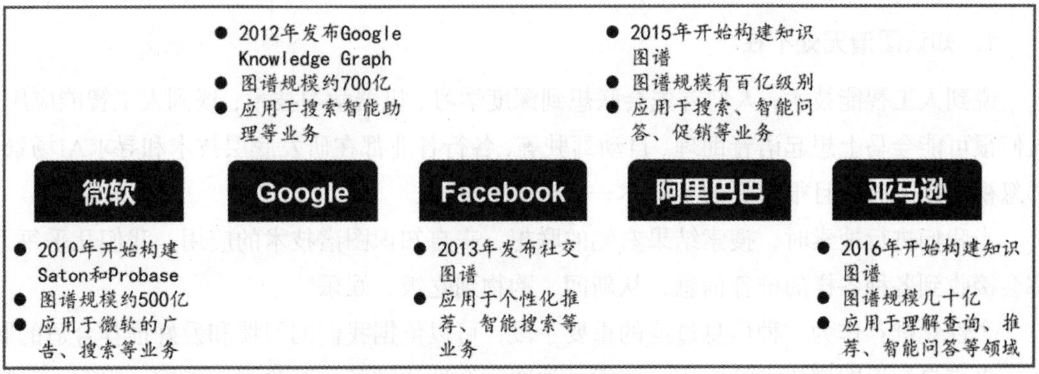

图4-4　知识图谱发展史图

从发展里程碑来看：

2010年，微软发布了Satori和Probase，它们是比较早期的数据库，当时图谱规模约为500亿，主要被应用于微软的广告和搜索等业务。

2012年，谷歌推出了Knowledge Graph（知识图谱），当时的数据规模有700亿。

后来，Facebook、阿里巴巴、亚马逊也相继于2013年、2015年和2016年推出了各自的知识图谱和知识库。它们主要被用于知识理解、智能问答、推理和搜索等业务上。

从数据的处置量来看，早期的专家系统只有上万级知识体量，后来阿里巴巴和百度推出了千亿级、甚至是兆级的知识图谱系统。

图4-5中的左表反映的是我们曾经给客户做过的某类法律文本在数量上的变化趋势。

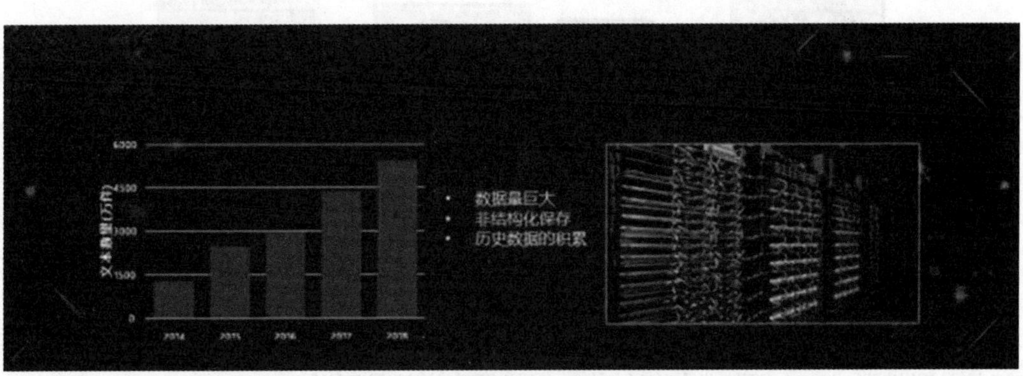

图4-5　知识图谱文本数量增量图

2014年，文本的数量还不到1500万，而到了2018年，文本总量就超过了4500万。预计至2020年，文本的数量有望突破1亿万件（某一特定类别）。那么，我们现在所面临的问题包括数据量的巨大、非结构化保存、历史数据的积累等方面。这些都会导致信息知识体、以及各种实体的逐渐膨胀。因此，我们需要将各种知识连接起来，形成知识图谱。

4.2 知识图谱的特点

1. 知识图谱无处不在

说到人工智能技术，人们首先会联想到深度学习、机器学习技术；谈到人工智能应用，人们很可能会马上想起语音助理、自动驾驶等，各行各业都在研发底层技术和寻求AI场景，却忽视了当下时髦且很重要的AI技术——知识图谱。

当我们进行搜索时，搜索结果右侧的联想，来自知识图谱技术的应用。我们几乎每天都会接收到各种各样的推荐信息，从新闻、购物到吃饭、娱乐。

个性化推荐作为一种信息过滤的重要手段，可以依据我们的习惯和爱好推荐合适的服务，也来自知识图谱技术的应用。搜索、地图、个性化推荐、互联网、风控、银行……越来越多的应用场景，都越来越依赖知识图谱。典型的知识图谱如图4-6所示。

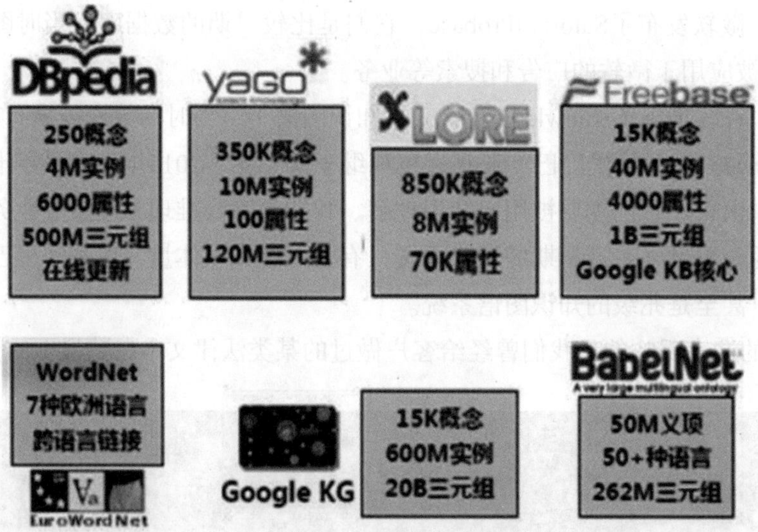

图4-6 典型的知识图谱

2. 知识图谱与人工智能的关系

知识图谱用节点和关系所组成的图谱，为真实世界的各个场景直观地建模。通过不同知识的关联性形成一个网状的知识结构，对机器来说就是图谱。

形成知识图谱的过程本质是在建立认知、理解世界、理解应用的行业或者说领域。每个人都有自己的知识面，或者说知识结构，本质就是不同的知识图谱。正是因为有获取和形成知识的能力，人类才可以不断进步。

知识图谱对于人工智能的重要价值在于，知识是人工智能的基石，机器可以模仿人类的视觉、听觉等感知能力，但这种感知能力不是人类的专属，动物也具备感知能力，甚至某些感知能力比人类更强，比如狗的嗅觉。

而认知及语言是人类区别于其他动物的能力，同时，知识也使人类不断地进步，不断地凝练、传承知识，是推动人类不断进步的重要基础。知识对于人工智能的价值就在于，让机器具备认知能力。构建知识图谱这个过程的本质，就是让机器形成认知能力，去理解这个世界。

3. 图数据库

知识图谱的图存储在图数据库（Graph Database）中，图数据库以图论为理论基础，图论中图的基本元素是节点和边，在图数据库中对应的就是节点和关系。用节点和关系所组成的图，为真实世界直观地建模，支持百亿量级甚至千亿量级规模的巨型图的高效关系运算和复杂关系分析。

目前市面上较为流行的图数据库有Neo4j、Orient DB、Titan、Flock DB、Allegro Graph等。不同于关系型数据库，一修改便容易“牵一发而动全身”，图数据库可实现数据间的“互联互通”。与传统的关系型数据库相比，图数据库更擅长建立复杂的关系网络。

图数据库将原本没有联系的数据连通，将离散的数据整合在一起，从而提供更有价值的决策支持。

4. 知识图谱的价值

知识图谱运用“图”这种基础性、通用性的“语言”，“高保真”地表达这个多姿多彩世界的各种关系，并且非常直观、自然和高效，不需要中间过程的转换和处理——这种中间过程的转换和处理，往往把问题复杂化，或者遗漏掉很多有价值的信息。

在风控领域中，知识图谱产品为精准揭露“欺诈环”“窝案”“中介造假”“洗钱”和其他复杂的欺诈手法，提供了新的方法和工具。尽管没有完美的反欺诈措施，但通过超越单个数据点并让多个节点进行联系，仍能发现一些隐藏信息，找到欺诈者的漏洞，通常这些看似正常不过的联系（关系），常常被我们忽视，很有价值的反欺诈线索和风险突破口。

尽管各个风险场景的业务风险不同，其欺诈方式也不同，但都有一个非常重要的共同点——欺诈依赖于信息不对称和间接层，且它们可以通过知识图谱的关联分析被揭示出来，高级欺诈也难以“隐身”。

凡是有关系的地方都可以用到知识图谱，事实上，知识图谱已经成功俘获了大量客户，且客户数量和应用领域还在不断增长中，包括沃尔玛、领英、惠普、FT金融时报等知名企业和机构。

目前知识图谱产品的客户行业，分类主要集中在：社交网络、人力资源与招聘、金融、保险、零售、广告、物流、通信、IT、制造业、传媒、医疗、电子商务和物流等领域。在风控领域中，知识图谱类产品主要应用于反欺诈、反洗钱、互联网授信、保险欺诈、银行欺诈、电商欺诈、项目审计造假、企业关系分析、罪犯追踪等场景中。

相比传统数据的存储和计算方式，知识图谱的优势显现在以下四个方面。

（1）关系的表达能力强

传统数据库通常通过表格、字段等方式进行读取，而关系的层级及表达方式多种多样，且基于图论和概率图模型，可以处理复杂多样的关联分析，满足企业各种角色关系的分析和管理需要。

（2）像人类思考一样去做分析

基于知识图谱的交互式探索和分析，可以模拟人的思考过程去发现、求证、推理，业务人员自己就可以完成全部过程，不需要专业人员的协助。

（3）知识学习

利用交互式机器学习技术，支持根据推理、纠错、标注等交互动作的学习功能，不断沉淀知识逻辑和模型，提高系统智能性，将知识沉淀在企业内部，降低对经验的依赖。

（4）高速反馈

图式的数据存储方式，相比传统存储方式，数据调取速度更快，图库可计算超过百万潜在的实体的属性分布，还可实现秒级返回结果，真正实现人机互动的实时响应，让用户可以做到即时决策。

5. 知识图谱的主要技术

（1）知识建模

知识建模，即为知识和数据进行抽象建模，主要包括以下5个步骤（知识图谱的建立过程如图4-7所示）：

· 以节点为主体目标，实现对不同来源的数据进行映射与合并（确定节点）。

· 利用属性来表示不同数据源中针对节点的描述，形成对节点的全方位描述（确定节点属性、标签）。

· 利用关系来描述各类抽象建模成节点的数据之间的关联关系，从而支持关联分析（图设计）。

· 通过节点链接技术，实现围绕节点的多种类型数据的关联存储（节点链接）。

· 使用事件机制描述客观世界中动态发展，体现事件与节点间的关联，并利用时序描述事件的发展状况（动态事件描述）。

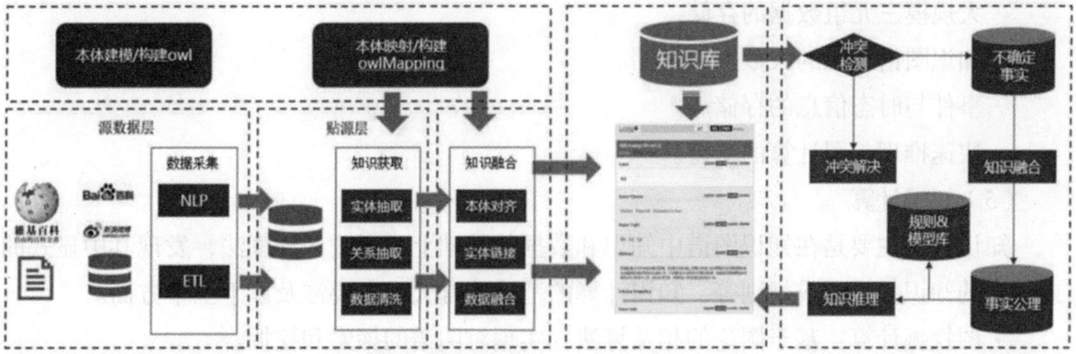

图4-7　知识图谱的建立过程

（2）知识获取

从不同来源、不同结构的数据中进行知识提取，形成知识再存入知识图谱，这一过程我们称为知识获取。针对不同种类的数据，会利用不同的技术进行提取。

·从结构化数据库中获取知识——D2R。难点在于复杂表数据的处理。

·从链接数据中获取知识——图映射。难点在于数据对齐。

·从半结构化（网站）数据中获取知识——使用包装器。难点在于方便的包装器定义方法，包装器自动生成、更新与维护。

·从文本中获取知识——信息抽取。难点在于结果的准确率与覆盖率。

（3）知识融合

如果知识图谱的数据源来自不同数据结构的数据源，在系统已经从不同的数据源把不同结构的数据提取知识之后，接下来要做的是把它们融合成一个统一的知识图谱，这时候需要用到知识融合的技术（如果知识图谱的数据均为结构化数据，或某种单一模式的数据结构，则无需用到知识融合技术）。

知识融合主要分为数据模式层融合和数据层融合，分别用到如下技术。

·数据模式层融合：概念合并、概念上下位关系合并、概念的属性定义合并。

·数据层融合：节点合并、节点属性融合、冲突检测与解决（如某一节点的数据来源有豆瓣短文、数据库、网页爬虫等，需要将不同数据来源的同一节点进行数据层的融合）。

由于行业知识图谱的数据模式通常采用自顶向下（由专家创建）和自底向上（从现有的行业标准转化，从现有高质量数据源转化）结合的方式，在模式层基本都经过人工的校验，保证了可靠性，因此，知识融合的关键任务在数据层的融合。

（4）知识存储

图谱的数据存储既需要完成基本的数据存储，同时也要能支持上层的知识推理、知识快速查询、图实时计算等应用，因此，需要存储以下信息：三元组（由开始节点、关系、结束节点三个元素组成）知识的存储、事件信息的存储、时态信息的存储、使用知识图谱组织的数据的存储。

其关键技术和难点就在于：

- 大规模三元组数据的存储。
- 知识图谱组织的大数据的存储。
- 事件与时态信息的存储。
- 快速推理与图计算的支持。

（5）知识计算

知识计算主要是在知识图谱中知识和数据的基础上，通过各种算法，发现其中显式的或隐含的知识、模式或规则等，知识计算的范畴非常大，主要涉及以下三个方面。

- 图挖掘计算：基于图论的相关算法，实现对图谱的探索和挖掘。
- 本体推理：使用本体推理进行新知识发现或冲突检测。
- 基于规则的推理：使用规则引擎，编写相应的业务规则，通过推理辅助业务决策。

（6）图挖掘和图计算

知识图谱之上的图挖掘和计算主要分为以下6类：

- 图遍历，知识图谱构建完之后可以理解为是一张很大的图，即怎么去查询遍历这个图呢？要根据图的特点和应用的场景进行遍历。
- 图里面经典的算法，如最短路径算法。
- 路径的探寻，即给定两个实体或多个实体去发现它们之间的关系。
- 权威节点的分析，这在社交网络分析中用得比较多。
- 族群分析。
- 相似节点的发现。

4.3 知识图谱构建

一个完整的知识图谱的构建包含以下几个步骤：定义具体的业务问题、数据的收集与预处理、知识图谱的设计、把数据存入知识图谱和上层应用开发与系统评估。下面我们就按照这个流程来讲一下每个步骤所需要做的事情以及需要思考的问题。

4.3.1 业务问题定义

在构建知识图谱前，首先要明确的一点是，对于自身的业务问题到底需不需要知识图谱系统的支持。因为在很多的实际场景中，即使对关系的分析有一定的需求，实际上也可以利用传统数据库来完成分析。所以为了避免使用知识图谱而选择知识图谱，以及更好的技术选型，以下给出了几点总结（构建知识图谱方式对比图如图4-8所示）。

对可视化需求不高	有强烈的可视化需求
很少涉及关系的深度搜索	经常涉及关系的深度搜索
关系查询效率要求不高	对关系查询效率有实时性要求
数据缺乏多样性	数据多样化、解决数据孤岛问题
暂时没有人力或者成本不够	有能力、有成本搭建系统
用更简单的方式？	选择知识图谱

图4-8　构建知识图谱方式对比图

4.3.2　数据的收集与预处理

在明确问题后，接着就是要确定数据源以及做必要的数据预处理。针对数据源，我们需要考虑以下四点：一、我们已经有了哪些数据？二、虽然现在没有，但有可能拿到哪些数据？三、其中哪部分数据可以用来降低风险？四、哪部分数据可以用来构建知识图谱？在这里需要说明的一点是，并不是所有跟反欺诈相关的数据都必须要进入知识图谱，对于这部分的一些决策原则在接下来的部分会有比较详细的介绍。

对于反欺诈，有几个数据源是我们很容易得到的，包括用户的基本信息、行为数据、运营商数据、网络上的公开信息等。假设我们已经有了一个数据源的列表清单，则下一步就要看哪些数据需要进一步的处理，比如对于非结构化数据我们或多或少都需要用到跟自然语言处理相关的技术。用户填写的基本信息基本上会存储在业务表里，除了个别字段需要进一步处理，很多字段则直接可以用于建模或者添加到知识图谱系统里。对于行为数据来说，我们则需要通过一些简单的处理，并从中提取有效的信息，比如“用户在某个页面停留的时长”等。对于网络上公开的网页数据，则需要一些信息抽取相关的技术。

知识图谱实体关系图如图4-9所示。对于用户的基本信息，我们很可能需要如下的操作。一方面，用户信息比如姓名、年龄、学历等字段可以直接从结构化数据库中提取并使用。但另一方面，对于填写的公司名来说，我们有可能需要做进一步的处理。比如部分用户填写“北京XX科技有限公司”，另外一部分用户填写“北京XXXX科技有限公司”，其实指向的都是同一家公司。所以，这时候我们需要做公司名的对齐，用到的技术细节可以参考前面讲到的实体对齐技术。

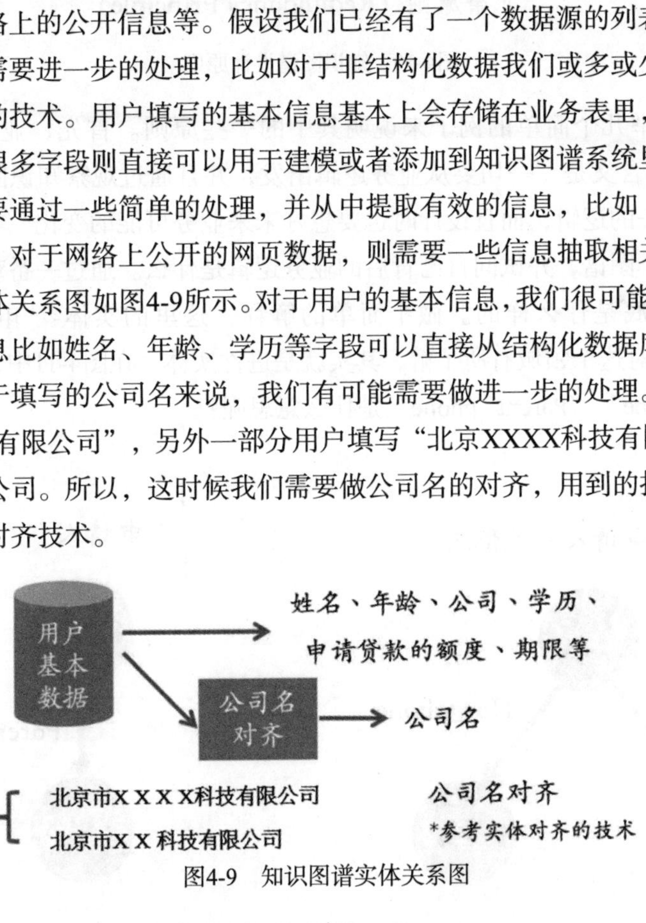

图4-9　知识图谱实体关系图

4.3.3 知识图谱的设计

知识图谱的设计是一门艺术，不仅要对业务有很深的理解，还要对未来业务可能的变化有一定的预估，从而设计出最贴近现状并且性能高效的系统。在知识图谱设计的问题上，我们肯定会面临以下三个常见的问题：一、需要哪些实体、关系和属性？二、哪些属性可以作为实体，哪些实体可以作为属性？三、哪些信息不需要放在知识图谱中？基于这些常见的问题，我们从以往的设计经验中抽象出了一系列的设计原则。这些设计原则（如图4-10所示）就类似于传统数据库设计中的范式，来引导相关人员设计出更合理的知识图谱系统，同时保证系统的高效性。

设计知识图谱 - BAEF原则

- 业务原则（Business Principle）
- 分析原则（Analytics Principle）
- 效率原则（Efficiency Principle）
- 冗余原则（Redundancy Principle）

图4-10 知识图谱设计原则

下面，我们举几个简单的例子来说明其中的一些原则。首先，业务原则（Business Principle），它的含义是“一切要从业务逻辑出发，并且通过观察知识图谱的设计也很容易推测其背后业务的逻辑，而且设计时也要想好未来业务可能的变化”。举个例子，可以观察一下下面这个图谱，并试问自己背后的业务逻辑是什么。通过一番观察，其实也很难看出业务流程到底是什么样的。做个简单的解释，这里的实体-“申请”的意思就是application，如果对这个领域有所了解，其实就是进件实体。在图4-11中，申请和电话实体之间的“Has_phone”“Parent _phone”是什么意思呢？

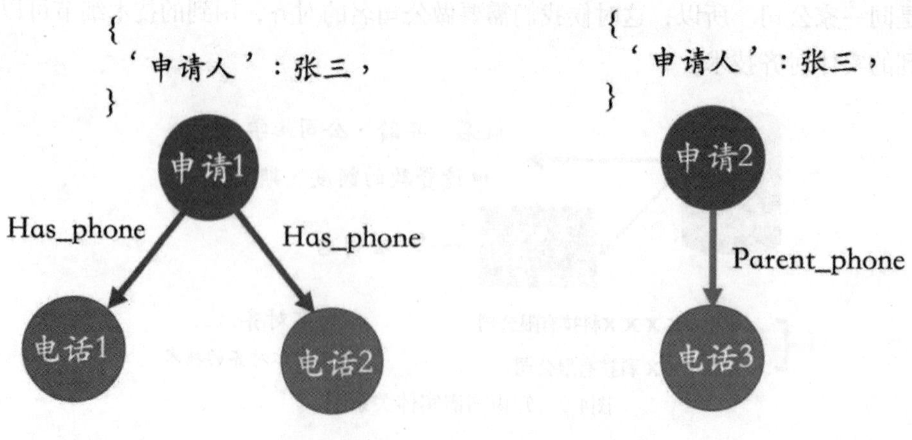

图4-11 知识图谱属性实体关系图

然后再看图4-12，跟之前的区别在于我们把申请人从原有的属性中抽取出来并设置成了一个单独的实体。在这种情况下，整个业务逻辑就变得很清晰了，我们很容易看出张三申请了两个贷款，而且张三拥有两个手机号，在申请其中一个贷款的时候他填写了父母的电话号。总而言之，一个好的设计很容易让人看到业务本身的逻辑。

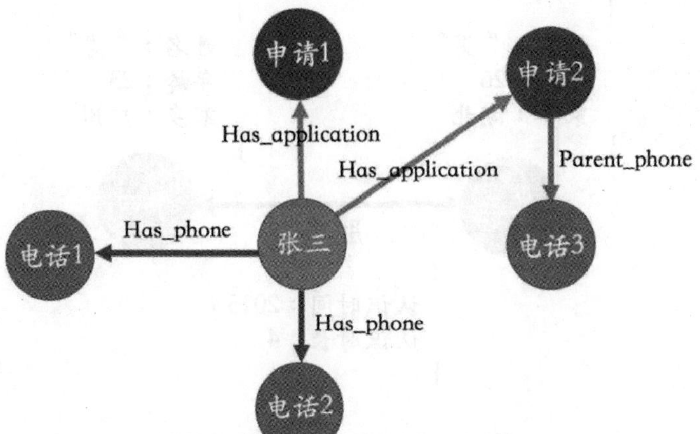

图4-12 知识图谱属性关系图

接下来再看效率原则（Efficiency Principle）。效率原则让知识图谱尽量轻量化，并决定哪些数据放在知识图谱中，哪些数据不需要放在知识图谱中。在这里举一个简单的类比，在经典的计算机存储系统中，我们经常会谈论到内存和硬盘，内存作为高效的访问载体，作为所有程序运行的关键。这种存储上的层次结构设计源于数据的局部性-“locality”，也就是说经常被访问到的数据集中在某一个区块上，所以这部分数据可以放到内存中来提升访问的效率。类似的逻辑也可以应用到知识图谱的设计上：我们把常用的信息存放在知识图谱中，把那些访问频率不高、对关系分析无关紧要的信息放在传统的关系型数据库当中。效率原则的核心在于把知识图谱设计成小而轻的存储载体（如图4-13所示）。

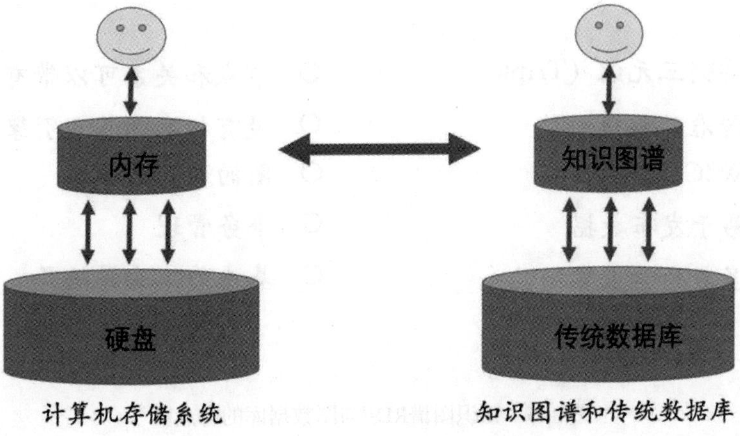

图4-13 知识图谱存储图

比如在图4-14中，我们完全可以把一些信息（比如“年龄”“家乡”）放到传统的关系型数据库当中，因为这些数据对于分析关系来说没有太多作用；访问频率低，放在知识图谱上反而影响效率。

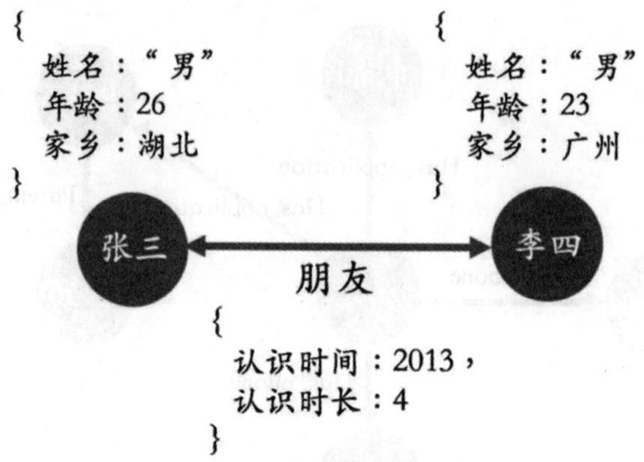

图4-14 知识图谱人物属性关系图

另外，从分析原则（Analytics Principle）的角度讲，我们不需要把跟关系分析无关的实体放在图谱当中；从冗余原则（Redundancy Principle）的角度讲，有些重复性信息、高频信息可以放到传统数据库当中。

4.3.4 知识图谱的存储

知识图谱主要有两种存储方式：一种是基于RDF的存储；另一种是基于图数据库的存储。它们的特点如图4-15所示。RDF的一个重要设计原则是数据的易发布以及共享，图数据库则把重点放在了高效的图查询和搜索上。其次，RDF以三元组的方式来存储数据且不包含属性信息，但图数据库一般以属性图为基本的表示形式，所以实体和关系可以包含属性，这就意味着更容易表达现实的业务场景。

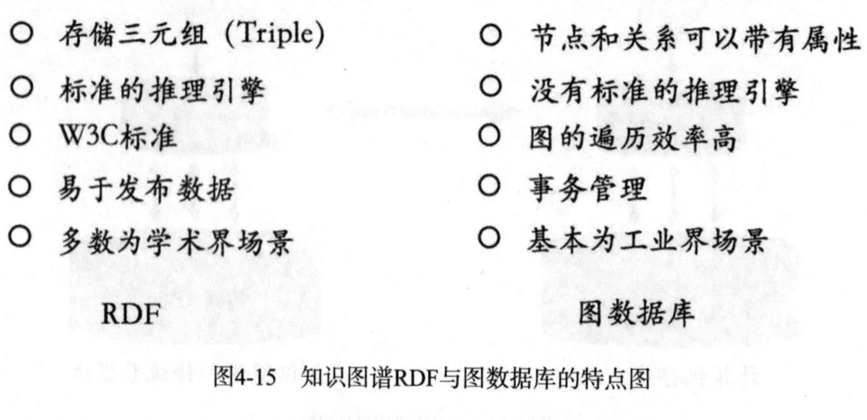

存储三元组（Triple）
标准的推理引擎
W3C标准
易于发布数据
多数为学术界场景
RDF
节点和关系可以带有属性
没有标准的推理引擎
图的遍历效率高
事务管理
基本为工业界场景
图数据库

图4-15 知识图谱RDF与图数据库的特点图

根据2018年上半年的统计，图数据库仍然是增长最快的存储系统。相反，关系型数据库的增长基本保持在一个稳定的水平。同时，我们也列出了常用的图数据库系统以及它们最新使用情况的排名。其中Neo4j系统目前仍是使用率最高的图数据库，它拥有活跃的社区，而且系统本身的查询效率高，但唯一的不足就是不支持准分布式。相反，Orient DB和JanusGraph（原Titan）支持分布式，但这些系统较新，社区不如Neo4j活跃，这也就意味着使用过程当中不可避免地会遇到一些棘手的问题。如果选择使用RDF的存储系统，Jena或许是一个比较不错的选择，如图4-16所示。

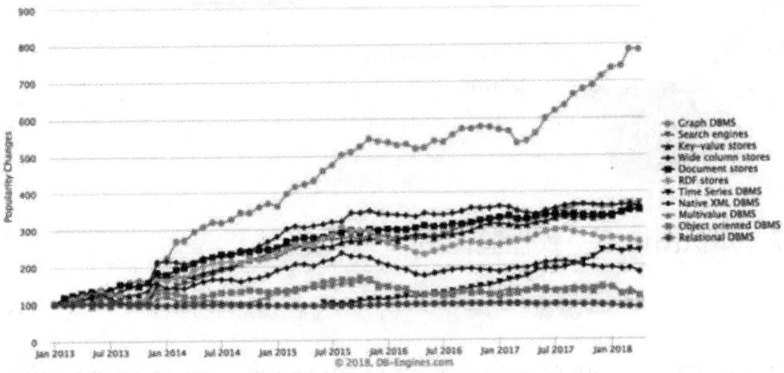

数据库使用率增长

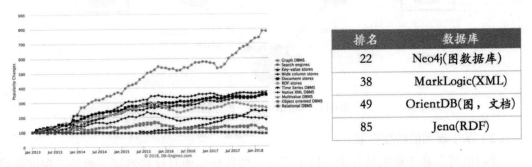

排名	数据库
22	Neo4j(图数据库)
38	MarkLogic(XML)
49	OrientDB(图，文档)
85	Jena(RDF)

部分图数据库排名

图4-16　知识图谱数据库使用分布图

4.3.5　上层应用开发与系统评估

构建好知识图谱之后，接下来就要使用它来解决具体的问题。对于风控知识图谱来说，首要任务就是挖掘关系网络中隐藏的欺诈风险。从算法的角度来讲，有两种不同的场景：一种是基于规则的；另一种是基于概率的。鉴于目前AI技术的现状，基于规则的方法论在垂直领域的应用中仍占据主导地位，但随着数据量的增加以及方法论的提升，基于概率的模型也将会逐步带来更大的价值。

1．基于规则的方法论

首先，我们来看几个基于规则的应用，分别是不一致性验证、基于规则的特征提取、基于模式的判断。

（1）不一致性验证

为了判断关系网络中存在的风险，一种简单的方法就是做不一致性验证，也就是通过一些规则去找出潜在的矛盾点。这些规则是以人为的方式提前定义好的，所以在设计规则这个事情上需要一些业务的知识。比如在图4-17中，李明和李飞两个人都注明了同样的公司电话，但实际上从数据库中判断这两人其实在不同的公司上班，这就是一个矛盾点。类似的规则其实还有很多，不在这里一一列出了。

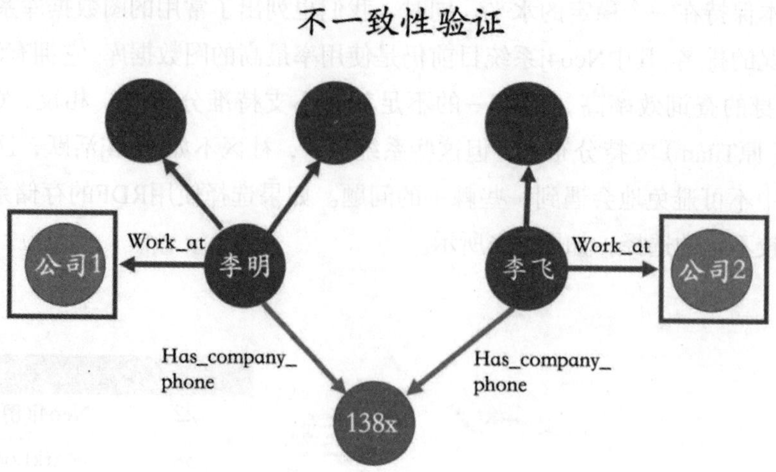

图4-17　知识图谱不一致性验证图

（2）基于规则的特征提取

我们也可以基于规则从知识图谱中提取一些特征，而且这些特征一般基于深度的搜索，比如二度、三度甚至更高的维度。比如我们可以问一个这样的问题：“申请人二度关系里有多少个实体触碰了黑名单？”，从图4-18中我们很容易观察到二度关系中有两个实体触碰了黑名单（黑名单由红色来标记）。等这些特征被提取之后，一般可以作为风险模型的输入。在此还是要说明一点，如果特征并不涉及深度的关系，其实传统的关系型数据库则足以满足需求。

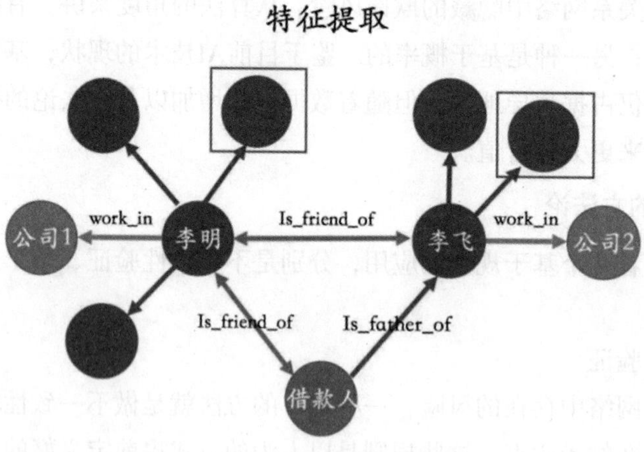

图4-18　知识图谱特征提取图

（3）基于模式的判断

这种方法比较适用于找出团体欺诈，它的核心在于通过一些模式来找到有可能存在风险的团体或者子图（Sub-Graph），然后对这部分子图做进一步的分析。这种模式有很多种，在这里举几个简单的例子。比如在图4-19中，三个实体共享了很多其他的信息，我们可以把它们看作是一个团体，并对其做进一步的分析。

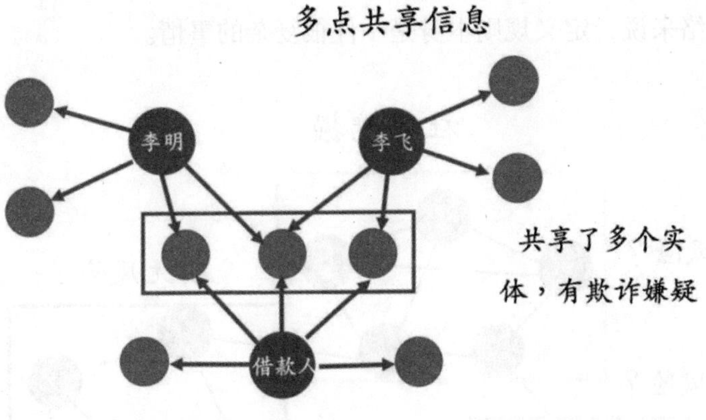

图4-19　知识图谱多点共享信息图

再比如，我们也可以从知识图谱中找出强连通图（如图4-20所示），并把它标记出来，然后做进一步的风险分析。强连通图意味着每一个节点都可以通过某种路径到达其他的点，也就说明这些节点之间有很强的关系。

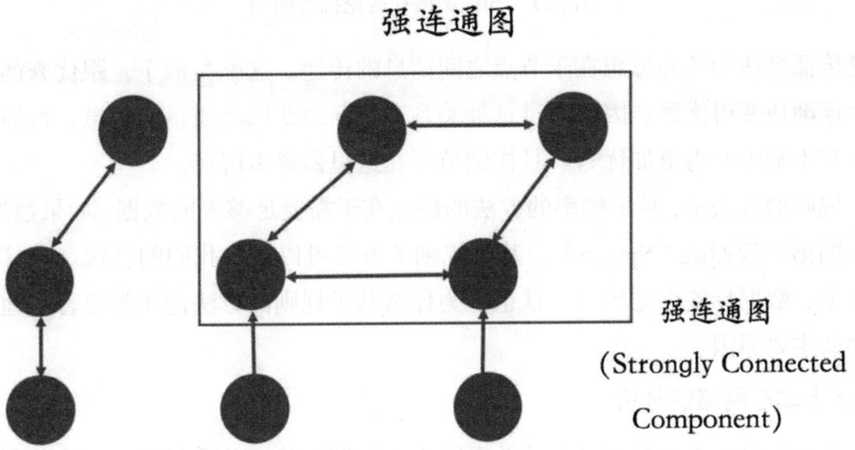

图4-20　知识图谱强连通图

2. 基于概率的方法

除了基于规则的方法，也可以使用概率统计的方法。比如社区挖掘（如图4-21所示）、标签传播、聚类等技术都属于这个范畴。对于这类技术，在本文里不做详细的讲解，感兴趣的读者可以参考相关文献。

社区挖掘算法的目的在于从图中找出一些社区。对于社区，我们可以有多种定义，但直观上可以理解为社区内节点之间关系的密度要明显大于社区之间的关系密度。下面的图表示社区发现之后的结果，图中总共标记了三个不同的社区。一旦我们得到这些社区之后，就可以做进一步的风险分析。

由于社区挖掘是基于概率的方法论，好处在于不需要人为地去定义规则，特别是对于一个庞大的关系网络来说，定义规则本身是一件很复杂的事情。

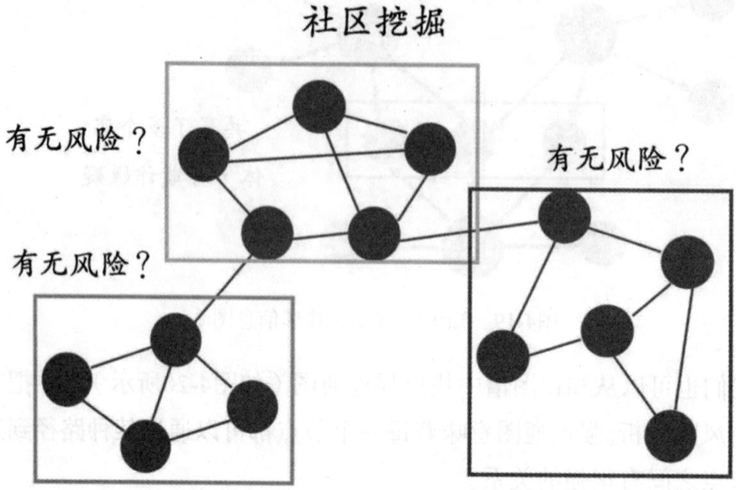

图4-21　知识图谱社区挖掘规则图

标签传播算法的核心思想在于节点之间信息的传递。这就类似于，跟优秀的人在一起自己也会逐渐地变得优秀。因为通过这种关系会不断地获取高质量的信息，最后使得自己也会在不知不觉中变得更加优秀。具体细节不在这里做更多解释。

相比规则的方法论，基于概率的方法的缺点在于需要足够多的数据。如果数据量很少，而且整个图谱比较稀疏（Sparse），基于规则的方法可以成为我们的首选。尤其是对于金融领域来说，数据标签会比较少，这也是为什么基于规则的方法论还是更普遍地应用在金融领域中的主要原因。

3．基于动态网络的分析

以上所有的分析都是基于静态的关系图谱。所谓的静态关系图谱，意味着我们不考虑图谱结构本身随时间的变化，只是聚焦在当前知识图谱的结构上。然而，我们也知道图谱的结构是随时间变化的，而且这些变化本身也可以跟风险有所关联。

在图4-22中，我们给出了一个知识图谱t时刻和$t+1$时刻的结构，我们很容易看出在这两个时刻中间，图谱结构（或者部分结构）发生了很明显的变化，这其实暗示着潜在的风险。那怎么去判断这些结构上的变化呢？感兴趣的读者可以查阅跟“Dynamic Network Mining”相关的文献。

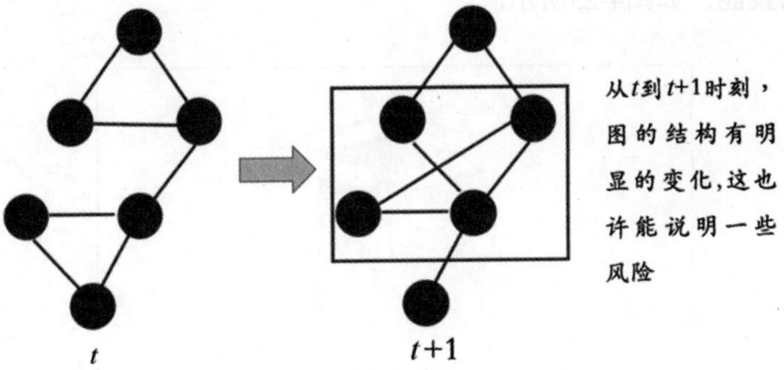

从t到t+1时刻，图的结构有明显的变化，这也许能说明一些风险
t
t+1

图4-22　知识图谱不同时刻结构变化图

4.4　案例实现：客户意图理解

1．项目描述

在对话系统中，需要理解客户的意图，并从知识库中搜索出最适合的答案，回复给客户。其中最困难的就是对客户的意图进行理解，因为如果对客户的意图都不能理解，就更谈不上正确回答了。本次项目将利用百度智能对话系统定制平台UNIT（Understanding and Interaction Technology），进行天气查询系统中的用户意图识别。

项目实施的详细过程可以通过扫描二维码，观看具体操作过程的讲解视频。

2．相关知识

项目要求：

- 网络通信正常。
- 环境准备：安装Spyder等Python编程环境。
- SDK准备：按照附录B的要求，安装过百度人工智能开放平台的SDK。
- 账号准备：按照附录B的要求，注册过百度人工智能开放平台的账号。

3．项目设计

创建一个简单的对话技能，如天气查询，需要以下4个步骤。

- 创建技能。
- 配置意图及词槽。
- 配置训练数据。
- 训练模型。

4．项目过程

（1）创建技能

在地址栏中输入“https：//ai.baidu.com/unit/home”，打开网页，单击“进入UNIT”按钮，注册成为百度UNIT的开发者。注册完成后，单击“我的技能”→“新建自定义技能”

按钮创建自己的技能，如图4-23所示。

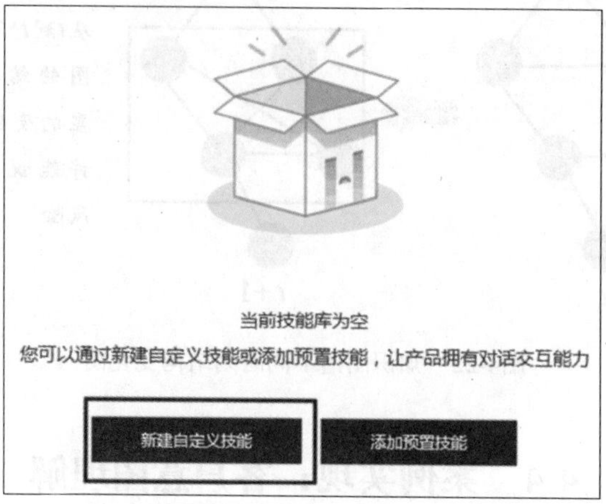

图4-23　创建自己的技能

然后在打开的图4-24中单击“对话技能”→“下一步”按钮，取名为“查天气”，单击“创建技能”按钮完成技能创建。

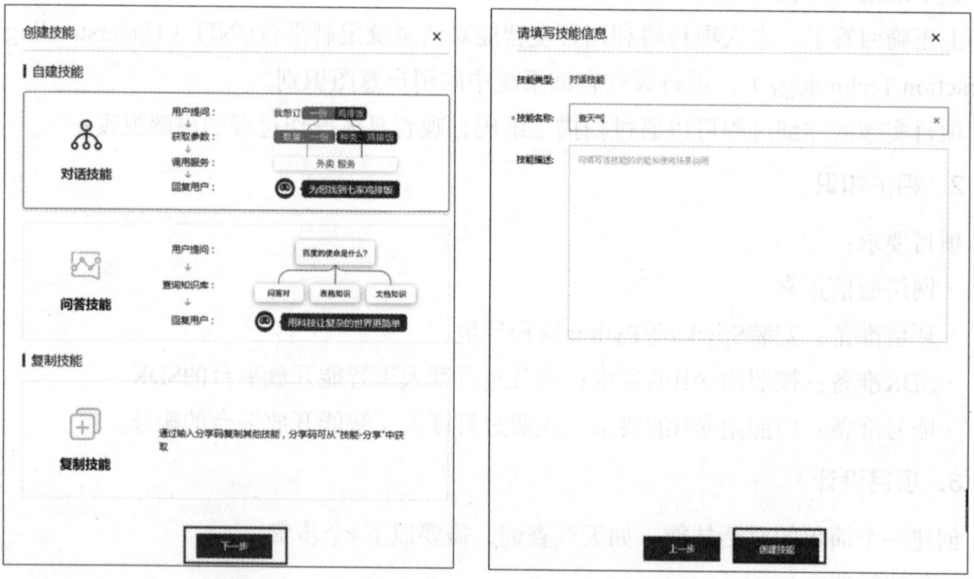

图4-24　创建“查天气”的技能

（2）配置意图及词槽

① 在图4-25中单击“查天气”按钮，进入“意图管理”界面。

图4-25　“意图管理”界面

② 单击“新建对话意图”按钮（如图4-26所示）。

设置意图名称：WEATHER

设置意图别名：查天气

图4-26　新建对话意图

③ 在打开的“新建对话意图”页面中，可以添加词槽，这里添加如图4-27所示的几个词槽信息。

注：UNIT提供了强大的系统词槽，并在不断丰富中，词槽的词典值可以一键选用系统提供的词典，也可以自己添加自定义词典。

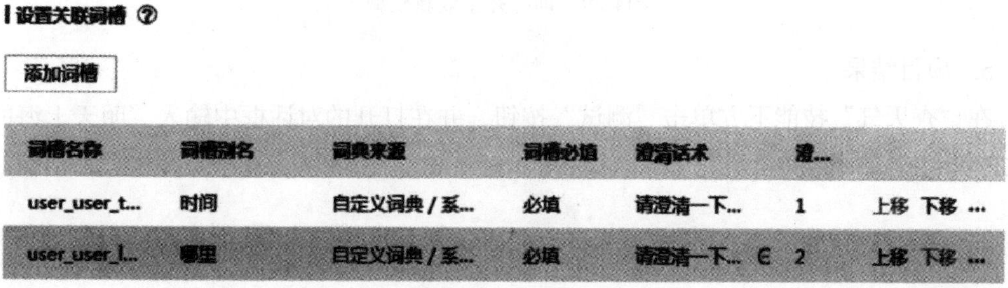
设置关联词槽
添加词槽
词槽名称 词槽别名 词典来源 词槽必填 澄清话术 澄...
user_user_t... 时间 自定义词典 / 系... 必填 请澄清一下... 1 上移 下移 ...
user_user_l... 哪里 自定义词典 / 系... 必填 请澄清一下... 2 上移 下移 ...

图4-27　添加词槽

（3）配置训练数据

简单而言，根据规则将一句话拆解成不同的部分并标注好，再训练出对话模型，这样UNIT就可以理解用户的对话了。当对话样本数据量不够多的时候，训练模板可以帮助快速搭建一个对话模型；当有大量对话样本数据量时，可以使用对话模板＋对话样本，使对话模型更加强大。

在左边的菜单栏中单击“训练数据”→“对话模板”按钮，新增一个对话模板，添加时间、地点、词槽，还有文本“天气”，作为三个模板片段，如图4-28所示。

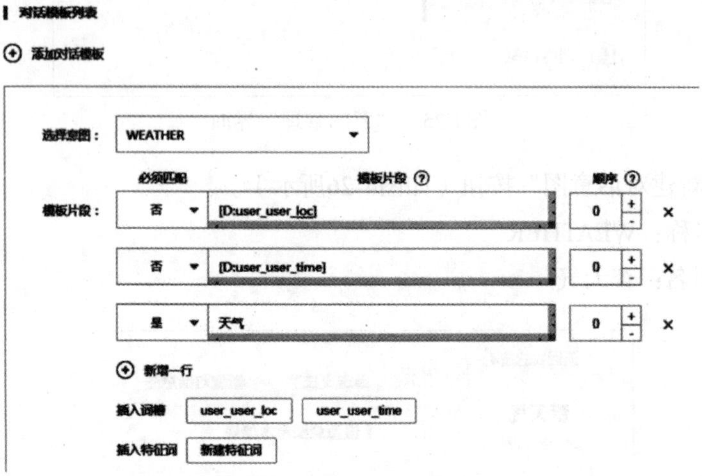

图4-28　添加对话模板

（4）训练模型

选择左侧导航栏中的“技能训练”选项，单击“训练并生效新模型”按钮，如图4-29所示。

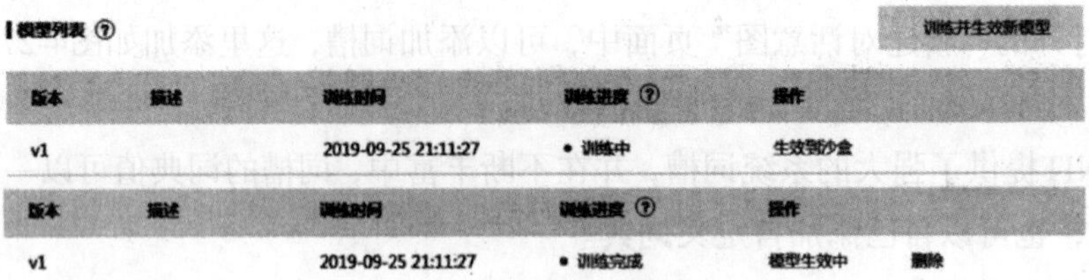

图4-29　训练并生效新模型

5. 项目结果

在“查天气”技能下方单击“测试”按钮，并在打开的对话框中输入“明天上海的天气如何？”，如图4-30所示。

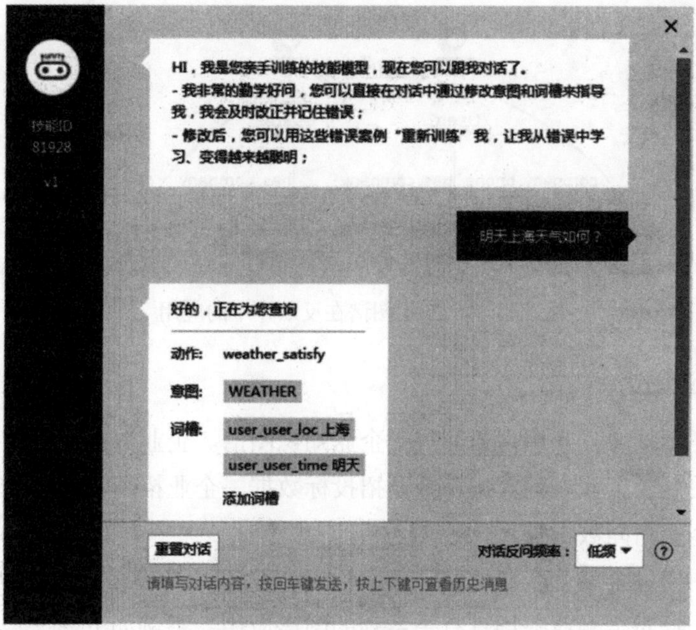

图4-30　测试“查天气”技能

对话机器人能识别出用户的意图是“WEATHER”，也就是要查询天气。机器人也识别出了两个具体的词槽及相应的取值。比如词槽“user_user_time”（时间）的取值为“明天”；词槽“user_ user_ loc”（地点）的取值为“上海”。

6. 项目小结

本次项目通过百度UNIT平台设置了对话机器人。当然，目前的机器人还仅限于能理解人的意图，并没有继续按人的意图进行回复。

4.5　应用场景

知识图谱的应用场景很多，除了问答、搜索和个性化推荐，在不同行业、不同领域也有广泛应用，以下列举六个目前比较常见的应用场景。

1. 信用卡申请反欺诈图谱

银行信用卡的申请欺诈包括个人欺诈、团伙欺诈、中介包装、伪冒资料等，是指申请者使用本人身份或他人身份或编造、伪造虚假身份进行申请信用卡、申请贷款、透支欺诈等欺诈行为。

欺诈者一般会共用合法联系人的一部分信息，如电话号码、联系地址、联系人手机号等，并通过它们的不同组合创建多个合成身份。比如借款人（UserC）和借款人（UserA）的填写信息为同事，但是两个人填写的公司名却不一样，以及同一个电话号码属于两个借款人，这些不一致性很可能有欺诈行为，如图4-31所示。

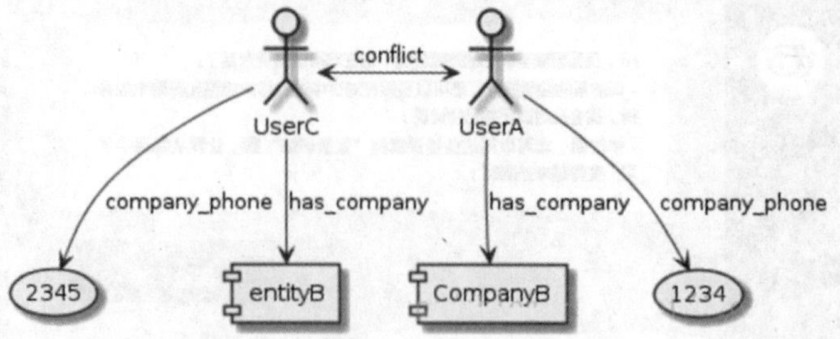

图4-31　知识图谱在反欺诈中的应用

2．企业知识图谱

目前金融证券领域，应用主要侧重于企业知识图谱。企业数据包括企业基础数据、投资关系、任职关系、企业专利数据、企业招投标数据、企业招聘数据、企业诉讼数据、企业失信数据、企业新闻数据等。

利用知识图谱融合以上企业数据，可以构建企业知识图谱，并在企业知识图谱之上利用图谱的特性，针对金融业务场景有一系列的图谱应用，举例如下。

· 企业风险评估：基于企业的基础信息、投资关系、诉讼、失信等多维度关联数据，利用图计算等方法构建科学、严谨的企业风险评估体系，有效规避潜在的经营风险与资金风险。

· 企业社交图谱查询：基于投资、任职、专利、招投标、涉诉关系以目标企业为核心向外层层扩散，形成一个网络关系图，直观立体地展现企业关联信息。

· 企业最终控制人查询：基于股权投资关系寻找持股比例最大的股东，最终追溯至某自然人或国有资产管理部门。

· 企业之间路径发现：在基于股权、任职、专利、招投标、涉诉等关系形成的网络关系中，查询企业之间的最短关系路径，衡量企业之间的联系密切度。

· 初创企业融资发展历程：基于企业知识图谱中的投融资事件发生的时间顺序，记录企业的融资发展历程。

· 上市企业智能问答：用户可以通过输入自然语言问题，系统直接给出用户想要的答案。

3．交易知识图谱

金融交易知识图谱在企业知识图谱之上，增加了交易客户数据、客户之间的关系数据及交易行为数据等，利用图挖掘技术，包括很多业务相关的规则，来分析实体与实体之间的关联关系，最终形成金融领域的交易知识图谱。

在银行交易反欺诈方面，可以从身份证、手机号、设备指纹、IP等多重维度对持卡人的历史交易信息进行自动化关联分析，关联分析出可疑人员和可疑交易。

4．反洗钱知识图谱

对于反洗钱或电信诈骗场景，知识图谱可精准追踪卡与卡之间的交易路径，从源头的账户、卡号、商户等关联至最后收款方，识别洗钱、套现路径和可疑人员，并通过可疑人员的交易轨迹，层层关联，分析得到更多可疑人员、账户、商户或卡号等实体。

5．信贷/消费贷知识图谱

对于互联网信贷、消费贷、小额现金贷等场景，知识图谱可从身份证、手机号、紧急联系人手机号、设备指纹、家庭地址、办公地址、IP等多重维度对申请人的申请信息进行自动化关联分析，并结合规则，识别图中异常信息，有效判别申请人信息的真实性和可靠性。

6．内控知识图谱

在内控场景的经典案例里，中介人员通过制造或利用对方信息的不对称，将企业存款从银行偷偷转移，在企业负责人不知情的情况下，中介已把企业存在银行的全部存款转移并消失不见。通过建立企业知识图谱，可将信息实时互通，发现一些隐藏信息，寻找欺诈漏洞，找出资金流向。

【知识图谱】

知识图谱的三大典型应用

现在以商业搜索引擎公司为首的互联网企业已经意识到知识图谱的战略意义，纷纷投入重兵布局知识图谱，并对搜索引擎形态日益产生重要的影响。如何根据业务需求设计实现知识图谱应用，并基于数据特点进行优化调整，是知识图谱应用的关键研究内容。

知识图谱的典型应用包括语义搜索、智能问答以及可视化决策支持三种。

1．语义搜索

当前基于关键词的搜索技术在知识图谱的知识支持下可以上升到基于实体和关系的检索，称之为语义搜索。

语义搜索可以利用知识图谱准确地捕捉用户的搜索意图，进而基于知识图谱中的知识解决传统搜索中遇到的关键字语义多样性及语义消歧的难题，通过实体链接实现知识与文档的混合检索。

语义搜索需要考虑如何解决自然语言输入带来的表达多样性问题，同时需要解决语言中实体的歧义性问题。同时借助于知识图谱，语义搜索需要直接给出满足用户搜索意图的答案，而不是包含关键词的相关网页的链接。

2．智能问答

问答系统（Question Answering，QA）是信息服务的一种高级形式，能够让计算机自动回答用户所提出的问题。不同于现有的搜索引擎，问答系统返回用户的不再是基于关键词匹配的相关文档排序，而是精准的自然语言形式的答案。

智能问答系统被看作是未来信息服务的颠覆性技术之一，亦被认为是机器具备语言理解能力的主要验证手段之一。

智能问答需要针对用户输入的自然语言进行理解，从知识图谱目标数据中给出用户问题的答案，其关键技术及难点包括准确的语义解析、正确理解用户的真实意图、以及对返回答案的评分评定以确定优先级顺序。

3. 可视化决策支持

可视化决策支持是指通过提供统一的图形接口，结合可视化、推理、检索等，为用户提供信息获取的入口。例如，决策支持可以通过图谱可视化技术对创投图谱中的初创公司发展情况、投资机构投资偏好等信息进行解读，通过节点探索、路径发现、关联探寻等可视化分析技术展示公司的全方位信息。

可视化决策支持需要考虑的关键问题包括通过可视化方式辅助用户快速发现业务模式、提升可视化组件的交互友好程度、以及大规模图环境下底层算法的效率等。

本章小结

知识图谱是一个既充满挑战又非常有趣的领域。只要有正确的应用场景，对于知识图谱所能发挥的价值还是值得期待的。本章我们主要介绍了如下内容：

1. 知识图谱本质上是语义网络（Semantic Network）的知识库，可以简单地把知识图谱理解成多关系图（Multi-Relational Graph）。

2. 知识图谱可以通过属性图和RDF（Resource Description Framework，资源描述框架）来表示。

3. 一个完整的知识图谱的构建包含以下几个步骤：定义具体的业务问题、数据的收集与预处理、知识图谱的设计、把数据存入知识图谱、上层应用的开发与系统评估。

4. 目前知识图谱在多个不同的领域得到了广泛应用，主要集中在社交网络、金融、人力资源与招聘、保险、广告、物流、零售、医疗、电子商务等领域。只要有关系存在，就有知识图谱可发挥价值的地方。

课后习题

一、填空题

1. 知识图谱用_____和_______所组成的图谱，为真实世界的各个场景直观地建模。

2. 图谱的设计是一门艺术，不仅要对_________有很深的理解，也需要对_________可能的变化有一定预估，从而设计出最贴近现状且性能高效的系统。

3. 效率原则让知识图谱尽量_______，并决定哪些数据放在知识图谱，哪些数据不需要放在知识图谱。

4. 知识图谱主要有两种存储方式：一种是基于_________________________的存储；

另一种是基于________________的存储。

5. ____________算法的目的在于从图中找出一些社区。

6. ____________图意味着每一个节点都可以通过某种路径到达其他的点，也就说明这些节点之间有很强的关系。

二、问答题

1. 在你的生活场景中，根据我们前面讲的这些知识图谱技术，你能找出哪些应用了知识图谱技术吗？能举出几个具体的例子吗？

2. 知识图谱的应用领域越来越广泛，但是知识图谱本身还有许多需要解决的问题，以便能够解决更多深层次的问题，你能畅想一下，未来，知识图谱会有哪些发展前景吗？

三、技能实训题（自然语言处理结果的JSON格式解析）

下面是百度AI自然语言处理观点抽取的一个调用返回结果，请解析结果并输出情感极性（0表示消极，1表示中性，2表示积极），以及与极性匹配的属性词、描述词。

{'log_ id'：3155767615696940021，'items'：[{'sentiment'：2，'abstract'：'非常好这是第三个乐心手环啦<span></span>'，'prop'：'感觉'，'begin_ pos'：26，'end_ pos'：26，'adj'：'好'}，{ 'sentiment'：2，'abstract'：'这个彩色的看着好看就买了<span></span>'，'prop'：'感觉'，'begin_ pos'：24，'end_pos'： 24， 'adj'：好看'}，{'sentiment'：2，'abstract'：'二维码识别还是比较快的<span> </span>'，'prop'：'速度'，'begin_ pos'：22，'end_ pos'：22，'adj'：'快'}，{ 'sentiment'：2，'abstract'：'防水性很好<span></span>'，'prop'：'感觉'，'begin_ pos'：10， 'end_pos'： 10，'adj'：'好}]}

输出格式要求如下：

极性：× ×

属性词：× × × ×

描述词：× × × ×

第5章　智能语音技术及应用

内容导读

语音，是人类呱呱坠地后最早使用的沟通方式之一，也是现代人际交流的基本方式，更是未来人机交互的重要方式。人工智能跌宕起伏发展60多年，智能语音是发展到今天最为成熟、最为重要的板块之一。

语音，开启了万物互联时代的大门。在互联网发展的下半场，我们将进入万物互联的新时代。随着越来越多的设备在无屏、移动、远程状态下被使用，作为人类最自然、最便捷的沟通方式，语音将会成为所有设备至关重要的入口。未来，我们将迎来以语音交互为主、键盘触摸为辅的全新的人机交互时代，人和机器之间的沟通，可能完全是基于自然语言的，你不需要去学习如何使用机器，只要对机器说出你的需求即可。

智能语音技术及应用内容导读如图5-1所示。

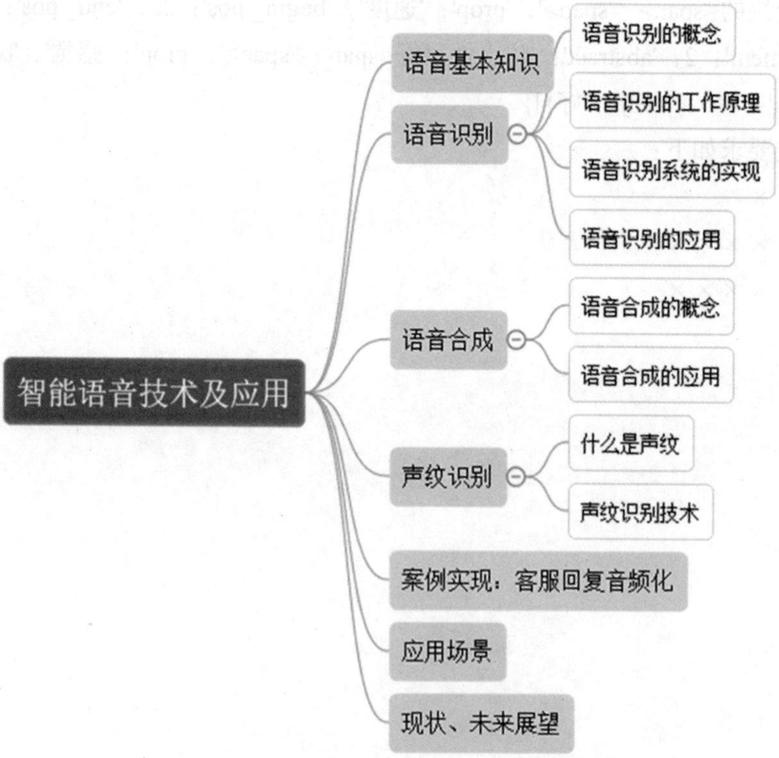

图5-1　智能语音技术及应用内容导读

5.1　语音基本知识

语音处理是一门研究如何对语音进行理解、如何将文本转换成语音的学科，属于感知智能范畴。从人工智能的视角来看，语音处理就是要赋予机器"听"和"说"的智能。从工程的视角来看，所谓理解语音，就是用机器自动实现人类听觉系统的功能；所谓文本转换成语音，就是用机器自动实现人类发音系统的功能。类比人的听说系统，录音机等设备就是机器的"耳朵"，音箱等设备就是机器的"嘴巴"，语音处理的目标就是要实现人类大脑的听觉能力和说话能力。

语音处理技术是研究语音发声过程、语音信号的统计特性、语音的自动识别、机器合成及语音感知等各种处理技术的总称，其主要方向包括语音识别、语音合成、语音增强、语音转换、情感语音5个方面的应用技术，也有研究者将语义理解作为语音处理的技术之一，如图5-2所示。目前，语音处理技术已经在多个行业取得了良好的应用。

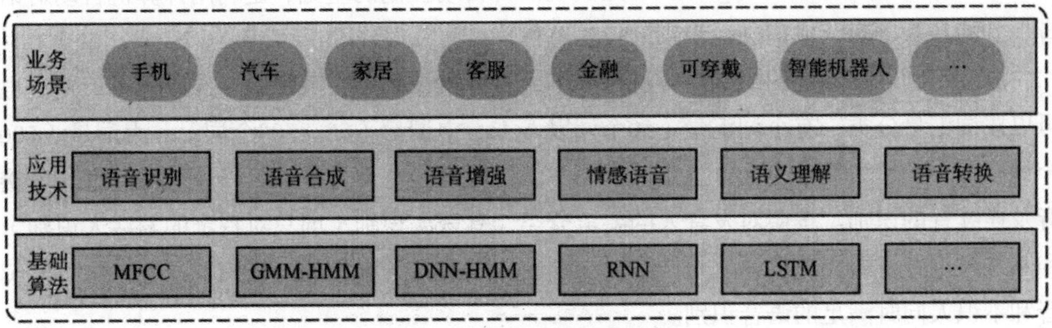

图5-2　语音处理技术应用框架

一个完整的语音处理系统，包括前端的信号处理、中间的语音语义识别和对话管理，以及后期的语音合成。本书所讲的语音处理主要包括语音识别、语音合成两个部分。语音识别，是把语音转化为文字，并对其进行识别、认知和处理。语音合成是指通过机械的、电子的方法产生人造语音的技术。语音处理中的主要技术点包括以下四个。

· 前端处理：人声检测、回声消除、唤醒词识别、麦克风阵列处理、语音增强等。

· 语音识别：特征提取、模型自适应、声学模型、语言模型、动态解码等。

· 语义识别和对话管理：更多属于自然语言处理的范畴。

· 语音合成：文本分析、语言学分析、音长估算、发音参数估计等。

语音处理的应用包括电话外呼、医疗领域听写、语音书写、计算机系统声控、电话客服、导航等。人们期望着在不久的将来，语音处理能真正做到像正常人类一样，与他人流畅沟通，自由交流。当然，离实现这样的目标还有相当长的路。

语音信号处理真正意义上的研究可以追溯到1876年贝尔电话的发明，该技术首次用声电、电声转换技术实现了远距离的语音传输。1939年，美国杜德莱（Dudley）提出并研制成功第一个声码器，从此奠定了语音产生模型的基础，这一发明在语音信号处理领域具有划时代的意义。19世纪60年代，亥姆霍兹应用声学方法对元音和歌唱进行了研究，从而奠定了语音的声学基础。1948年，美国Haskins实验室研制成功“语音回放机”，该仪器可以把手工绘制在薄膜片上的语谱图自动转换成语音，并进行语音合成。20世纪50年代对语言产生的声学理论开始有了系统论述。随着计算机的出现，语音信号处理的研究得到了计算机技术的帮助，使得过去受人力、时间限制的大量的语音统计分析工作，得以在计算机上进行。在此基础上，语音信号处理不论在基础研究方面，还是在技术应用方面，都取得了突破性的进展。

5.2 语音识别

5.2.1 语音识别的概念

语音识别（Speech Recognition）是实现语音自动控制的基础，是利用计算机自动对语音信号的音素、音节或词进行识别的技术总称。

语音识别可按不同的识别内容进行分类，有音素识别、音节识别、词或词组识别；也可以按词汇量分类，有小词汇量（50个词以下）、中词量（50～500个词）、大词量（500个词以上）及超大词量（几十至几万个词）。按照发音特点分类，可以分为孤立音、连接音及连续音的识别。按照对发音人的要求分类，有认人识别（即只对特定的发话人识别）和不认人识别（即无论发话人是谁都能识别）。显然，最困难的语音识别是大词量、连续音和不识人同时满足的语音识别。

语音识别起源于20世纪50年代的“口授打字机”梦想，科学家在掌握了元音的共振峰变迁问题和辅音的声学特性之后，相信从语音到文字的过程是可以用机器实现的，即可以把普通的读音转换成书写的文字。语音识别的理论研究已经有60多年了，但是转入实际应用却是在数字技术、集成电路技术发展之后，现在已经取得了许多实用的成果。

语音识别过程一般包含特征提取、声学模型、语言模型、语音解码和搜索算法四大部分，如图5-3所示。其中特征提取是把要分析的信号从原始信号中提取出来，为声学模型提供合适的特征向量。为了更有效地提取特征，还需要对语音进行预处理，包括对语音的幅度标称化、频响校正、分帧、加窗和始末端点检测等内容。声学模型是可以识别单个音素的模型，是对声学、语音学、环境的变量、说话人性别、口音等要素的差异的知识表示，利用声学模型进行语音声学参数分析，包括对语音共振峰频率、幅度等参数，以及对语音的线性预测参数等的分析。语言模型则根据语言学相关的理论，结合发音词典，计算该声音信号对应可能词组序列的概率。语音解码和搜索算法的主要任务是在由声学模型、发音词典和语言模型构成的搜索空间中寻找最佳路径。解码时需要用到声学得分及语言得分，其中声学得分由声学模型计算得到、语言得分由语言模型计算得到。

声学模型和语言模型主要利用大量语料进行统计分析，进而建模得到。发音字典包含系统所能处理的单词的集合，并标明了其发音。通过发音字典得到声学模型的建模单元和语言模型建模单元间的映射关系，从而把声学模型和语言模型连接起来，组成一个搜索的状态空间，用于解码器进行解码工作。

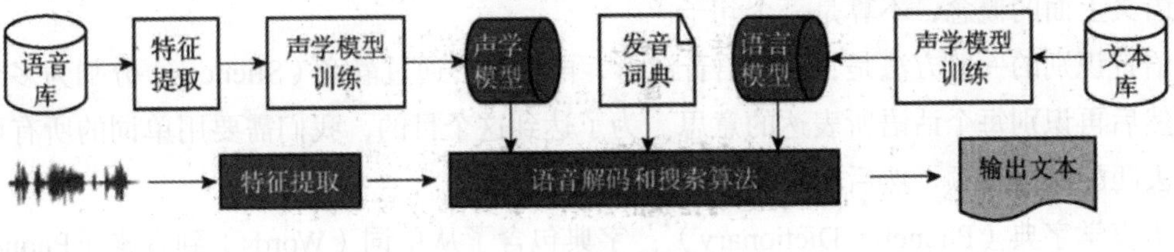

图5-3　语音识别过程

与语音识别相近的概念是声纹识别。声纹识别是生物识别技术的一种，也称为说话人识别，包括说话人辨认（Speaker Identification）和说话人确认（Speaker Verification）。声纹识别就是把声信号转换成电信号，再用计算机进行识别。不同的任务和应用会使用不同的声纹识别技术，如缩小刑侦范围时可能需要辨认技术，而银行交易时则需要确认技术。跟人脸识别相似，声纹识别也有两类，即说话人辨认和说话人确认。前者用以判断某段语音是若干人中的哪一个所说的，是“多选一”问题；而后者用以确认某段语音是否是指定的某个人所说的，是“一对一判别”问题。

5.2.2　语音识别的工作原理

语音是一个连续的音频流，它是由大部分的稳定态和部分动态改变的状态混合而成的。

一个单词的发声（波形）实际上取决于很多因素，而不仅仅是音素，例如音素上下文、说话者、语言风格等。

协同发音（指的是一个音受前后相邻音的影响而发生变化，从发生机理上看就是人的发声器官在一个音转向另一个音时其特性只能渐变，从而使得后一个音的频谱与其他条件下的频谱产生差异）的存在使得音素的感知与标准不一样，所以我们需要根据上下文来辨别音素。将一个音素划分为几个亚音素单元。如数字“three”，音素的第一部分与在它之前的音素存在关联，中间部分是稳定的部分，而最后一部分则与下一个音素存在关联，这就是为什么在用HMM模型做语音识别时，选择音素的三状态HMM模型。（上下文相关建模方法在建模时考虑了这一影响，从而使模型能更准确地描述语音，只考虑前一音得到影响称为Bi-Phone，考虑前一音和后一音的影响称为Tri-Phone）。

音素（Phones）构成亚单词单元，也就是音节（Syllables）。音节是一个比较稳定的实体，因为当语音变得比较快的时候，音素往往发生改变，但是音节不变。音节与节奏语调的轮廓有关。音节经常在词汇语音识别中使用。

亚单词单元（音节）构成单词。单词在语音识别中很重要，因为单词约束了音素的组合。假如共有40个音素，然后每个单词平均有7个音素，那么就会存在40^7个单词，但幸运的是就算一个受过优等教育的人也很少使用过20K个单词，这就使识别变得可行。

单词和一些非语言学声音构成了话语（Utterances），我们把非语言学声音称为填充物（Fillers），例如呼吸、um、uh、咳嗽等，它们在音频中是以停顿做分离的。所以它们更多只是语义上面的概念，不算是一个句子。

语音识别的一般方法是：录制语音波形，再把波形通过静音（Sliences）分割为多个话语，然后再识别每个话语所表达的意思。为了达到这个目的，我们需要用单词的所有可能组合去匹配这段音频，然后选择匹配度最高的。

语言学字典（Phonetic Dictionary）：字典包含了从单词（Words）到音素（Phones）之间的映射。字典并不是描述单词到音素之间的映射的唯一方法，还可以通过运用机器学习算法去学习一些复杂的函数完成映射功能。

语言模型（Language Model）：语言模型是用来约束单词搜索的。它定义了哪些词能跟在上一个已经识别的词后面，这样就可以为匹配过程排除一些不可能的单词。大部分语言模型都使用N-Gram模型，它包含了单词序列的统计和有限状态模型，它通过有限状态机来定义语音序列。

特征、模型和搜索算法三部分构成了一个语音识别系统。如果你需要识别不同的语言，那么就需要修改这三部分。很多语言，都已经存在声学模型、字典，甚至大词汇量语言模型可供下载。

语音识别系统的模型通常由声学模型和语言模型两部分组成，分别对应于语音到音节概率的计算和音节到字概率的计算。

5.2.3 语音识别系统的实现

一个连续语音识别系统大致可分为五个部分：预处理模块、特征提取，声学模型训练，语言模型训练和解码器。

1. 预处理模块

对输入的原始语音信号进行处理，滤除掉其中不重要的信息以及背景噪声，并进行语音信号的端点检测（找出语音信号的始末）、语音分帧（近似认为在10～30ms内语音信号是短时平稳的，将语音信号分割为一段一段进行分析）以及预加重（提升高频部分）等处理。

2. 特征提取

提取特征的方法很多，大多是由频谱衍生出来的。Mel频率倒谱系数（MFCC）参数因其良好的抗噪性和健壮性而广泛应用。MFCC的计算首先用FFT将时域小信号转化为频域，之后对其对数能量谱用依照Mel刻度分布的三角滤波器组进行卷积，最后对各个滤波器的输出构成的向量进行离散余弦变换（DCT），取前N个系数。在Sphinx中，用帧（Frames）去分割语音波形，每帧大概10ms，然后每帧提取可以代表该帧语音的39个数字，这39个数字也是该帧语音的MFCC特征，用特征向量来表示。

3．声学模型训练

根据训练语音库的特征参数训练出声学模型参数。在识别时可以将待识别的语音的特征参数同声学模型进行匹配，得到识别结果。

目前的主流语音识别系统多采用隐马尔可夫模型（HMM）进行声学模型建模。声学模型的建模单元，可以是音素、音节、词等各个层次。对于小词汇量的语音识别系统，可以直接采用音节进行建模。而对于词汇量偏大的识别系统，一般选取音素，即声母、韵母进行建模。识别规模越大，识别单元选取得越小。

HMM是对语音信号的时间序列结构建立统计模型，将其看作一个数学上的双重随机过程：一个是使用具有有限状态数的马尔可夫链来模拟语音信号统计特性变化的隐含（马尔可夫模型的内部状态外界不可变）的随机过程，另一个是使用与马尔可夫链的每一个状态相关联的外界可见的观测序列（通常就是从各个帧计算而得的声学特征）的随机过程。

人的言语过程实际上就是一个双重随机过程，语音信号本身是一个可观测的时变序列，是由大脑根据语法知识和言语需要（不可观测的状态）发出的音素的参数流（发出的声音）。HMM合理地模仿了这一过程，是较为理想的一种语音模型。用HMM刻画语音信号需做出两个假设，一是内部状态的转移只与上一状态有关，另一是输出值只与当前状态（或当前的状态转移）有关，这两个假设大大降低了模型的复杂度。

语音识别中使用HMM通常是用从左向右单向、带自环、带跨越的拓扑结构来对识别基元建模，一个音素就是一个三至五状态的HMM，一个词就是构成词的多个音素的HMM串行起来构成的HMM，从连续语音识别的整个模型就是词和静音组合起来的HMM。

4．语言模型训练

语言模型是用来计算一个句子出现概率的模型。它主要用于决定哪个词序列的可能性更大，或者在出现几个词的情况下预测下一个即将出现的词语的内容。换一个说法说，语言模型是用来约束单词搜索的。它定义了哪些词能跟在上一个已经识别的词的后面（匹配是一个顺序的处理过程），这样就可以为匹配过程排除一些不可能的单词。

语言建模能够有效地结合汉语语法和语义的知识，描述词之间的内在关系，从而提高识别率，减少搜索范围。语言模型分为三个层析：字典知识，语法知识，句法知识。

对训练文本数据库进行语法、语义分析，经过基于统计模型训练而得到的语言模型。语言建模方法主要有基于规则和基于统计模型两种方法。统计语言模型是用概率统计的方法来揭示语言单位内在的统计规律，其中N-Gram模型简单有效。

N-Gram模型基于这样一种假设，第N个词的出现只与前面N-1个词相关，而与其他任何词都不相关，整句的概率就是各个词出现概率的乘积。这些概率可以通过直接从语料中统计N个词同时出现的次数得到。常用的是二元的Bi-Gram和三元的Tri-Gram。

5．解码器

解码器：即指语音识别技术中的识别过程。针对输入的语音信号，根据已经训练好的HMM声学模型、语言模型及字典建立一个识别网络，根据搜索算法在该网络中寻找一条最佳的路径，这个路径就是能够以最大概率输出该语音信号的词串，这样就确定这个语音样本所包含的文字了。所以解码操作即指搜索算法，是指在解码段通过搜索技术寻找最优词串的方法。

“帮我打开微信”如果以音节（对汉语来说就是一个字的发音）为语音基元的话，那么计算机就是逐字进行学习的，例如“帮”字，也就是计算机接收到一个“帮”字的语音波形，分割为一帧又一帧，用MFCC提取特征，得到了一系列的系数，大概是四五十个这样的，Sphinx中是39个数字，组成了特征向量。不同的语音帧就有不同的39个数字的组合，混合高斯分布来表示39个数字的分布，而混合高斯分布就存在着两个参数：均值和方差；那么实际上每一帧的语音就对应着这么一组均值和方差的参数。

这样“帮”字的语音波形中的一帧就对应了一组均值和方差（HMM模型中的观察序列），那么我们只需要确定“帮”字（HMM模型中的隐含序列）也对应于这一组的均值和方差就可以了。声学模型用HMM来建模，也就是对于每一个建模的语音单元，我们需要找到一组HMM模型参数就可以代表这个语音单元了。

一个字的声学模型就建立了。那对于同音字呢，则就需要语言模型了，语言模型N-Gram判断哪个出现的概率最大，增加识别的准确率。

5.2.4　语音识别的应用

语音识别已经取得了广泛的应用，按照识别范围或领域来划分，可以分为封闭域识别应用和开放域识别应用。

1．封闭域识别应用

在封闭域识别应用中，识别范围为预先指定的字/词集合。也就是说，算法只在开发者预先设定的封闭域识别词的集合内进行语音识别，对范围之外的语音会拒绝识别。比如，对于简单指令交互的智能家居和电视盒子，语音控制指令一般只有“打开窗帘”“打开中央台”“关灯”“关闭电灯”等；或者语音唤醒功能“Alexa”“小度小度”等。但是，一旦涉及程序员们在后台配置识别词集合之外的命令，如“给大伙来跳一个舞呗”，识别系统将拒绝识别这段语音，不会返回相应的文字结果，更不会做相应的回复或者指令动作。

语音唤醒，有时也称为关键词检测（Keyword Spotting），也就是在连续不断的语音中将目标关键词检测出来，一般目标关键词的个数比较少（1～2个居多，特殊情况也可以扩展到更多的几个）。

因此，可将其声学模型和语言模型进行裁剪，使得识别引擎的运算量变小；并且可将引擎封装到嵌入式芯片或者本地化的SDK中，从而使识别过程完全脱离云端，摆脱对网络的依赖，并且不会影响识别率。业界厂商提供的引擎部署方式包括云端和本地化（如芯片、模块和纯软件SDK）。

产品形态：流式传输——同步获取。

典型的应用场景：不涉及多轮交互和多种语义说法的场景，如智能家居等。

2. 开放域识别应用

在开放域识别应用中，无需预先指定识别词集合，算法将在整个语言大集合范围中进行识别。为适应此类场景，声学模型和语音模型一般都比较大，引擎运算量也较大。如果将其封装到嵌入式芯片或者本地化的SDK中，耗能较高并且影响识别效果。

因此，业界厂商基本上都只以云端形式（云端包括公有云形式和私有云形式）提供服务。至于本地化形式，只提供带服务器级别计算能力的嵌入式系统（如会议字幕系统）。

按照音频录入和结果获取方式来划分，开放域识别中产品形态可分为以下3种。

（1）产品形态1

流式上传——同步获取，应用/软件会对说话人的语音进行自动录制，并将其连续上传至云端，说话人在说完话的同时能实时地看到返回的文字。

语音云服务厂商的产品接口，会提供音频录制接口和格式编码算法，供客户端边录制边上传，并与云端建立长连接，同步监听并获取中间（或者最终完整）的识别结果。

对于时长的限制，由语音云服务厂商自定义，一般有小于1分钟和小于5小时两种，两者有可能会采用不同的模型。时长限制小于5小时的模型会采用长短期记忆网络（Long Short Term Memory network，LSTM）来进行建模。

典型应用场景：主要应用于输入场景，如输入法、会议/法院庭审时的实时字幕上屏；也可以用在与麦克风阵列和语义结合的人机交互场景，如具备更自然交互形态的智能音响。比如用户说“请转发这篇文章”，在无配置的情况下，识别系统也能够识别这段语音，并返回相应的文字结果。

（2）产品形态2

已录制音频文件上传——异步获取，音频时长一般小于3小时。用户需自行调用软件接口，或是硬件平台预先录制好规定格式的音频，并使用语音云服务厂商提供的接口进行音频上传，上传完成之后便可以断开连接。用户通过轮询语音云服务器或者使用回调接口进行结果获取。

由于长语音的计算量较大，计算时间较长，因此，采取异步获取的方式可以避免由于网络问题带来的结果丢失。也因为语音转写系统通常是非实时处理的，这种工程形态也给了识别算法更多的时间进行多遍解码。而长时的语料，也给了算法使用更长时的信息进行长短期记忆网络建模。在同样的输入音频下，此类型产品形态牺牲了一部分实时率，消耗了更多的资源，但是可以得到更高的识别率。在时间允许的使用场景下，“非实时已录制音频转写”无疑是值得推荐的产品形态。

典型应用场景：已经录制完毕的音/视频字幕配置；实时性要求不高的客服语音质检和审查场景等。

（3）产品形态3

已录制音频文件上传——同步获取用户原创内容（User Generated Content，UGC）的语音内容，音频时长一般小于1分钟。用户需自行预先录制好规定格式的音频，并使用语音云服务厂商提供的接口进行音频上传。此时，客户端与云端建立长连接，同步监听并一次性获取完整的识别结果。

典型应用场景：作为前两者的补充，适用于无法用音频录制接口进行实时音频流上传，或者结果获取的实时性要求比较高的场景。

5.3 语音合成

5.3.1 语音合成的概念

语音合成，又称文语转换（Text To Speech，TTS）技术，是通过机械的、电子的方法产生人造语音的技术，能将任意文字信息实时转化为标准流畅的语音并朗读出来，相当于给机器装上了人工嘴巴。它涉及声学、语言学、数字信号处理、计算机科学等多个学科技术，是中文信息处理领域的一项前沿技术，解决的主要问题就是如何将文字信息转化为可听的声音信息，也即让机器像人一样开口说话。我们所说的“让机器像人一样开口说话”与传统的声音回放设备（系统）有着本质的区别。传统的声音回放设备（系统），如磁带录音机，是通过预先录制声音然后回放来实现“让机器说话”的。这种方式无论是在内容、存储、传输或者方便性、及时性等方面，都存在很大的限制。而通过计算机语音合成，则可以在任何时候将任意文本转换成具有高自然度的语音，从而真正实现让机器“像人一样开口说话”。

在语音合成过程中，总共有三个步骤，分别是语言处理、韵律处理、声学处理，如图5-4所示。

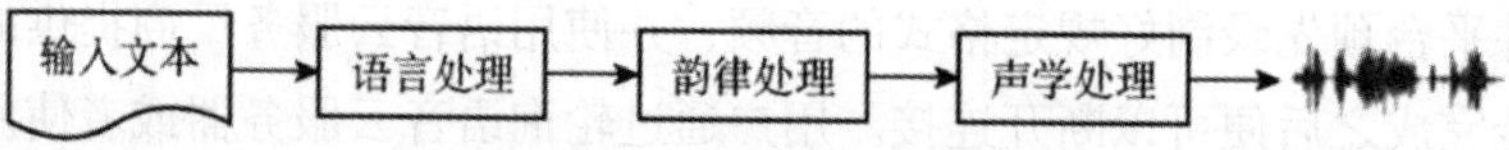

图5-4　语音合成过程

第一步是语言处理，在文语转换系统中起着重要的作用，主要模拟人对自然语言的理解过程，包括文本规整、词的切分、语法分析和语义分析，使计算机对输入的文本能完全理解，并给出后两部分所需要的各种发音提示。

第二步是韵律处理，为合成语音规划出音段特征，如音高、音长和音强等，使合成语音能正确表达语意，听起来更加自然。

第三步是声学处理，根据前两部分处理结果的要求输出语音，即合成语音。

5.3.2 语音合成的应用

语音合成满足将文本转化成拟人化语音的需求，打通人机交互闭环。它提供多种音色选择，支持自定义音量、语速，为企业客户提供个性化音色定制服务，让发音更自然、更专业、更符合场景需求。语音合成广泛应用于语音导航、有声读物、机器人、语音助手、自动新闻播报等场景，提升人机交互体验，提高语音类应用构建效率。语音合成技术的应用广泛，可以从以下三个方面罗列。

1. APP应用类

当前的手机上大多有电子阅读应用，比如QQ阅读这样的读书应用能自动朗读小说；滴滴出行、高德导航等汽车导航播报类的APP，运用语音合成技术来播报路况信息；以Siri为代表的语音助手能自动问答。

语音合成技术在银行、医院的信息播报系统，汽车导航系统及自动应答呼叫中心等都有广泛应用。

2. 智能服务类

智能服务类产品包括智能语音机器人、智能音响应用等。智能语音机器人产品遍布各行各业，比如银行、医院的导航机器人，需要甜美又亲切的声音；教育行业的早教机器人，需要呆萌又可爱的声音；而营销类型的外呼机器人，对于不同的话术场景需要定制不同的声音。智能音响在不知不觉中已经慢慢融入了我们的生活，不仅可以点播歌曲、播报新闻、讲故事，或者了解天气预报，它还可以对智能家居设备进行控制，比如打开窗帘、设置冰箱温度、关闭空调、提前让热水器升温等。

3. 特殊领域

还有一些特殊领域非常需要语音合成，比如对于视障人士来讲，以往只能依赖双手来获取信息。而有了视障阅读功能，他们的生活质量得到了极大的提高，毕竟听书要比摸书高效、精准得多，同时又解放了双手。另外，针对文娱领域的特殊虚拟人设，可以打造特殊语音形象，用于特殊人设的语音表达。

【知识拓展】

两个易混淆的概念

在语音处理中，有两个概念比较容易混淆，这里重点阐述。

1. 离线VS在线

在软件从业人员的认知中，离线是指识别过程（语音识别软件）可以在本地运行，在线是指识别过程需要连接到云端来解决问题。他们的关注点是识别引擎是在本地还是在云端进行。

而在语音识别中，所谓的离线与在线分别指的是异步（非实时）与同步（实时），也即离线是指“将已录制的音频文件上传——异步获取”的非实时方式；在线指的是“流式上传——同步获取”的实时方式。

由于不同行业对离线/在线有不同的认知，容易产生不必要的理解歧义，因而在语音识别及其他人工智能的相关产品中，建议更多地使用异步（非实时）与同步（实时）等词来阐述相关产品。

2. 语音识别VS语义识别

语音识别将声音转化成文字，属于感知智能。语义识别提取文字中的相关信息和相应意图，再通过云端大脑决策，使用执行模块进行相应的问题回复或者反馈动作，属于认知智能。先有感知，后有认知，因此，语音识别是语义识别的基础。

由于语音识别与语义识别经常相伴出现，容易给从业人员造成困扰，因此，从业者很少使用“语义识别”的说法，更多地表达为“自然语言处理（Natural Language Processing，NLP）”等概念。

5.4 声纹识别

近年来，许多智能语音技术服务商开始布局声纹识别领域。随着技术成熟与商业化落地，声纹识别逐渐进入大众视野。

5.4.1 什么是声纹

说起“指纹”，大家都不会感到陌生。凭着每个人的指纹都不一样的特性，指纹识别技术获得了广泛的应用。

而声音，虽然不具备真正意义上的“纹理”。但每个人的发音器官，包括声带、声管等，在大小和形状上会有所差异。使得不同的人，也有着不一样的声音。

广义上讲，所有可以将一个人的声音与其他人的声音区分开来的特征，都称之为“声纹”。而正是因为有着这样一些特征的存在，声纹才得以像指纹一样，衍生出各种实用的技术。

声纹识别是生物识别技术的一种，也是语音技术的分支，也被称为说话人识别，包含声纹注册和声纹认证两道程序。所谓声纹识别就是把声信号转换成电信号，提取特征、搭建模型，根据匹配度进行识别判断。

1．声纹识别VS语音识别

声纹识别相比于语音识别，近年来才逐渐进入大众视野，两者同为语音前端信号处理，经常被放在一起比较。

而谈及两者的共性及区别时，快商通联合创始人李稀敏博士在接受亿欧智库采访时表示："声纹的载体是语音，而所谓语音就是指人说的话。在人类正常的语音交互中，我们可以识别语音主体的意图、情绪、性别、身份以及内容等信息。而利用人工智能技术完成这一识别，则需要依靠语音及声纹的提取与处理。语音识别和声纹识别虽然在智能语音技术流程中都属于对语音信号的处理，但实际的技术方向及应用却截然相反。"

"语音识别追求的是声音的共性"，李稀敏博士表示。也就是针对不同个体对于同一句话的不同声音、口音、语速表达，可以翻译成同样的文字。比如在使用智能音箱时，对于同样的指令，无论发出这个指令的个体是男是女，南方口音抑或是北方口音，智能音箱都需要能够对语音输入提取共性，并做出准确一致的应答。

与之相比，"声纹识别则追求声音的个性"，即针对同一个体在不同情境下的不同表达，可以认证声源来自同一个体。比如微信的语音登录系统，有时因外部环境、身体状态等因素，说话人的语音输入会出现语速、音高等变化，而一个完善的声纹识别系统，则需要能够提取不同情境下语音输入信号的个性，并准确认证说话人的身份以完成登陆。

2．声纹辨认VS声纹确认

声纹识别主要有两大应用场景，声纹辨认和声纹确认，其中：

声纹辨认，也被称作"1:N识别"，主要应用于在语音库范围内的语音筛查，即在海量声纹数据库中找到说话人的过程。比如，在金融语音销售场景下，可以迅速根据来访者的声纹信息与自身声纹数据库对比，判断客户是否为初次购买，抑或是否在征信黑名单中，从而调整销售策略。

声纹确认，也称"1:1验证"，主要应用于安全访问验证及身份认证等场景，系统对说话人进行语音认证，完成"你是不是你"的身份判断。相比声纹辨认，声纹确认对于语音输入信息的质量要求更为严苛，比如微信的语音登录功能会要求使用者在无嘈杂环境中对固定文本进行语音输入。

5.4.2　声纹识别技术

声纹技术中最为核心的一项便是声纹识别技术。

和指纹识别、人脸识别一样，声纹识别也是生物特征识别技术中的一种，该技术利用算法和神经网络模型，让机器能够从音频信号中识别出不同人说话的声音。

2017年，谷歌将声纹识别技术部署到了智能音箱Google Home上，使其能够根据不同用户的身份，提供不同的响应方式。

例如，当用户提出"播放音乐"的请求时，智能语音助手便会先从音频信号中识别用户的身份，然后提取对应用户的音乐偏好，并以此选取音乐进行播放。通过这种方式，当家里有多个家庭成员时，每个成员都可以通过同一个设备获得截然不同的使用体验。除了声纹识别，声纹技术也被广泛用于声纹分割聚类，以及构建更为强大的语音识别、语音合成以及人声分离系统。

以语音合成为例，目前最先进的语音合成系统只需要来自特定说话人不到5秒的语音，便能克隆出该说话人的声音，并以其声音合成任意语音内容。

谷歌公司于2018年发表的论文中认为，声纹克隆本质上是一种从声纹识别任务到多说话人语音合成任务的迁移学习（Transfer Learning）。模型框架中的声纹编码器模块，将目标说话人的音频转换为声纹嵌入码，而该声纹嵌入码与语音合成编码器的输出进行逐帧拼接，作为语音合成解码器的新的输入，从而使解码器能够利用到目标说话人的声纹信息。能够合成任意说话人声音的端到端语音合成模型框架，如图5-5所示。

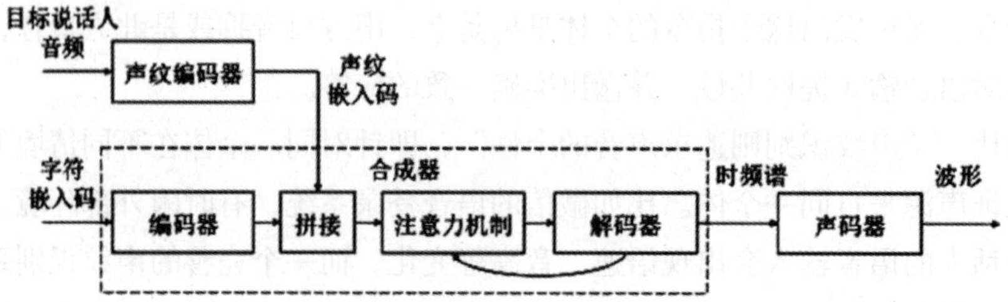

图5-5　声纹识别系统的模型框架

由于声纹识别系统的特殊性，在进行识别前，需要进行声纹注册，因而声纹识别的应用对于数据库有着较强的依赖。另一方面，前文提到的声纹识别技术的不成熟，也导致其使用体验无法达到预期效果。因此数据的缺乏以及技术的痛点导致声纹识别与行业融合程度较浅，也成为声纹识别落地传统行业的主要障碍。

现阶段声纹识别主要应用在公安、司法以及金融领域。主要是因为声纹识别直接地解决了这些行业的痛点，应用价值大，因而在行业的资本投入下，声纹识别的行业落地获得了快速发展。

除金融安防领域外，现阶段声纹识别在民生场景中的应用还处于初期试水阶段，如家居车载中的声纹判定系统、硬件中的声纹门禁等。

智能语音技术的全面发展，以及智能设备的爆发式增长，为声纹识别提供了更多的应用端口，而与多元语音技术的融合也成为声纹识别落地更多行业场景提供了技术保障。在未来声纹识别将向着声纹+智能，以及多模态识别的方向发展。

5.5　案例实现：客服回复音频化

1. 项目描述

小晖是公司的客服，每天要回复很多客户的电话，嗓子受到了很大的影响。她盼望着：如果有一款合适的软件，能够将需要回复的文字转换成我的说话声音（音频），播放给客户，那该多方便呀！

本项目将利用百度人工智能开放平台进行语音合成，将输入的一段文字，或者是存在文本文件中的文字，转换成MP3格式的语音文件。

项目实施的详细过程可以通过扫描二维码，观看具体操作过程的讲解视频。

2．相关知识

体验要求：

· 网络通信正常。

· 环境准备：机房安装Spyder等Python编程环境。

· SDK准备：按照附录B的要求，安装过百度人工智能开放平台的SDK。

· 账号准备：按照附录B的要求，注册过百度人工智能开放平台的账号。

3．项目设计

· 创建应用以获取应用编号AppID、AK、SK。

· 准备本地或网络文本文件，用来合成语音文件。

· 在Spyder中新建语音合成项目BaiduVoice。

· 代码编写及编译运行。

4．项目过程

（1）创建应用以获取应用编号AppID、AK、SK

本项目要用到的是语音识别，因此单击语音技术“”按钮，进入“创建应用”界面，如图5-6所示。

图5-6　创建应用

① 单击“创建应用”按钮，进入“创建新应用”界面，如图5-7所示。

图5-7　创建新应用

应用名称：语音合成。

应用描述：我的语音合成。

其他选项采用默认值。

② 单击“立即创建”按钮，进入如图5-8所示的界面。

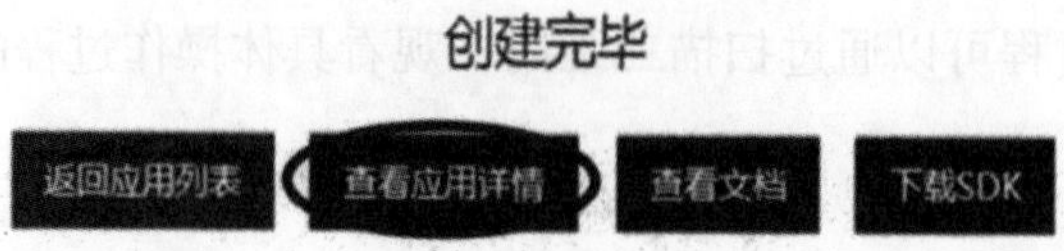

图5-8　创建完毕

单击“查看应用详情”按钮，可以看到AppID等3项重要信息，如表5-1所示。

表5-1　应用详情

应用名称	AppID	API Key	Secret Key
文字识别	17149894	XD6sbUZUAso8en8XGYNh1qbn	*******显示

③ 记录下AppID、API Key（简称AK）和Secret Key（简称SK）的值。

（2）准备素材

准备一段文字，或者将文字存储在一个文本文件中。

（3）在Spyder中新建语音识别项目BaiduVoice

在Spyder开发环境中选择左上角的“File”→“New File”选项，新建项目文件，默认文件名为untitled0.py。继续选择左上角的“File”→“Save as”选项，保存“BaiduVoice.py”文件，文件路径可采用默认值。

（4）代码编写及编译运行

在代码编辑器中输入参考代码如下：

```
# 1.从 aip 中导入相应的语音模块 AipSpeech
from aip import AipSpeech
# 2.复制粘贴你的 AppID、AK、SK 3 个常量，并以此初始化对象
"""你的 APPID  AK  SK"""
APP_ID='17181021'
API_KEY='16YjmjjrwUt4x3NHmuXKsxZg'
SECRET_KEY='2SkFkmGMttTbz5sQWVX7NMAZW8itH8mN'

client=AipSpeech（APP_ID, API_KEY, SECRET_KEY）

# 3.准备文本及存放路径
Text='庆祝 XXXX 大学 60 周年校庆'      # 文字部分，也可以从磁盘读取，或者是图片
中识别出来的文字
filePath= "D: \data\\MyVoice.mp3 "          #音频文件存放路径
```

```
# 4.语音合成
result=client.synthesis （Text， 'zh'， 1）   # 可以做一些个性化设置，如选择音量、发音人、语速等

# 5.识别正确返回语音二进制代码，错误则返回dict（相应的错误码）
if not isinstance （result， dict）:
with open （filePath， 'wb'）as f:          # 以写的方式打开MyVoice.mp3文件
f.write（ result）                       # 将result内容写入MyVoice.mp3文件
```

5. 项目测试

在相应的文件夹中，找到MyVoice.mp3音频文件，播放该文件，试听音频文件中所说的话，是否为预期结果。

如果文本已经存放在磁盘上，可做如下设置：

```
# 3.准备文本及存放路径VoiceText.txt中有一段文字
TextPath='D: \data\ WoiceText. txt'
Text=open （TextPath）.read（）#打开文件、读取文件，未做关闭处理
```

当然，也可以做一些个性化设置，如设置音量、语调、发音人等：

```
# 4.语音合成
result=client.synthesis（Text， 'zh'， 1， {    # 'zh'为中文
'vol'： 5， # volumn合成音频文件的准音量
'pit'： 8，  # 语调音调，取值0～9，默认为5中语调
'per'： 3，  # person发音人选择，0女生，1男生，3情感合成-度逍遥，4情感合成-度丫丫，默认为普通女声
}）#可以做一些个性化设置，如选择音量、发音人、语速等
```

另外，如果合成的声音需要直接播放的话，可以添加一些代码。

方法一：直接调用操作系统本身的播放功能，其不足之处是可能会弹出播放器。

```
# 1.语音合成
import os # 调用操作系统本身的功能

# 6.语音播放
os.system （'D: /Data/ MyVoice .mp3'）
```

方法二：使用Python3的playsound播放模块。其不足之处是如果播放完后想重新播放或者对原音频进行修改，可能会提示拒绝访问。

首先安装相应的包。

```
pip install playsound
```

其次需要添加如下两段代码：

```
# 1.语音合成
from playsound import playsound
# 6.语音播放
playsound ('D: /Data/ MyVoice. mp3')
```

方法三：使用pygame模块。pygame是跨平台Python模块，是专为电子游戏设计的，包含图像、声音的处理。其不足之处是在播放时可能会有声音速度的变化。

首先安装相应的包。

```
pip install pygame
```

其次需要添加如下两段代码：

```
# 1.语音合成
from pygame import mixer # Load the required library

# 6.语音播放
mixer.init ( )
mixer.music.load ('D: /Data/ MyVoice.mp3')
mixer.music.play ( )
```

5.6　应用场景

智能语音技术是最早落地的人工智能技术，也是市场上众多人工智能产品中应用最为广泛的。

伴随着人工智能的快速发展，中国在智能语音技术的专利数量持续增长，通过庞大的用户群基础以及互联网系统优势明显，国内智能语音公司已经占据一席之地。智能语音应用的场景非常丰富，并已经成熟地应用在众多领域中，其中发展前景最大的应用场景为以下六大场景：

1. 智能家居

智能家居是以住宅为平台（如图5-9所示），利用综合布线技术、网络通信技术、安全防范技术、自动控制技术、音视频技术将家居生活有关的设施集成，构建高效的住宅设施与家庭日程事务的管理系统，提升家居的安全性、便利性、舒适性、艺术性，并实现环保节能的居住环境。

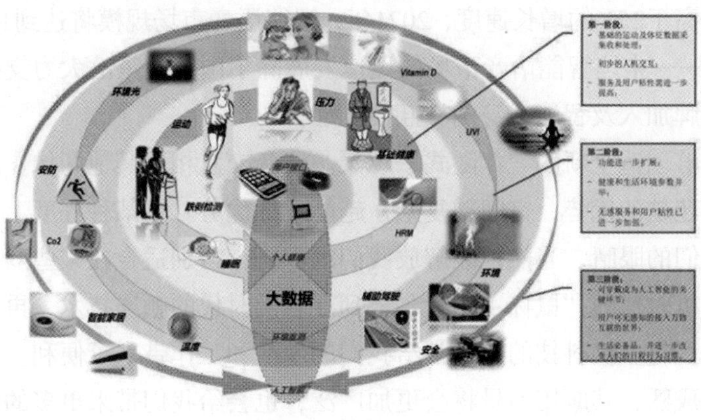

图5-9　智能家居示意图

2. 智能车载

智能车载系统让汽车变得更智能，主要可以实时更新地图，通过语音识别技术方便导航，以及娱乐功能；实现手机远程控制，让手机和汽车之间无缝对接。

3. 智能客服

智能客服是在大规模知识处理基础上发展起来的一项面向行业的应用，它具有行业通用性，不仅为企业提供了细粒度知识管理技术，还为企业与海量用户之间的沟通建立了一种基于自然语言的快捷有效的技术手段；同时还能够为企业提供精细化管理所需的统计分析信息。

4. 智能金融

智能金融即人工智能与金融的全面融合，以人工智能、大数据、云计算、区块链等高新科技为核心要素，全面赋能金融机构，提升金融机构的服务效率，拓展金融服务的广度和深度，使得全社会都能获得平等、高效、专业的金融服务，实现金融服务的智能化、个性化、定制化。

5. 智能教育

智能教育是指国家实施《新一代人工智能发展规划》《中国教育现代化2035》《高等学校人工智能创新行动计划》等人工智能多层次教育体系的人工智能教育。

6. 智能医疗

智能医疗是通过打造健康档案区域医疗信息平台，利用最先进的物联网技术，实现患者与医务人员、医疗机构、医疗设备之间的互动，逐步达到信息化。

智能语音市场规模随着人工智能产业的持续火热，大量资本进入，在国际智能语音上诞生了一批明星公司，据统计数据显示，2017年全球智能语音市场规模达到110.3亿美元，同比增长30%。据相关数据显示，2018年中国智能语音市场规模突破100亿元，2019年中国智能语音市场规模为121.7亿元，随着人工智能技术的不断成熟和应用迭代，未来中国智能语音市场将保持高于25%的增长速度，2021年，智能语音市场规模将达到195亿元。智能语音市场促进因素——中国智能语音市场的飞速发展除了国家政策的大力支持，还有智能家居带动、更多品牌加入及智能本身的交互便利性。

语音交互能够创造全新的“伴随式”场景。语音交互相比其他图像、双手操控，语音入口确实有种种超越的优势，空间越复杂，越能发挥优势。在某种程度上，它能解放我们的双手，解放我们的眼睛，当然也能解放我们的双脚，特别适合在某些双手不方便的场景中使用。从计算机时代的“鼠标＋键盘”，到互联网时代的触屏技术，再到人工智能时代的语音交互技术；每一次科技的进步都给我们的生活和工作带来了便利。未来，随着智能语音技术的逐渐成熟，其应用前景将会更加广泛，也会给我们带来更多的惊喜。

5.7　现状、未来展望

今天，智能语音助理融入我们生活之中已经很久了，赋能各个行业已经成为社会的共识。当电子地图可定制的语音包上线，实现了通过极其简单的流程就可以完成复杂的工作，人工智能时代离我们越来越近的感受，也愈发真切了起来。

语音识别技术就是让机器把语音信号转变为相应的文本或命令。人与人之间的语言沟通会因为双方背景、文化程度、经验范围的不同，造成信息沟通不畅，让机器准确识别语音并理解则更加复杂。机器识别语音需要应对不同的声音、不同的语速、不同的内容以及不同的环境。语音信号具有多变性、动态性、瞬时性和连续性等特点，这些原因都是语音识别发展的制约条件。

目前的语音识别技术主要包括特征参数提取技术、模式匹配及模型训练技术。特征参数提取技术是将语音信号中有用的特征参数信息从所有信息中提取出来的技术。通过分析处理，删除多余信息，留下关键信息。模式匹配则是根据一定的准则，使未知模式与模型库中的某一个模型获得最佳匹配。

语音识别技术发展至今，在识别精度上已经达到了相当高的水平。尤其是中小词汇量对非特定人语音识别系统识别精度已经大于98%，而对特定人语音识别精度更高。现如今的语音识别准确度已经能够满足人们日常应用的需求，很多手机、智能音箱、计算机都已经带有语音识别功能，十分便利。

按照目前语音识别技术的发展势头，未来是否可以实现人类和机器人之间的无障碍交谈，就像在科技电影中看到的情景一样呢？尽管语音识别研究机构花了几十年的时间去研究如何实现语音识别准确率的“人类对等”，但目前在某些方面还无法达到高水平，比如在嘈杂环境下较远的麦克风的语音识别、方言识别或较少人使用的语言的语音识别等情况。

智能语音技术自身交互的便利性，也促使它自身可以被应用到更为广泛的场景和行业中。相较于传统模式，智能语音技术在很大程度上解放了人们的双手和眼睛，为人们的日常生活提供便利。

智能语音由于在人工智能上的关键地位和政策引导，以及目前市场上众多参与者的积极推动等因素，呈现出一片繁荣之景，而这样的发展红利，必将持续较长时间，未来的智能语音市场必定会是可为之地。

智能语音技术不断创新进步，众多的企业投身其中，中天智领的智能AI语音交互系统，让交互“说”出来。无论将来指挥中心增加多少信号或业务场景，不再需要后台人员使用计算机操作，只需说出名字，即可快速大屏展示。面对成千上万的监控图像，不再需要眼花缭乱地寻找，只需要说出想看到的监控场景，大屏即可全屏显示，彰显了前瞻科技，成为智慧交互的龙头企业。

“科技改变生活”已经不再是一个口号，而是我们身边切切实实的存在。从互联网革命到现在，人工智能的浪潮席卷而来，无数的成果正改变着这个时代。智能语音作为下一代人机交互入口，随着人工智能的不断发展，必将迎来更为广阔的天地。

本章小结

本章介绍了人工智能技术中语音处理的概念，以及语音识别、语音合成的技术及应用。本章还配备了相应的项目，读者不仅可以学习到语音处理的概念，而且能自己动手，体验语音合成、语音识别。通过本章的学习，读者能够了解语音处理的典型应用，也可以对人工智能的其他应用有更多的畅想。

课后习题

一、选择题

1. 对语言语音的特征（类似中文中的声母、韵母）进行提取建模的模型，称为（　　）。

A. 语言模型　　B. 声学模型　　C. 语音模型　　D. 声母模型

2. 在人机系统进行语音交互的时候，经常需要一开始呼叫系统的名字，系统才能开始对话。这类技术被称为（　　）。

A. 语音识别　　B. 语音合成　　C. 语音放大　　D. 语音唤醒

3. 用户在正常交谈中，语音对话系统被错误唤醒的指标，被称为（　　）。

A. 错误拒绝率　B. 错误接受率　C. 功耗损失率　D. 错误唤醒率

4. 在众多语音对话中，识别出说话人是谁的技术，被称为（　　）。

A. 语音识别　　B. 语音合成　　C. 语音唤醒　　D. 声纹识别

5. 百度语音技术服务的Python SDK中，提供服务的类名称是（　　）。

A. AipSpeech　B. SpeechAip　C. BaiduSpeech　D. SpeechBaidu

6. 在百度语音识别服务中，（　　）格式的音频文件是不支持的。

A. mp3（压缩格式）　　B. pcm（不压缩）

C. wav（不压缩，pcm编码）　　D. amr（压缩格式）

二、填空题

1. 我们可以使用语音唤醒、语音识别、语音合成、语音放大等功能。在与机器进行语音对话的过程中，会用到________、________、________等智能语音技术。

2. 在简单易记、日常少用、单一音节、易于唤醒等特征中，你认为________的唤醒词并不值得推荐。

三、简答题

1. 根据你的了解，写出至少3个你身边的语音识别应用。

2. 根据你的了解，写出至少3个你身边的语音合成应用。

第6章 自然语言处理及应用

内容导读

自然语言处理（Natural Language Processing，NLP）是现代计算机科学和人工智能领域的一个重要分支，是一门融合了语言学、数学、计算机科学的科学。这一领域的研究将涉及自然语言，即人们日常使用的语言，所以它与语言学的研究有着密切的联系，但又有着重要的区别。自然语言处理并不是一般地研究自然语言，而在于研制能有效地实现自然语言通信的计算机系统，熟悉语音识别与语音合成的常见应用，并能利用开放平台接口，实现语音处理方面的人工智能基本应用。

自然语言处理及应用内容导读如图6-1所示。

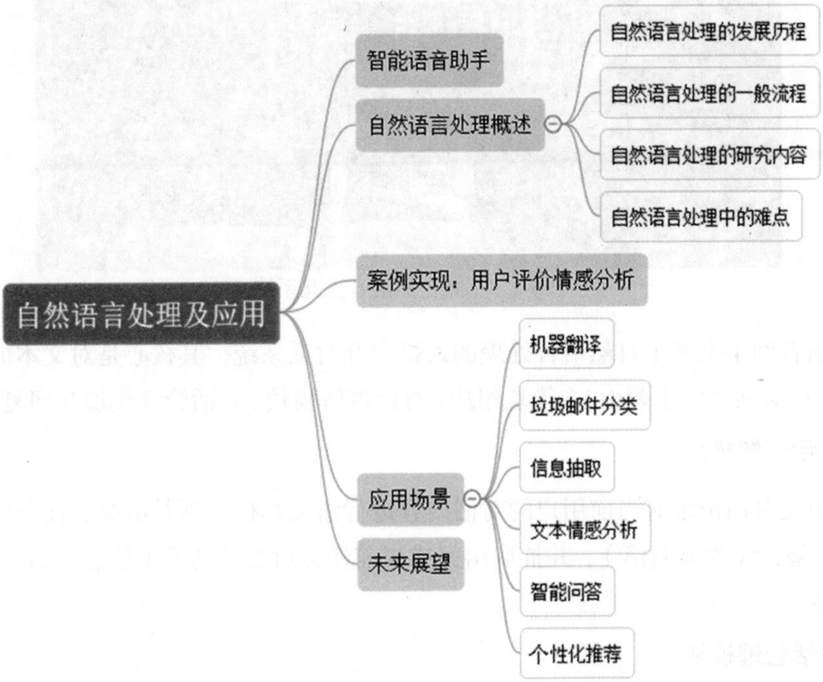

图6-1　自然语言处理及应用内容导读

6.1 智能语音助手

随着人工智能技术的不断发展，智能语音助手已成为手机的标配。据分析，到2023年，全球将有超过90%的智能手机搭载全新的语音助手。目前比较有代表性的智能语音助手有苹果 Siri、谷歌 Assistant、微软 Cortana和三星 Bixby等。

作为个人助理的智能语音助手能为人们提供哪些服务呢？它可变身成一位具备智能的生活秘书，具有一定程度的语义理解和用户意图识别能力。它能用一种更加便捷的方法改变人们与手机、平板电脑等电子设备的交互方式。它不仅可以对人们的各种问题对答如流，可以帮人们处理一些日常事务，如用支付宝付款、设置闹钟等；还可以完成一些更高要求的任务，如叫车、打电话、发消息等，可以对智能家居进行管理，如开灯、锁门等。总之，智能语音助手的出现为人们的生活带来了极大的便利。

与此同时，智能语音与汽车的结合（车载自然语音交互系统如图6-2所示，让驾驶者不再需要通过死板的按键去控制汽车，而是把汽车拟人化，司乘人员可以直接和汽车对话来操控汽车，享受更加舒适、便捷的用车体验。这不仅提升了驾驶过程的安全性，而且丰富了用车场景的娱乐性。

图6-2　车载自然语音交互系统

智能语音助手是基于自然语言处理的人机交互对话系统，其核心是对文本的理解及信息整合。这种对话系统主要由3个模块组成：对话理解模块、对话管理模块和回复生成模块。

1．对话理解模块

依据历史对话记录对当前用户的对话内容进行语义解析，判断出对话任务领域（如信息）和用户意图（如发微信），并抽取出完成当前任务所必需的若干信息（如给谁发微信、微信内容等）。

2．对话管理模块

依据系统对用户对话内容的自然语言理解结果，对整个对话状态进行更新，并参照最新的对话状态确定接下来系统要采取的行动指令。

3．回复生成模块

根据对话管理模块输出的行动指令生成自然语言进行回复，并将回复结果返回给用户。

在上述对话系统中，语音识别、文本生成语音也是重要的组成部分。在对话理解模块中，语音识别负责将用户输入的语音对话内容转换成自然语言文本；在回复生成模块中，文本生成语音负责将系统生成的自然语言转换成语音信号，将回复结果以语音形式返回给用户。

对话系统流程图如图6-3所示。

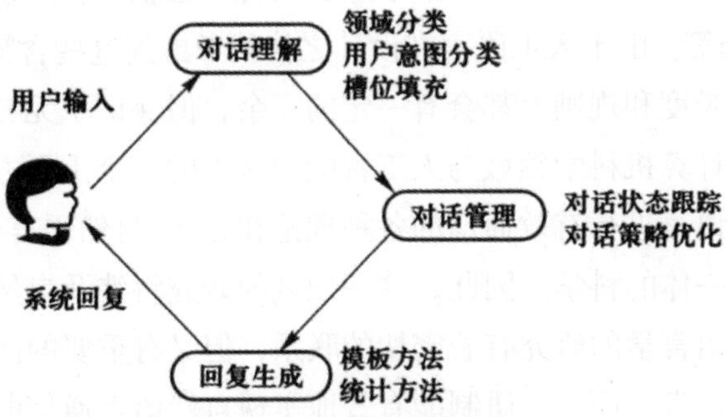

图6-3　对话系统流程图

6.2　自然语言处理概述

自然语言处理，是指用计算机对自然语言的形、音、义等信息进行处理，即对字、词、句、篇章的输入、输出、识别、分析、理解、生成等的操作和加工。自然语言处理的具体表现形式包括机器翻译、文本摘要、文本分类、文本校对、信息抽取等。自然语言处理的几个核心环节包括知识的获取与表达、自然语言理解、自然语言生成等，也相应出现了知识图谱、对话管理、机器翻译等研究方向。其应用场景包括商品搜索、商品推荐、对话机器人、机器翻译、舆情监控、广告、金融风控等，自然语言处理技术体系如图6-4所示。

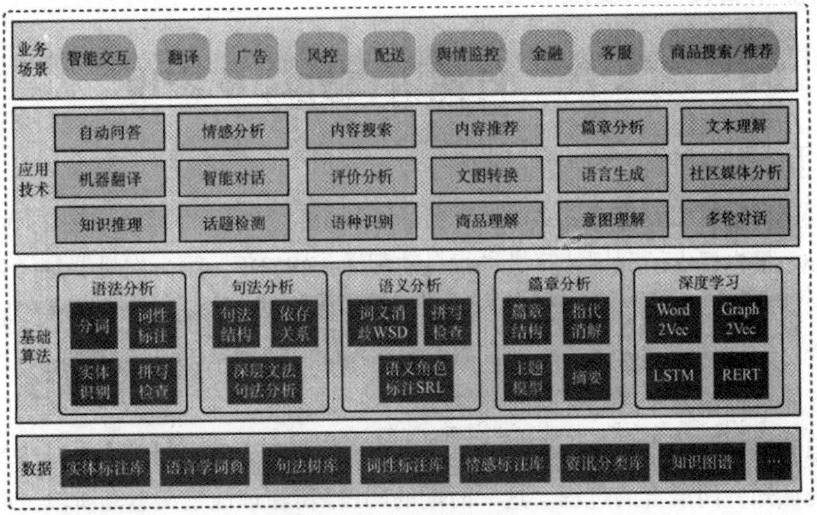

图6-4　自然语言处理技术体系

语言是人类区别于其他动物的本质特性。在所有生物中，只有人类才具有语言能力。人类的多种智能都与语言有着密切的关系。人类的逻辑思维以语言为形式，人类的绝大部分知识也是以语言文字的形式记载和流传下来的。

自然语言是指汉语、英语、法语等人们日常使用的语言，是自然而然地随着人类社会的发展演变而来的语言，而不是人造的语言，它是人类学习、生活的重要工具。概括来说，自然语言是指人类社会约定俗成的，区别于人工语言，也就是程序设计语言、机器语言，如C++、Java、Python等。由于人工语言在设计之初就考虑到这些含糊、歧义的风险性，因此，人工语言虽然在长度和规则上都会有一定的冗余，但保证了无二义性。

自然语言处理是计算机科学领域与人工智能领域中的一个重要方向。它研究能实现人与计算机之间用自然语言进行有效通信的各种理论和方法。自然语言处理是一门融语言学、计算机科学、数学于一体的科学。因此，这一领域的研究将涉及自然语言，即人们日常使用的语言，所以它与语言学的研究有着密切的联系，但又有重要的区别。自然语言处理并不是一般地研究自然语言，而在于研制能有效地实现自然语言通信的计算机系统，特别是其中的软件系统，因而它是计算机科学的一部分。

实现人机间的信息交流，是人工智能界、计算机科学和语言学界所共同关注的重要问题。用自然语言与计算机进行通信，这是人们长期以来所追求的。因为它既有明显的实际意义，同时也有重要的理论意义，即人们可以用自己最习惯的语言来使用计算机，而无需再花大量的时间和精力去学习不很自然和习惯的各种计算机语言。但实现人机间自然语言通信，意味着要使计算机既能理解自然语言文本的意义，也能以自然语言文本来表达给定的意图、思想等。前者称为自然语言理解，后者称为自然语言生成。因此，自然语言处理大体包括了自然语言理解和自然语言生成两个部分。比尔·盖茨认为，“自然语言理解是人工智能皇冠上的明珠”。

6.2.1 自然语言处理的发展历程

自然语言处理主要有3个发展阶段：基于规则的阶段、基于统计的阶段和基于深度学习的阶段。

1. 基于规则的阶段

自然语言处理的相关研究最早是从机器翻译开始的。1947年，英国工程师Booth和美国工程师Weaver最先提出了利用计算机进行自动翻译。1952年，第一次机器翻译会议在美国麻省理工学院顺利召开。1954年，第一次机器翻译试验取得了成功，虽然该试验用的机器词汇仅包含250个单词和6条语法规则，但它第一次向人们展示了机器翻译的可行性，并激发了美国政府对机器翻译进行资助的兴趣。

20世纪50至70年代，NLP的研究主要采用基于规则的方法，研究人员认为NLP的过程类似于人类认知一门语言的过程。这一时期的NIP停留在理性主义思潮阶段，以基于规则的方法为代表。但基于规则的方法具有不可避免的缺点：规则不可能覆盖所有语句；该方法对研究人员的要求较高，既要熟悉计算机，还要熟悉语言学。因此，这一阶段虽然解决了一些简单的问题，但是无法从根本上将NLP推向实际应用。

2．基于统计的阶段

自20世纪70年代以来，随着互联网的快速发展及硬件的不断完善，自然语言处理逐渐由理性主义向经验主义过渡，基于统计的方法代替了基于规则的方法。20世纪70年代，基于隐马尔可夫模型（Hidden Markov Model，HMM）的统计方法和话语分析（Discourse Analysis）取得了重大进展。

20世纪90年代以后，随着计算机性能的不断提升，语音和语言处理的商品化开发成为可能。网络技术的发展和Internet的商业化使信息检索和信息抽取的需求变得更加迫切。此时，NLP的应用不再局限于机器翻译、语音控制等早期研究的范畴。人们逐渐认识到仅用基于规则或统计的方法，已无法成功进行自然语言处理。基于统计、实例及规则的语料库技术在这一时期开始蓬勃发展，各种处理技术开始融合，自然语言处理的研究又开始兴盛起来。在这一阶段，自然语言处理基于数学模型和统计的方法取得了实质性突破，从实验室走向实际应用。

3．基于深度学习的阶段

自2008年到现在，人们在图像识别和语音识别领域不断地取得丰硕的成果，研究人员也开始用深度学习的方法对NLP进行研究，由最初的词向量到2013年的Word2vec，将深度学习与NLP的结合推向了高潮，并在机器翻译、问答系统、阅读理解等领域取得了一定成功。深度学习是一个多层的神经网络，从输入层开始，经过逐层非线性的变化得到输出。从输入到输出做端到端的训练。把输入到输出的数据准备好，设计并训练一个神经网络，即可执行预想的任务。RNN目前是自然语言处理最常用的方法之一，GRU、LSTM等模型相继引发了一轮又一轮的热潮。

在深度学习时代，神经网络能够自动从数据中挖掘特征，人们得以从复杂的特征中脱离出来，专注于模型算法本身的创新及理论的突破。并且，深度学习从一开始的机器翻译领域逐渐扩展到NLP的其他领域，从而导致传统的经典算法地位大不如前。

6.2.2　自然语言处理的一般流程

在自然语言处理时，通常有7个步骤，分别是获取语料、语料预处理、特征工程、特征选择、模型选择、模型训练、模型评估。也有的学者弱化模型选择和模型评估这两个步骤。

1．获取语料

语料，即语言材料。语料是语言学研究的内容。语料是构成语料库的基本单元。所以，人们简单地用文本作为替代，并把文本中的上下文关系作为现实世界中语言的上下文关系的替代品。我们把一个文本集合称为语料库（Corpus），当有几个这样的文本集合的时候，我们称为语料库集合（Corpora）。按语料来源，我们将语料分为以下两种。

（1）已有语料

很多业务部门、公司等组织随着业务发展，都会积累大量的纸质或者电子文本资料。那么，对于这些资料，在允许的条件下我们稍加整合，把纸质的文本全部电子化就可以作为我们的语料库了。

（2）网上下载、抓取语料

如果现在个人手里没有数据怎么办呢？这个时候，我们可以选择获取国内外标准开放数据集，比如国内的中文汉语有搜狗语料；也可以借助八爪鱼等开源爬虫工具，从网上抓取特定数据，准备模型训练。

2．语料预处理

在一个完整的中文自然语言处理工程应用中，语料预处理大概会占到整个工作量的50%～70%，所以开发人员大部分时间都在进行语料预处理。可通过数据清洗、分词操作、词性标注、去停用词四个大的方面来完成语料的预处理工作。

（1）数据清洗

数据清洗，即保留有用的数据，删除噪音数据，包括对于原始文本提取标题、摘要、正文等信息，对于爬取的网页内容，去除广告、标签、HTML、JS代码和注释等。由于当前能获取到的数据中，超过80%的是非结构化的，因此数据清洗是必不可少的。常见的语料清洗方式有人工去重、对齐、删除和标注等。

（2）分词操作

分词操作是将文本分成词语的操作。中文语料数据有短文本形式，比如句子、文章摘要、段落等；或者是长文本形式，如整篇文章组成的一个集合。一般来说，句子和段落之间的字、词语是连续的，有一定含义。而进行文本挖掘分析时，通常希望文本处理的最小单位粒度是词或者词语，所以这个时候就需要分词操作来将文本全部切分成词语。

常见的分词算法有基于字符串匹配的分词方法、基于理解的分词方法、基于统计的分词方法和基于规则的分词方法，每种方法下面对应许多具体的算法。

当前中文分词算法的主要难点有歧义识别和新词识别，比如，“羽毛球拍卖完了”，可以切分成“羽毛/球拍/卖完/了”，也可切分成“羽毛球/拍卖/完/了”，如果不依赖上下文其他的句子，恐怕很难知道如何去理解。

（3）词性标注

词性标注就是给词语标上词类标签，比如名词、动词、形容词等，这是一个经典的序列标注问题。词性标注可以为后续的文本处理融入更多有用的语言信息，在情感分析、知识推理场景中是非常必要的。

常见的词性标注方法有基于规则的、基于统计的方法。其中基于统计的方法有基于最大熵方法的词性标注、基于统计最大概率输出词性和基于HMM的词性标注。

（4）去停用词

停用词一般指对文本特征没有任何贡献作用的字词，比如标点符号、语气、人称等一些词。在信息检索中，为节省存储空间和提高搜索效率，在处理自然语言数据（或文本）之前或之后会自动过滤掉某些字或词，这些字或词即被称为停用词（Stop Words）。在一般性的文本处理中，分词之后，接下来一步就是去停用词。但是对于中文来说，去停用词操作不是一成不变的，停用词词典是根据具体场景来决定的，比如，在情感分析中，语气词、感叹号是应该保留的，因为它们对表示语气程度、感情色彩有一定的贡献和意义。

3．特征工程

做完语料预处理之后，接下来需要考虑如何把分词之后的字和词语表示成计算机能够计算的类型。显然，如果要计算，我们至少需要把中文分词的字符串转换成数字，确切地说应该是数学中的向量。词袋模型和词向量分别是两种常用的表示模型。

词袋模型（Bag Of Word，BOW），即不考虑词语原本在句子中的顺序，直接将每一个词语或者符号统一放置在一个集合（如list）中，然后按照计数的方式对出现的次数进行统计。统计词频只是最基本的方式，TF-IDF是词袋模型的一个经典用法。

词向量是将字、词语转换成向量矩阵的计算模型。目前为止最常用的词的表示方法是One-Hot，这种方法把每个词表示为一个很长的向量。这个向量的维度是词表大小，其中绝大多数元素为0，只有一个维度的值为1，这个维度就代表了当前的词。Google团队的Word2vec，是当前非常流行的词向量模型。

4．特征选择

在一个实际问题中，构造好的特征向量，需要选择合适的、表达能力强的特征。文本特征一般都是词语，具有语义信息，使用特征选择能够找出一个特征子集，其仍然可以保留语义信息；但通过特征提取找到的特征子空间，将会丢失部分语义信息。所以特征选择是一个很有挑战的过程，更多地依赖于经验和专业知识，并且有很多现成的算法来进行特征的选择。

5．模型选择

选择好特征后，需要进行模型选择，即选择怎样的模型进行训练。常用的模型有机器学习模型，如KNN、SVM、Naive Bayes、决策树、K-Means、GBDT等；也可以采用深度学习模型，如RNN、CNN、LSTM、Seq2Seq、FastText、TextCNN等。其中谷歌在2018年发布了BERT模型，在机器阅读理解顶级水平测试SQuAD 1.1中表现出惊人的成绩，在全部两个衡量指标上全面超越人类。可以预见的是，BERT将为自然语言处理带来里程碑式的改变，也是NLP领域近期最重要的进展。

6．模型训练

当选择好模型后，则进行模型训练，其中包括了模型微调等。在模型训练的过程中要注意过拟合、欠拟合问题，不断提高模型的泛化能力。如果使用了神经网络进行训练，要防止出现梯度消失和梯度爆炸问题。

过拟合问题指的是模型学习能力太强，以至于把噪声数据的特征也学习到了，导致模型泛化能力下降，在训练集上表现很好，但是在测试集上表现很差。常见的解决方法有增大训练数据的数量、增加正则化项、人工筛选特征、使用特征选择算法、采用Dropout方法等。

欠拟合问题指的是模型不能够很好地拟合数据，表现在模型过于简单。常见的解决方法有：添加其他特征项；增加模型复杂度，比如神经网络加更多的层、线性模型通过添加多项式，使模型泛化能力更强；减少正则化参数，正则化是用来防止过拟合的，但是现在模型出现了欠拟合，则需要减少正则化参数。

7. 模型评估

为了让训练好的模型对语料具备较好的泛化能力，在模型上线之前还要进行必要的评估。模型的评价指标主要有错误率、精准度、准确率、召回率、F1值、ROC曲线、AUC曲线等，这里不展开描述。

6.2.3 自然语言处理的研究内容

由于人与人之间大部分的沟通需要通过语言来进行，因此在信息技术飞速发展的今天，NLP的应用几乎无处不在，如客户服务、网络搜索、广告及语言翻译等方面都大量应用了NLP技术。自然语言处理的研究内容及应用范围非常广泛，结合某一特定领域的需求可定制和实现相关智能解决方案，下面对五种常用技术进行简单介绍。

1. 语言处理基础技术

语言处理基础技术的研究内容主要包括词法、句法分析，词义、短文本相似度分析，DNN语言模型，即判断一句话是否符合语言表达习惯等。

此外，它还包括语用语境和篇章分析。语用是指人对语言的运用研究，目的是分析语言使用者的真正用意，它与语境、语言使用者的知识涵养、言语行为、想法和意图是密切相关的，是对自然语言的深层理解。篇章分析是将研究内容从句子扩展到段落和整篇文章。

2. 语言处理应用技术

语言处理应用技术的研究内容主要包括用户情感倾向分析、评论观点抽取、文章分析、文本纠错及对话情感识别，还包括舆情分析、机器翻译、信息检索等内容。

3. 理解与交互技术

理解与交互技术主要研究可以对话的人机交互系统，这种系统通常由对话理解、对话管理及回复生成3个模块组成。

4. 文本审核技术

文本审核技术主要研究如何自动识别文本中的违规内容，如色情信息、暴恐信息、政治敏感信息等。

5. 智能写作技术

基于大数据技术分析信息，用固定算法重新排列组合，采用特定格式进行写作。虽然智能写作具有较大局限性，但在效率方面却远超人类。

【知识拓展】

语料与语料库

现如今构建人工智能、机器学习甚至深度学习系统，变得越来越容易。但是让这些模型或者系统真正有价值的却是“数据”。对于自然语言处理，这类数据就是语料，所谓的语料就是语言数据，有很多种形式，最简单的是文本，此外还有音频、视频等。一句话或一段文字就是一份语料。若干个类似的资料集合在一起就是语料库。对这些语言数据（语料）可以进行标注，以达到增值的目的，这里的价值包括研究价值、商业价值等。

中文的信息无处不在，但如果想要获得大量的中文语料，却是不太容易，有时甚至非常困难。

目前全球比较流行的语料库主要有：

国内外著名语料库

宾州大学语料库：https://www.ldc.upenn.edu/

Wikipedia XML 语料库：https://dumps.wikimedia.org/zhwiki/

【英文语料库】

古滕堡语料库：http://www.gutenberg.org/

语料库在线：http://www.aihanyu.org/cncorpus/index.aspx#P0

【中文语料库】

搜狗实验室新闻|互联网数据： http://www.sogou.com/labs/

数据堂：http://www.datatang.com/

“中央研究院”平衡语料库：http://asbc.iis.sinica.edu.tw/

国家语委现代汉语语料库：http://corpus.zhonghuayuwen.org/index.aspx

除了语料库，全球也有一些主流的自然语言处理工具包可供开发使用，比如：

NLTK（Natural Language ToolKit）：自然语言工具包，Python 编程语言实现的统计自然语言处理工具。它是由宾夕法尼亚大学计算机和信息科学系的史蒂芬·伯德和爱德华·洛珀编写的。NLTK 支持NLP 研究和教学相关的领域，其收集的大量公开数据集、模型上提供了全面易用的接口，涵盖了分词、词性标注（Part-Of-Speech Tag，POS-Tag）、命名实体识别（Named Entity Recognition，NER）、句法分析（Syntactic Parse）等各项NLP领域的功能。广泛应用在经验语言学、认知科学、人工智能、信息检索和机器学习。

Stanford NLP：由斯坦福大学的NLP小组开源的Java实现的NLP工具包，同样对NLP领域的各个问题提供了解决办法。斯坦福大学的NLP小组是世界知名的研究小组，能将NLTK和Stanford NLP两个工具包结合起来使用，这对于自然语言开发者再好不过了。2004年，史蒂芬·伯德在NLTK中加上了对Stanford NLP工具包的支持，通过调用外部的jar文件来使用Stanford NLP工具包的功能，这样一来就变得更为方便好用。

6.2.4 自然语言处理中的难点

无论实现自然语言理解，还是自然语言生成，都远不是人们原来想象的那么简单。从现有的理论和技术现状看，通用的、高质量的自然语言处理系统，仍然是较长期的努力目标。造成困难的根本原因是，自然语言文本和对话的各个层次上广泛存在各种各样的歧义性或多义性（Ambiguity）。

一个中文文本从形式上看是由汉字（包括标点符号等）组成的一个字符串。由字可组成词，由词可组成词组，由词组可组成句子，进而由一些句子组成段、节、章、篇。无论在上述的各种层次：字（符）、词、词组、句子、段等，还是在下一层次向上一层次的转变中，都存在着歧义和多义现象，即形式上一样的一段字符串，在不同的场景或语境下，可以理解成不同的词串、词组串等，并有不同的意义。一般情况下，它们中的大多数都是可以根据相应的语境和场景的规定而得到解决的，即从总体上说，并不存在歧义。因此人们在平时并不感到自然语言歧义，能用自然语言进行正确交流。为了消解歧义，需要大量的知识并进行推理。如何将这些知识较完整地加以收集和整理出来？又如何找到合适的形式，将它们存入计算机系统中去？以及如何有效地利用它们来消除歧义？都是工作量极大且十分困难的工作。这不是少数人短时期内可以完成的，还有待长期的、系统的工作。

一个中文文本或一个汉字串（含标点符号等）可能有多个含义，它是自然语言理解中的主要困难和障碍。反过来，一个相同或相近的意义同样可以用多个中文文本或多个汉字串来表示。因此，自然语言的形式（字符串）与其意义之间是一种多对多的关系，这也正是自然语言的魅力所在。但从计算机处理的角度看，必须消除歧义，即要把带有潜在歧义的自然语言输入转换成某种无歧义的计算机内部表示，这正是自然语言理解中的中心问题。

歧义现象的广泛存在使得消除它们需要大量的知识和推理，这就给基于语言学的方法、基于知识的方法带来了巨大的困难，因而几十年来以这些方法为主流的自然语言处理研究，一方面在理论和方法方面取得了很多成就，但在处理大规模真实文本的系统研制方面，成绩并不显著。研制的一些系统大多数是小规模的、研究性的演示系统。

目前存在的问题有两个方面：一方面，迄今为止的语法都限于分析一个孤立的句子，上下文关系和谈话环境对本句的约束和影响还缺乏系统的研究，因此分析歧义、词语省略、代词所指、同一句话在不同场合或由不同的人说出来所具有的不同含义等问题，尚无明确规律可循，需要加强语用学的研究才能逐步解决。另一方面，人理解一个句子不是单凭语法，还运用了大量的有关知识，包括生活知识和专门知识，这些知识无法全部存储在计算机里。因此一个书面理解系统只能建立在有限的词汇、句型和特定的主题范围内；计算机的存储量和运转速度大大提高之后，才有可能适当扩大范围。

译文质量是机译系统成败的关键，但上述问题成为自然语言理解在机器翻译应用中的主要难题，导致了当今机器翻译系统的译文质量离理想目标仍相差甚远。中国数学家、语言学家周海中教授曾在经典论文《机器翻译五十年》中指出：要提高机译的质量，首先要解决的是语言本身的问题而不是程序设计问题；单靠若干程序来做机译系统，肯定是无法提高机译质量的；另外，在人类尚未明了大脑是如何进行语言的模糊识别和逻辑判断的情况下，机译要想达到"信、达、雅"的程度是不可能的。

自然语言中有很多含糊的语词，比如"如果张三来到了无锡，就请他吃饭""咬死了猎人的狗"，在理解的时候都容易产生歧义。下面列举几个常见的歧义及模糊。

1．词法分析歧义

例如：给毕业和尚未毕业的同学。

给/毕业/和尚/未毕业的同学。

给/毕业/和/尚未/毕业的同学。

这里的"和"字就可能有多种搭配方式。这时就需要分词（Word Segmentation）技术，将连续的自然语言文本，切分成具有语义合理性和完整性的词汇序列。

2．语法分析歧义

例如：咬死了猎人的狗。

咬死了/猎人的狗。

咬死了猎人/的狗。

这显然是句法结构的层次划分的不同造成的，两个理解具有不同的句法结构，因此是一个标准的句法问题，需要结合上下文才能进一步划分。当然，类似于"咬死了猎人的鸡"和"咬死了猎人的老虎"等句子，在理解的时候就很少会有歧义了。

3．语义分析歧义

例如：开刀的是他父亲。

（接受）开刀的是他父亲。

（主持）开刀的是他父亲。

上述两种理解方式显然有很大的差异，这是由语义不明确造成的歧义。通常需要在上下文中提供更多的相关知识，才能消除歧义。

4．指代不明歧义

例如，今天晚上10点有国足的比赛，他们的对手是泰国队。在过去几年跟泰国队的较量中，他们处于领先，只有一场惨败1：5。

指代消解要做的就是分辨文本中的“他们”指的到底是“国足”还是“泰国队”。在本例中，“他们”比较明确，指的是国足，将“他们”用“国足”代入即可。

但也可能会碰到下面的情况：

小王回到宿舍，发现老朱和他的朋友坐在那里聊天。

这句话中的“他”很难辨别，这就是指代不明引起的歧义。

5．新词识别

例如，实体词“捉妖记”，旧词“吃鸡”。

命名实体（人名、地名）、新词，专业术语称为未登录词，也就是那些在分词词典中没有收录，但又确实能称为“词”的那些词。最典型的是人名，人可以很容易理解。在句子“王军虎去广州了”中，“王军虎”是个词，因为是一个人的名字，但要让计算机去识别就困难了。如果把“王军虎”作为一个词收录到字典中去，全世界有那么多名字，而且每时每刻都有新增的人名，收录这些人名本身就是一项既不划算又耗资巨大的工程。即使这项工作可以完成，还是会存在问题的，例如，在句子“王军虎头虎脑的”中，“王军虎”还能不能算词？除了人名，还有机构名、地名、产品名、商标名、简称、省略语等都是很难处理的问题，而且这些又正好是人们经常使用的词，因此，对于搜索引擎来说，分词系统中的新词识别十分重要。新词识别准确率已经成为评价一个分词系统好坏的重要标志之一。

6．有瑕疵的或不规范的输入

例如，语音处理时遇到外国口音或地方口音；或者在文本的处理中处理拼写、语法或者光学字符识别（OCR）的错误。

7．语言行为与计划的差异

句子常常并不只是字面上的意思，例如，“你能把盐递过来吗”，一个好的回答应当是把盐递过去；在大多数上下文环境中，“能”将是糟糕的回答，虽说回答“不”或者“太远了，我拿不到”也是可以接受的。再者，如果一门课程在去年没开设，对于提问“这门课程去年有多少学生没通过？”回答“去年没开这门课”要比回答“没人没通过”好。

6.3　案例实现：用户评价情感分析

1．项目描述

小芳是公司的产品设计师，她非常关心用户对产品的体验，因此，常常去网上翻论坛看帖子。她希望有一款工具，能自动分析论坛上对产品的评价是正面的还是负面的。当然她也知道，论坛上的产品评价，目前还是需要别人通过爬虫来抓取的。因此，目前的需求是能对一段产品评价做出情感分析，比如，“客服还不错，东东用起来很方便，就是物流非常慢”，先肯定优点，后面转折指出问题，这是负面评价吗？

本项目将利用百度人工智能开放平台进行文字情感分析。

项目实施的详细过程可以通过扫描二维码，观看具体操作过程的讲解视频。

2．相关知识

体验要求：

· 网络通信正常。

· 环境准备：已安装Spyder等Python编程环境。

· SDK准备：按照附录B的要求，安装过百度人工智能开放平台的SDK。

· 账号准备：按照附录B的要求，注册过百度人工智能开放平台的账号。

3．项目设计

· 创建应用以获取应用编号AppID、AK、SK。

· 准备一段文字。

· 在Spyder中新建情感分析项目BaiduSentiment。

· 代码编写及编译运行。

4．项目过程

（1）创建应用以获取应用编号AppID、AK、SK

① 本项目要用到情感分析，因此，单击自然语言处理“”按钮，进入“创建应用”界面，如图6-5所示。

图6-5　创建应用

② 单击“创建应用”按钮，进入“创建新应用”界面，如图6-6所示。

图6-6　创建新应用

应用名称：情感倾向分析。

应用描述：我的语音识别。

其他选项采用默认值。

③ 单击“立即创建”按钮，进入如图6-7所示的界面。

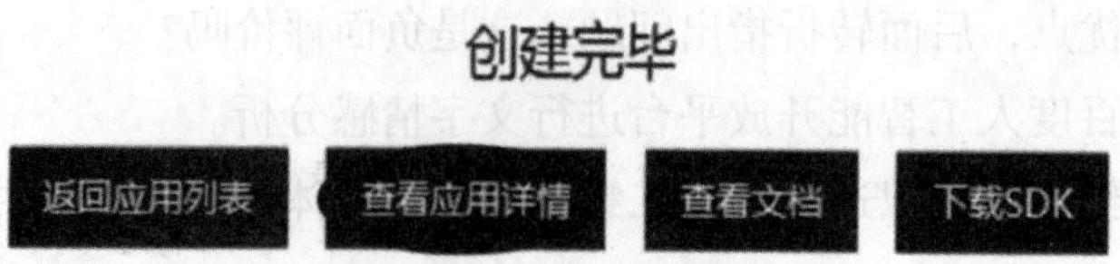

图6-7　创建完毕

单击“查看应用详情”按钮，可以看到AppID等3项重要信息，如表6-1所示。

表 6-1　应用详情

应用名称	AppID	API Key	Secret Key
文字识别	17339971	gtNLAL5FyOB44ftZB6ml6ZGw	*******显示

④ 记录下AppID、API Key和Secret Key的值。

（2）准备素材

进行情感分析时，读者可以准备文本文件，也可以直接准备一段文字。

（3）在Spyder中新建情感分析项目BaiduSentiment

在Spyder开发环境中选择左上角的“File”→“New File”选项，新建项目文件，默认文件名为untitled0.py。继续选择左上角的“File”→“Save as”选项，保存“BaiduSentiment.py”文件，文件路径可采用默认值。

（4）代码编写及编译运行

在代码编辑器中输入参考代码如下：

```
# 1.从 aip 中导入相应的自然语言处理模块 AipNlp
from aip import AipNlp

# 2.复制粘贴你的 AppID、AK、SK 等 3 个常量，并以此初始化对象
APP_ID='17339971'
API_KEY='gtNLAL5FyOB44ftZB6ml6ZGw'
SECRET_KEY='ZynW7FHVLKkYPAyEtAeVqGBawU8biqj 7'

client=AipNlp （APP_ID, API_KEY, SECRET_KEY）

# 3.字义数据
text= "客服还不错，东东用起来很方便，就是物流有点慢"

# 4.直接调用情感倾向分析接口，并输出结果
result=client.sentimentClassify （text）; # sentimentClassify 方法用于情感分类

# 5 输出处理结果
```

```
print（result）
```

5．项目测试

单击工具栏中的“▶”按钮，在“IPython console”窗口中可以看到用户情感运行结果如图6-8所示。

```
In [1]: runfile('D:/Anaconda3/BaiduNLP.py', wdir='D:/Anaconda3')
{'log_id': 317129579998099325, 'text': '客服还不错，东东用起来很方便，就是物流有点慢',
'items': [{'positive_prob': 0.902355, 'confidence': 0.783012, 'negative_prob':
0.0976448, 'sentiment': 2}]}
```

图6-8　用户情感运行结果

positlve_prob=0.902355，正面情感的概率达到90%以上，表明用户的情感倾向是积极的。

6．项目小结

本项目利用百度人工智能开放平台实现了情感的功能。除了sentimentClassify方法，读者还可以尝试调用自然语言处理中的其他方法，了解自然语言处理的更多开放功能。

如果将“就是物流有点慢”改成“就是物流非常慢”，再看一下会是什么结果呢？事实上，我们将可以得到如图6-9所示的调整文本输出结果。

```
In [3]: runfile('D:/Anaconda3/BaiduNLP.py', wdir='D:/Anaconda3')
{'log_id': 371970706797134973, 'text': '客服还不错，东东用起来很方便，就是物流非常慢',
'items': [{'positive_prob': 0.84856, 'confidence': 0.663467, 'negative_prob':
0.15144, 'sentiment': 2}]}
```

图6-9　调整文本输出结果

positive_prob=0.84856，表明这时用户的情感倾向仍然是积极的，但是相对上一段评价而言，积极程度有所变弱。

6.4　应用场景

自然语言处理在机器翻译、垃圾邮件分类、信息抽取、文本情感分析、智能问答、个性化推荐、知识图谱、文本分类、自动摘要、话题推荐、主题词识别、知识库构建、深度文本表示、命名实体识别、文本生成、语音识别与合成等方面都有着很好的应用。

6.4.1　机器翻译

机器翻译（Machine Translation）是指运用机器，通过特定的计算机程序将一种书写形式或声音形式的自然语言，翻译成另一种书写形式或声音形式的自然语言。机器翻译是一门交叉学科（边缘学科），组成它的三门子学科分别是计算机语言学、人工智能和数理逻辑，各自建立在语言学、计算机科学和数学的基础之上，图6-10为机器翻译流程示意图。

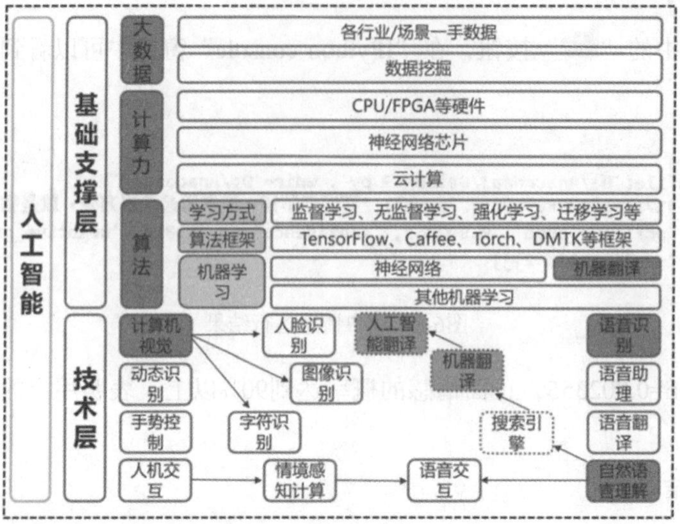

图6-10　机器翻译流程示意图

目前，文本翻译最为主流的工作方式依然是以传统的统计机器翻译和神经网络翻译为主。谷歌、微软与国内的百度、有道等公司都为用户提供了免费的在线多语言翻译系统。速度快、成本低是文本翻译的主要特点，而且应用广泛，不同行业都可以采用相应的专业翻译。但是，这一翻译过程是机械的和僵硬的，在翻译过程中会出现很多语义与语境上的问题，仍然需要人工翻译来进行补充。

语音翻译可能是目前机器翻译中比较富有创新意识的领域，目前百度、科大讯飞、搜狗推出的机器同传技术主要在会议场景出现，演讲者的语音实时转换成文本，并且进行同步翻译，低延迟显示翻译结果，希望在将来能够取代人工同传，使人们以较低成本实现不同语言之间的有效交流。

图像翻译也有不小的进展。谷歌、微软、Facebook和百度均拥有能够让用户搜索或者自动整理没有识别标签照片的技术。除此之外，还有视频翻译和VR翻译也在逐渐应用中，但是目前的应用还不太成熟。

6.4.2　垃圾邮件分类

当前，垃圾邮件过滤器已成为抵御垃圾邮件问题的第一道防线。但是人们在使用电子邮件时还是会遇到如下的一些问题：不需要的电子邮件仍然被接收，或者重要的电子邮件被过滤掉。事实上，判断一封邮件是不是垃圾邮件，首先用到的方法是“关键词过滤”，如果邮件存在常见的垃圾邮件关键词，就被判定为垃圾邮件。但这种方法效果很不理想，首先，正常邮件中也可能有这些关键词，非常容易误判；其次，垃圾邮件也会进化，通过将关键词进行变形，很容易规避关键词过滤。

自然语言处理通过分析邮件中的文本内容，能够相对准确地判断邮件是否为垃圾邮件。目前，贝叶斯（Bayesian）垃圾邮件过滤是备受关注的技术之一，它通过学习大量的垃圾邮件和非垃圾邮件，收集邮件中的特征词生成垃圾词库和非垃圾词库，然后根据这些词库的统计频数计算邮件属于垃圾邮件的概率，以此来进行判定。

6.4.3　信息抽取

信息抽取（Information Extraction，IE）是把文本里包含的信息进行结构化处理，变成表格一样的组织形式。输入信息抽取系统的是原始文本，输出的是固定格式的信息点。信息点从各种各样的文档中被抽取出来，然后以统一的形式集成在一起，这就是信息抽取的主要任务。信息以统一的形式集成在一起的好处是方便检查和比较。信息抽取技术并不试图全面理解整篇文档，只是对文档中包含相关信息的部分进行分析，至于哪些信息是相关的，那将由系统设计时规定的领域范围而定。

互联网是一个特殊的文档库，同一主题的信息通常分散存放在不同网站上，表现的形式也各不相同。利用信息抽取技术，可以从大量的文档中抽取需要的特定事实，并用结构化形式存储。优秀的信息抽取系统将把互联网变成巨大的数据库。例如在金融市场上，许多重要决策正逐渐脱离人类的监督和控制，基于算法的交易正变得越来越流行，这是一种完全由技术控制的金融投资形式。由于很多决策都受到新闻的影响，因此需要用自然语言处理技术来获取这些明文公告，并以一种可被纳入算法交易决策的格式提取相关信息。例如，公司之间合并的消息可能会对交易决策产生重大影响，将合并细节（包括参与者、收购价格）纳入到交易算法中，给决策者带来巨大的利润影响。

6.4.4　文本情感分析

文本情感分析又称意见挖掘、倾向性分析等。简单而言，是对带有情感色彩的主观性文本进行分析、处理、归纳和推理的过程。互联网（如博客和论坛以及社会服务网络如大众点评）上产生了大量的用户参与的，对于诸如人物、事件、产品等有价值的评论信息。这些评论信息表达了人们的各种情感色彩和情感倾向性，如喜、怒、哀、乐，或批评、赞扬等。基于这些因素，网络管理员可以通过浏览这些主观色彩的评论来了解大众舆论对于某一事件的看法；企业可以分析消费者对产品的反馈信息，或者检测在线评论中的差评信息等。

6.4.5　智能问答

随着互联网的快速发展，网络信息量不断增加，人们需要获取更加精确的信息。传统的搜索引擎技术已经不能满足人们越来越高的需求，而智能问答技术成为了解决这一问题的有效手段。智能问答系统以一问一答的形式，精确地定位网站用户所需要的提问知识，通过与网站用户进行交互，为网站用户提供个性化的信息服务。机器人问答交互流程如图6-11所示。

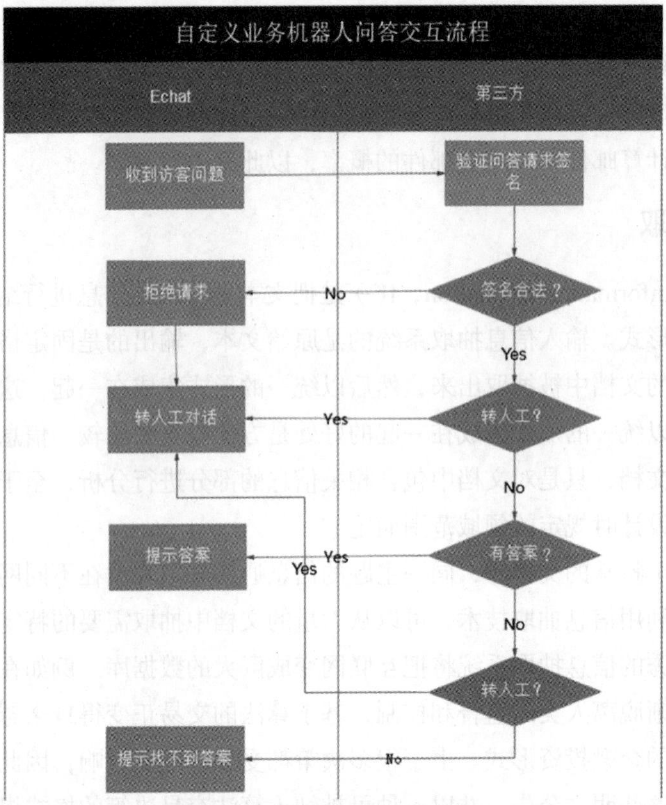

图6-11　机器人问答交互流程

智能问答系统在回答用户问题时，首先要正确理解用户所提出的问题，抽取其中关键的信息，在已有的语料库或者知识库中进行检索、匹配，将获取的答案反馈给用户。这一过程涉及了包括词法、句法、语义分析的基础技术，以及信息检索、知识工程、文本生成等多项技术。

根据目标数据源的不同，问答技术大致可以分为检索式问答、社区问答以及知识库问答三种。检索式问答和社区问答的核心是浅层语义分析和关键词匹配，而知识库问答则正在逐步实现知识的深层逻辑推理。

6.4.6　个性化推荐

个性化推荐是根据用户的兴趣特点和购买行为，向用户推荐用户感兴趣的信息和商品的。现在的应用领域更为广泛，比如今日头条的新闻推荐、购物平台的商品推荐、直播平台的主播推荐、知乎上的话题推荐等。

在电子商务方面，推荐系统依据大数据和历史行为记录，提取出用户的兴趣爱好，预测出用户对给定物品的评分或偏好，实现对用户意图的精准理解，同时对语言进行匹配计算，实现精准匹配。再利用电子商务网站向客户提供商品信息和建议，帮助用户决定应该购买什么产品，模拟销售人员帮助客户完成购买过程。

在新闻服务领域，通过用户阅读的内容、时长、评论等偏好，以及社交网络甚至所使用的移动设备型号等，综合分析用户所关注的信息源及核心词汇，进行专业的细化分析，从而进行新闻推送，实现新闻的个人定制服务，最终提升用户黏性。

6.5 未来展望

21世纪是以互联网为标志的海量信息时代，这些海量信息大多是以自然语言表示的。一方面，海量信息为计算机学习自然语言提供了大量“素材”；另一方面，其也为自然语言处理提供了更加宽广的应用舞台。例如，搜索引擎已成为人们获取信息的一个重要途径，出现了以百度、谷歌等为代表的搜索引擎公司。机器翻译也从实验室进入了寻常百姓家，谷歌、百度等公司为人们提供了免费使用的基于海量网络数据的机器翻译工具。基于自然语言处理的输入法（如搜狗、谷歌输入法等）已成为计算机用户的必备工具。带有语音识别、对话系统的智能手机等电子设备也已逐渐普及，能有效协助用户随时随地工作和学习。总之，随着互联网的飞速发展、5G的到来和海量信息的涌现，自然语言处理正在人们的日常生活中扮演着越来越重要的角色。

然而，我们也面临一个严峻的事实，那就是如何有效利用海量信息已成为制约信息技术发展的一个瓶颈。人工智能自然语言处理毫无疑问地成为信息科学技术发展的一个新的战略制高点。在信息技术飞速发展的大环境下，仅依靠统计方法已经无法快速有效地从海量信息中学习语言知识。到目前为止，机器还不能真正理解人类的语言，如果能让机器理解人类的语言，自然语言处理的应用将会发生天翻地覆的改变，我们的生活也将会呈现出另外一番景象。

随着计算机技术的快速发展，自然语言处理作为一门新兴学科也正在进行突飞猛进的发展。回首过去，自然语言处理的发展并不是一帆风顺的，有低谷，也有高潮。展望未来，我们正面临着新的挑战和机遇。目前，网络搜索引擎基本上还停留在关键词匹配阶段，缺乏深层次的自然语言处理和理解，语音识别、情感分析、问答系统、机器翻译等应用目前也只能达到基础水平。路漫漫其修远兮，自然语言处理作为一个高度交叉的新兴学科，不论是探究自然本质还是付诸实际应用，将来必定会有令人期待的惊喜和异常快速的发展。

本章小结

本章介绍了人工智能技术中自然语言处理的概念及应用。学生不仅可以学习到人工智能技术及应用，而且能自己动手，体验人工智能技术。通过本章的学习，能够了解自然语言处理的典型应用，也可以对人工智能的其他应用有更多的畅想。

课后习题

一、选择题

1. 对自然语言中的交叉歧义问题，通常通过（　　）技术解决。

A. 分词　　　　　　　B. 命名实体识别

C. 词性标注　　　　　D. 词向量

2. 识别自然语言文本中具有特定意义的实体（人名、地名、机构、时间、作品等）的技术称为（　　）。

A. 分词　　　　　　　B. 命名实体识别

C. 词性标注　　　　　D. 词向量

3. 在聊天系统中，系统需要识别用户输入的句子是否符合语言表达习惯，并引导输入错误的用户是否需要澄清自己的需求。这个过程中主要会用到（　　）。

A. 分词　　　　　　　B. 命名实体识别

C. 词性标注　　　　　D. 语言模型

4. 某电商网站，收集了众多用户点评，需要快速整理并帮助用户了解产品的具体评价，辅助消费决策提升交互意愿。这里最合适的是使用百度的（　　）服务。

A. 分词　　　　　　　B. 短文本相似度

C. 评论观点抽取　　　D. DNN语言模型

5. 对于小语种的翻译系统，因为缺少对应的双语语料，我们可以采用（　　）构建翻译系统。

A. 基于枢轴语言的翻译方法　B. 基于神经网络的翻译方法

C. 基于统计的翻译方法　　　D. 基于实例的翻译方法

6. 百度机器翻译服务中，翻译文本的编码格式是（　　）。

A. ASCII　　B. GB2312　　C. UTF-8　　D. UTF-16

7. 对语言文本语料进行建模，表达语言的概率统计的模型，称为（　　）。

A. 语言模型　B. 声学模型　C. 语音模型　D. 声母模型

8. 百度语音技术服务的Python SDK中，提供服务的类名称是（　　）。

A. NlpAip　　B. AipNlp　　C. NlpBaidu　　D. BaiduNlp

二、填空题

1. 自然语言处理包括分词、命名实体识别、词性标注、依存句法分析等。为了正确解释句法成分，防止结构歧义问题，需要用到的自然语言技术包括________、________。

2. 翻译方式有基于规则的翻译方法、基于神经网络的翻译方法、基于统计的翻译方法、基于实例的翻译方法。对于一些热词、新词，以及俗语和习惯用语，最合适的翻译方法是基于________的翻译方法。

三、简答题

根据你的了解，写出至少3个你身边的自然语言处理方面的应用。

第7章 计算机视觉技术及应用

内容导读

如果有人朝你扔过来一个球，通常你会怎么办？当然是马上把它接住。

这个问题是不是很简单？但实际上，这一过程是最复杂的处理过程之一，实际上的过程大概如下：首先球的影像进入人的视网膜，一番元素分析后，发送到大脑，视觉皮层会更加彻底地去分析图像，把它发送到剩余的皮质，与已知的任何物体相比较，进行物体和纬度的归类，最终决定你下一步的行动，比如举起双手、拿起球（之前已经预测到它的行进轨迹）。

上述过程只在零点几秒内发生，几乎都是完全下意识的行为，也很少会出差错。因此，重塑人类的视觉并不只是一个单一的困难的课题，而是一系列环环相扣的过程。

计算机视觉技术及应用内容导读如图7-1所示。

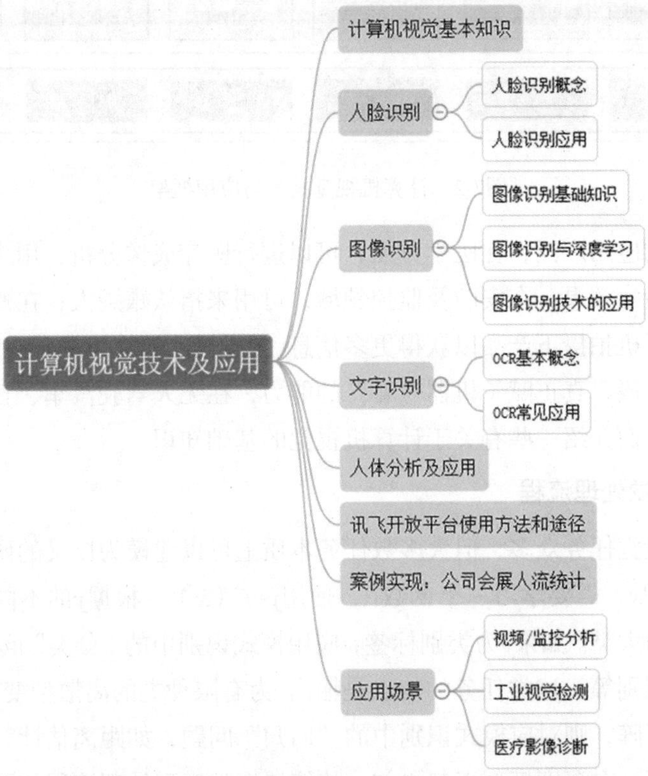

图7-1 计算机视觉技术及应用内容导读

7.1 计算机视觉基本知识

计算机视觉（Computer Vision）是一门研究如何使机器“看”的科学，属于人工智能中的视觉感知智能的范畴。参照人类的视觉系统，摄像机等成像设备是机器的“眼睛”，计算机视觉的作用就是要模拟人的大脑（主要是视觉皮层区）的视觉能力。从工程应用的角度来看，计算机视觉就是将从成像设备中获得的图像或者视频进行处理、分析和理解。由于人类获取的信息83%来自视觉，因此在计算机视觉上的理论研究与应用也成为人工智能最热门的方向之一。

计算机视觉主要研究图像分类、语义分割、实例分割、目标检测、目标跟踪等技术，用于人脸识别等应用，并且已经在安防等领域取得了非常广泛的应用。计算机视觉技术与应用框架如图7-2所示。

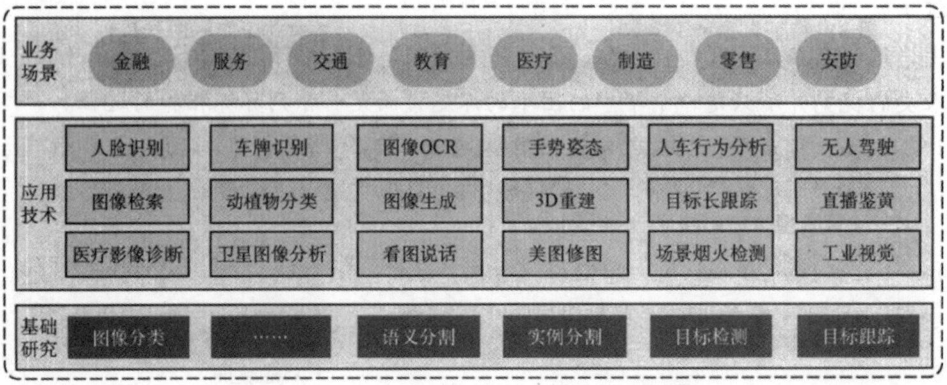

图7-2 计算机视觉技术与应用框架

计算机视觉的应用广泛，在医学方面，可以进行医疗成像分析，用来提高疾病的预测率、诊断效率和治疗效果；在安防及监控领域，可用来指认嫌疑人；在购物方面，消费者现在可以用智能手机拍摄下产品以获得更多信息。在未来，计算机视觉有望进入自主理解、分析决策的高级阶段，真正赋予机器“看”的能力，在无人驾驶汽车、智能家居等场景发挥更大的价值。下面介绍一些有关于计算机视觉的基础知识。

1. 计算机视觉处理流程

尽管计算机视觉任务众多，但大多数任务本质上可以建模为广义的函数拟合问题。即对任意输入的图像x，需要学习一个函数F，使用$y=F(x)$。根据y的不同，计算机视觉任务大体可以分为两大类。如果y为类别标签，应用模式识别中的“分类”问题，如图像分类、物体识别、人脸识别等。这类任务的特点是输出y为有限种类的离散型变量。如果y为连续型变量或向量或矩阵，则对应模式识别中的“回归”问题，如距离估计、目标检测、语义分割、实例分割等。在深度模型兴起之前，传统的视觉模型处理流程如图7-3所示。

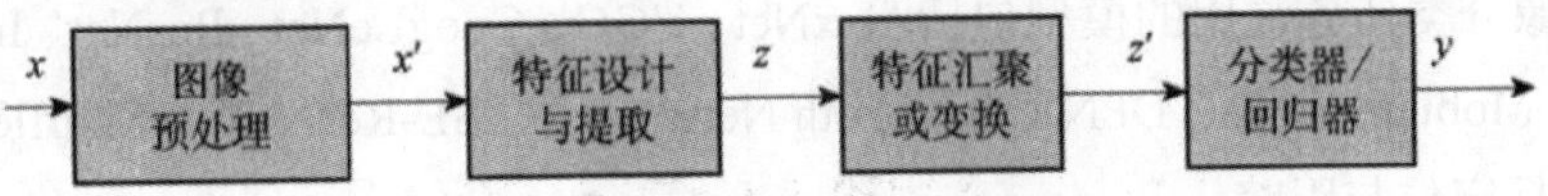

图7-3 传统的视觉模型处理流程

从图7-3中可以看到，从输入的原始信息x，到最后的输出信息y，一般需要经过4个步骤的处理。

步骤1：图像预处理，记为p，$x'=p(x)$。图像预处理的主要目的是消除图像中无关的信息，恢复有用的真实信息，增强有关信息的可检测性、最大限度地简化数据，从而改进后续特征提取、图像分割、匹配和识别的可靠性。一般的预处理流程为：灰度化→几何变换→图像增强。

步骤2：特征设计与提取，记为q，$z=q(x')$。特征提取指的是使用计算机提取图像信息，决定每个图像的点是否属于同一个图像特征。特征提取的结果是把图像上的点分为不同的子集，这些子集往往属于孤立的点、连续的曲线或者区域。特征的好坏对泛化性能有着至关重要的影响。

步骤3：特征汇聚或变换，记为h，$z'=h(z)$。特征变换是对前阶段提取的局部特征z进行统计汇聚或降维处理，从而得到维度更低、更利于后续分类或回归处理的特征z'。

步骤4：分类器/回归器的设计与训练，记为g，$y=g(z')$。这一阶段采用模式识别或机器学习方法，如支持向量机、决策树、最近邻分类、神经网络等算法，训练出合理的模型。

把上述4个步骤合并起来，可以看到$y=F(x)=g(h(q(p(x))))$。

2．计算机视觉核心技术

计算机视觉的基础研究包括图像分类、目标检测、图像语义分割、目标定位与跟踪等四大核心技术。当然也有研究者将图像识别单独列出，作为一项核心技术，下面简单描述这四个关键技术。

（1）图像分类

图像分类主要是基于图像的内容对图像进行标记的，通常会有一组固定的标签，计算机视觉模型预测出最适合图像的标签。对于人类视觉系统来说，判别图像的类别是非常简单的，因为人类视觉系统能直接获得图像的语义信息。但对于计算机来说，它只能看到图像中的一组栅格状排列的数字，很难将数字矩阵转化为图像类别。

图像分类是计算机视觉中重要的基础问题，是物体检测、图像分割、物体跟踪、行为分析、人脸识别等其他高层视觉任务的基础。图像分类在许多领域都有着广泛的应用。如安防领域的人脸识别和智能视频分析、交通领域的交通场景识别、互联网领域基于内容的图像检索和相册自动归类、医学领域的图像识别等。图像分类问题需要面临一些挑战，如视点变化、尺寸变化、类内变化、图像变形、图像遮挡、照明条件和背景杂斑等。

得益于深度学习的推动，当前图像分类的准确率大幅度提升。在经典的数据集ImageNet

上，训练图像分类任务常用的模型包括AlexNet、VGG、GoogLeNet、ResNet、Inception V4、MobileNet、MobileNet V2、DPN（Dual Path Network）、SE-ResNeXt、ShuffleNet等。

（2）目标定位与跟踪

图像分类解决了“是什么（what）”的问题，如果还想知道图像中的目标具体在图像的什么位置(where),就需要用到目标定位技术。目标定位的结果通常是以包围盒(Bounding Box)的形式返回的。

目标跟踪是指在给定场景中跟踪感兴趣的具体对象或多个对象的过程。简单来说，给出目标在跟踪视频第一帧中的初始状态（如位置、尺寸），自动估计目标物体在后续帧中的状态。传统的应用就是视频和真实世界的交互，在检测到初始对象之后进行观察。现在，目标跟踪在无人驾驶领域也很重要，例如，Uber和特斯拉等公司的无人驾驶。

（3）目标检测

目标检测指的是用算法判断图片中是不是包含特定目标，并且在图片中标记出它的位置，通常用边框或红色方框把目标圈起来。例如，查找图片中有没有汽车，如果找到了，就把它框起来。目标检测和图像分类不一样，目标检测侧重于目标的搜索，而且目标检测的目标必须要有固定的形状和轮廓。图像分类可以是任意的对象，这个对象可能是物体，也可能是一些属性或者场景。

对于人类来说，目标检测是一个非常简单的任务。然而，计算机能够“看到”的是图像被编码之后的数字矩阵,很难理解图像或视频帧中出现了人或物体这样的高层语义概念，也就更加难以定位目标出现在图像中哪个区域了。与此同时，由于目标会出现在图像或是视频帧中的任何位置，目标的形态千变万化，图像或视频帧的背景千差万别，诸多因素都使得目标检测对计算机来说是一个具有挑战性的问题。

在目标检测技术中，比较常用的有SSD模型、PyramidBox模型、R-CNN模型。

（4）图像语义分割

图像语义分割，顾名思义，是将图像像素按照表达的语义含义的不同进行分组/分割。图像语义是指对图像内容的理解，例如能够描绘出什么物体在哪里做了什么事情等；分割是指对图片中的每个像素点进行标注，标注属于哪一类别。图像语义分割近年来用在无人驾驶技术中分割街景，来避让行人和车辆，用在医疗影像分析中辅助诊断等。另外，像美颜等功能也需要用到图像分割。

分割任务主要分为实例分割和语义分割，实例分割是物体检测加上语义分割的综合体。在图像语义分割任务中，常用的模型包括R-CNN、ICNet、DeepLab V3+。

3. 机器视觉

机器视觉是与计算机视觉有共性、有差异的技术，它们都用到了图像处理技术，但在实现原理及应用场景上又有很大的不同，机器视觉更多地应用在工业领域。

从实现原理上来看，机器视觉检测系统通过机器视觉产品（即图像摄取装置，分为CMOS和CCD两种）将被检测的目标转换成图像信号，传送给专用的图像处理系统，根据像素分布和亮度、颜色等信息，转变成数字化信号，图像处理系统对这些信号进行各种运算来抽取目标的特征，如面积、数量、位置、长度，再根据预设的允许度和其他条件输出结果，包括尺寸、角度、个数、合格/不合格、有/无等，实现自动识别功能。

机器视觉广泛应用于食品和饮料、化妆品、建材和化工、金属加工、电子制造、包装、汽车制造等行业，其中大概40%～50%集中在半导体及电子行业。具体如PCB印刷电路中的各类生产印刷电路板的组装技术、设备；单双面、多层线路板，覆铜板及所需的材料及辅料；辅助设施及耗材、油墨、药水药剂、配件；电子封装技术与设备；丝网印刷设备及丝网周边材料等。SMT表面贴装中的SMT工艺与设备、焊接设备、测试仪器、返修设备及各种辅助工具、配件、SMT材料、贴片剂、胶黏剂、焊剂、焊料及防氧化油、焊膏、清洗剂等；再流焊机、波峰焊机及自动化生产线设备。电子生产加工设备中的电子元件制造设备、半导体及集成电路制造设备、元器件成型设备、电子工模具。

【知识拓展】

计算机视觉系统

计算机视觉系统的结构形式在很大程度上依赖于其具体应用方向。有些是独立工作的，用于解决具体的测量或检测问题；也有些作为某个大型复杂系统的组成部分出现，比如和机械控制系统、数据库系统、人机接口设备协同工作。计算机视觉系统的具体实现方法同时也由其功能决定——是预先固定的抑或是在运行过程中自动学习调整的。尽管如此，有些功能却几乎是每个计算机系统都需要具备的。

1. 图像获取

一幅数字图像是由一个或多个图像感知器产生的，这里的感知器可以是各种光敏摄像机，包括遥感设备、X射线断层摄影仪、雷达、超声波接收器等。取决于不同的感知器，产生的图像可以是普通的二维图像、三维图组或者一个图像序列。图像的像素值往往对应于光在一个或多个光谱段上的强度（灰度图或彩色图），但也可以是相关的各种物理数据，如声波、电磁波或核磁共振的深度、吸收度或反射度。

2. 预处理

在对图像实施具体的计算机视觉方法来提取某种特定的信息前，一种或一些预处理往往被采用来使图像满足后继方法的要求。例如：

- 二次取样保证图像坐标的正确；
- 平滑去噪来滤除感知器引入的设备噪声；
- 提高对比度来保证相关信息可以被检测到；
- 调整尺寸空间使图像结构适合局部应用。

3. 特征提取

从图像中提取各种复杂度的特征。例如：

- 线、边缘提取；
- 局部化的特征点检测如边角检测、斑点检测；
- 更复杂的特征可能与图像中的纹理形状或运动有关。

4. 检测分割

在图像处理过程中，有时会需要对图像进行分割来提取有价值的用于后继处理的部分，例如：

- 筛选特征点；
- 分割一幅或多幅图片中含有特定目标的部分。

5. 高级处理

到了这一步，数据往往具有很小的数量，例如图像中经先前处理被认为含有目标物体的部分。这时的处理包括：

- 验证得到的数据是否符合前提要求；
- 估测特定系数，比如目标的姿态、体积；
- 对目标进行分类。

高级处理有理解图像内容的含义，是计算机视觉中的高阶处理，主要是在图像分割的基础上再对分割出的图像块进行理解，例如进行识别等操作。

7.2 人脸识别

人脸识别问题的分类，包括图像分类、图像检测、图像分割、图像问答等应用。

7.2.1 人脸识别概念

1. 人脸检测

人脸检测也属于图像检测。人脸检测对图片中的人脸进行定位。人脸检测的核心技术包括：

① 人体检测与追踪。

② 五官关键点检测。

③ 人脸像素解析。

④ 表情、性别、年龄、种族分析。

⑤ 活体检测与验证。

⑥ 人脸识别、检索。

2. 人脸关键点、跟踪、活体验证

人脸关键点检测也称为人脸关键点检测、定位或者人脸对齐，是指给定人脸图像，定位出人脸面部的关键区域位置，包括眉毛、眼睛、鼻子、嘴巴、脸部轮廓等。关键点通过72个关键点描述五官的位置，来进行人脸跟踪，普通配置的安卓手机可以做到实时跟踪。活体检测通过眨眼、张嘴、头部姿态旋转角变化，验证是否真人在操作，防止用静态图片欺骗计算机。

3. 人脸语义分割

人脸语义分割是计算机能识别某一个像素点属于哪个语义区域，人脸语义分割比图片分割更精细。如一段视频中有一人在说话，计算机能实时识别这个人脸部的各个区域，包括头发、眉毛、眼睛、嘴唇等，并对脸部进行美白、加唇彩等操作。

4. 人脸属性分析

人脸属性指的是根据给定的人脸判断其性别、年龄和表情等。把人脸各个区域识别出来后，可以做人脸属性分析，如判别人脸的性别、是否微笑、美丑程度、种族、年龄等。

5. 人脸识别

人脸识别可以验证图像是否为同一人，有以下两种验证类型。

① 验证两张图片中的人是否为同一人，人在不同妆容、不同年龄下会显示不同的状态。

② 1:*N*识别，检测人脸图片是人脸库中的图片。

2015—2016年人脸识别国际权威数据集LFW 6000对1:1验证错误率，如表7-1所示。

表 7-1　2015—2016 年人脸识别国际权威数据集 LFW 6000 对 1:1 验证错误率

公司	识别错误率	公司	识别错误率
Baidu IDL	0.23%	Face++	0.50%
Tencent	0.35%	Human	0.80%
Google	0.37%	Facebook	1.63%
香港中文大学	0.47%	MSRA	3.67%

表7-1显示，人类（Human）的错误率为0.8%，大多数人工智能算法已经超越了人类的水平。

7.2.2 人脸识别应用

人脸识别已经在很多领域取得了非常广泛的应用，按应用的方式来划分，可以归为以下4类。

人证对比：金融核身、考勤认证、安检核身、考试验证等。

人脸识别：人脸闸机、VIP识别、明星脸、安防监控等。

人脸验证：人脸登录、密码找回、刷脸支付等。

人脸编辑：人脸美化、人脸贴纸等。

1．人脸美化应用

通过人脸美化和贴纸产品，能把人脸五官的关键点检测出来，然后进行瘦脸、放大眼睛、美白皮肤，并可加上一些小贴纸。

2．人证对比

人证对比是把人脸图像和身份证上的人脸信息进行对比，来验证是否为本人。

这种系统一般是先进行人脸、证件的采集，在登录或其他场景中，用前端的拍照图片和后端的图片进行对比，来验证身份。

人脸闸机产品方案包括刷脸入园、入住、就餐、防止黄牛倒票、防止一票多人共用等。

3．金融保险应用

互联网金融行业中通过对人脸的识别来开展办卡等业务，金融行业中的人脸识别流程如图7-4所示，包括：

（1）通过文字、语音引导，提高用户认知。

（2）通过位置引导，提高检测成功率。

（3）通过产品策略，提高照片质量。

（4）通过惯性动作，降低交互成本，确保是“活人”且是本人。

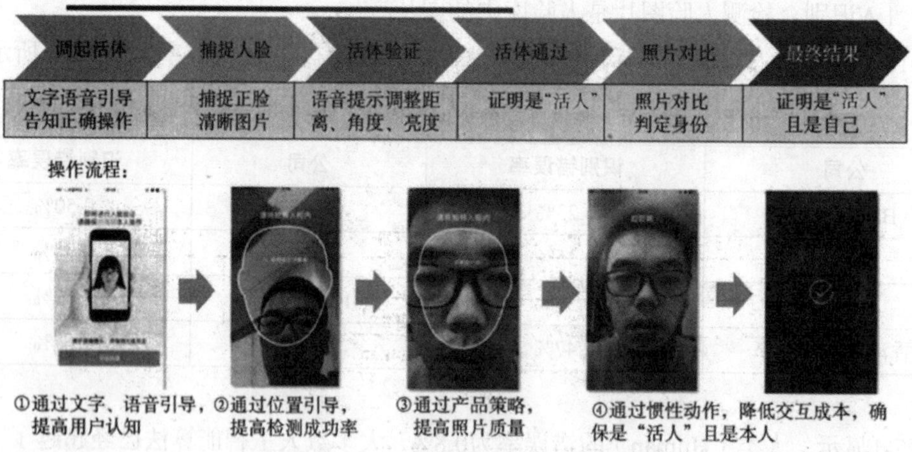

图7-4　金融行业中的人脸识别流程

采用动作配合式活体，在客户端做质量和活体检测，业务自动审核率为90%。

从保险公司的角度来看，商业保险极为敏感，如果不设立一定的门槛，骗保、造假事件很容易发生，因此保险公司的业务包括投保、回执、保全、回访等几个方面。

投保：符合条件的投保客户线下或线上手动输入客户信息，不符合条件的投保客户寻求代理人。

回执：线下客户保单签字，分支机构扫描、录入，并存入总部系统。

保全：基于保单客户贷款、客户信息变更、受益人变更等均为线下完成。

回访：线下客户填写回访问卷，保险人员当日取回，保险人员隔日邮寄。

从客户的角度来看，买保险最麻烦的问题就是拿着身份证、户口本及一系列材料去保险公司“证明自己是自己”。特别是在理赔的时候，更是处处需要交证明材料，体验感很差，以至于很多时候，繁杂的审核已经成为客户不太愿意购买商业保险的重要原因之一。

有了人脸识别技术，首先它方便快捷，可以缩短流程。比如老人行动不便，无法到社保中心、保险公司进行现场身份确认，通过人脸识别的方式可以节约时间成本。以前买保险为了更换一个手机号就要跑一趟柜台，还要提供各式各样的身份证件以此验明正身，但是通过人脸识别可以减少过去很多复杂的流程。

其次，人脸识别的安全性更高，身份验证可以做到准确无误，避免了骗保等恶劣情况的发生。过去保险行业时常出现冒用身份或者是虚假身份证明的情况，但是采用人脸识别、活体检测技术会杜绝这类情况的发生。在投保过程中，只需要客户本人进行身份信息录入，通过人脸识别判断是否为本人，不符合条件的客户无法找代理人进行投保，降低伪保率。这样既减少了用户的时间成本，也降低了保险公司的人力、时间成本。

另外，保险公司借助人脸识别技术之后便可以建起完整的体验闭环，将人脸识别应用到更加复杂的服务之中。因为人脸识别技术不仅可以运用在用户购买保险的过程中，在未来还可以运用在其他业务环节里。未来无论是投保、核保、保全、理赔等，都可以直接在手机上完成，提高用户和保险公司双方的效率。

4. 安防交通应用

（1）景区人脸闸机

景区人脸闸机实现了景区门禁智能化管理，满足景区各类场景下游客的入园门禁和服务验证需求，大幅提升了景区效率与游客体验。

（2）高铁站人脸闸机

刷脸进高铁站，采用的是相当精准的人脸识别技术。在终端的上方有一个摄像头，下面有一个车票读码器和身份证读取器，在系统插入身份证和蓝色实名制磁卡车票，扫描自己的面部信息，与身份证芯片里的高清照片进行比对，验证成功后即可进站，就算化了妆或戴了美瞳也完全没有影响，照样识别成功，全过程最快仅需5秒钟。

5. 公安交警

（1）抓拍交通违法

目前已经有多个城市启动了人脸抓拍系统，红灯亮起后，若有行人仍越过停止线，系统会自动抓拍4张照片，保留15秒视频，并截取违法人头像。该系统与公安系统中的人口信息管理平台联网，因此能自动识别违法人的身份信息。

（2）抓捕逃犯

通过预先录入在逃人员的图像信息，当逃犯出现在布控范围内时，摄像头捕捉到逃犯的面部信息，之后通过和后端数据库进行比对，确认他和数据库中的逃犯是同一个人，系统就会发出警告信息。

7.3 图像识别

图像识别可以应用在图像分类、图像检测、图像分割、图像问答等领域。下面介绍图像识别基础知识，图像识别与深度学习、图像识别技术的应用。

7.3.1 图像识别基础知识

1. 图像识别问题的类型

从机器学习的角度来看，图像识别的基本问题有分类、检测、回归等。以图7-5中的一张汽车图片为例，我们可以向人工智能系统提出以下问题：

（1）这张图中的车是什么汽车？这是计算机视觉中的分类问题。

（2）这张图中有没有车模？这是计算机视觉中的目标检测问题。

（3）这辆汽车值多少钱？这是一个回归问题。

图7-5 汽车专题问答

2. 通用图像识别应用

让计算机代替人类说明图像的类别，在整理图像时，可快速判断图像主体的类型，对图像分类非常有用。

3. 图像检测应用

图像检测是指计算机能识别图片里的主体，并能定位主体的位置。例如，无人驾驶汽车应用了图像检测技术，车辆行驶时可以快速判断路上的其他车辆。

4. 图像分割应用

图像分割是指计算机能识别某一个像素点属于哪个语义区域，比如一张图片里包含摩托车、汽车和人，计算机能识别出某一个像素点是属于摩托车、汽车的，还是人的。

5. 图像问答应用

图像问答指的是对图片提问，计算机能识别图片中的内容和颜色等主题。例如，可根据不同的场景图片提问"这张图是什么""这个男人在干什么""桌子上面有什么"等。

7.3.2 图像识别与深度学习

1. 图像的特征表示

图像识别早期的方法是，先提取图像的特征，再用分类函数进行处理。如一张汽车图片，先提取底层特征，包括直方图、轮廓、边角的特征等，再进行分类，但效果并不好。

随着技术的发展，进行了优化，先提取图像的特征，后进行中层特征表示，再用分段函数处理。中层特征表示有很多表示方式，如弹簧模型、磁带模型、金字塔模型等。

以此类推，在中层特征表示后，又添加了高层特征表示，计算机自己来提取特征。

2. 卷积神经网络

卷积神经网络会把一个图像分成不同的卷积核，每个卷积核会提取图像不同部分或不同类型的特征，再将特征综合在一起进行分类，得到更好的效果。

3. 图像训练数据

为达到好的效果，提升图像识别的精度，数据是非常重要的。为达到理想的效果，需要上万类别、千万级别的图片。

4. 更深更强的神经网络

（1）LeNet-5模型是Yann LeCun教授于1998年提出的第一个成功应用于数字识别问题的卷积神经网络。

（2）Alex是在2012年提出的AlexNet网络结构模型，可以成功处理上千类别、上百万张的图片。

（3）GoogLeNet是2014年Christian Szegedy提出的一种全新的深度学习结构，能更高效地利用计算资源，在相同的计算量下能提取到更多的特征，提升训练结果。

7.3.3 图像识别技术的应用

这里以百度图像识别的应用为例，介绍图像识别技术的应用。

1. 图像猜词

以百度图像猜词为例，其中包括4万个类别，其在技术上采用了深度卷积神经网络。其应用包括百度的图像识别，为识图、图搜、图片风巢提供视觉语义特征。

百度图像猜词构建了世界上最大的图像识别训练集合，总共有10万类别及1亿张图片，是最大公开数据集ImageNet库的10倍，识别精度居世界领先。

2. 识别万物

百度识别万物流程示意如图7-6所示。用手机拍照，上传动植物图片，会显示出动植物名称和对比图，有时还有花语诗词、植物趣闻等丰富内容。其中，微软识花、花伴侣、形色、识花君等是效果较好的应用软件。

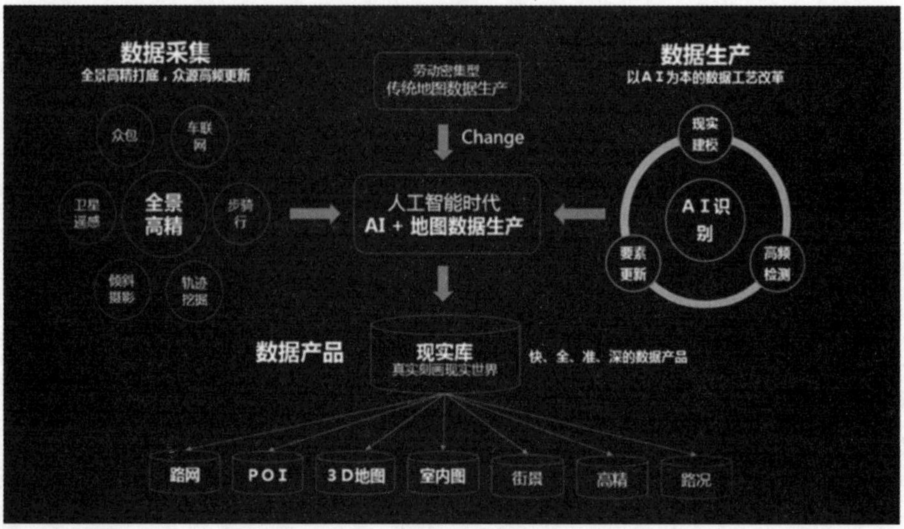

图7-6　百度识别万物流程示意

3. 相册整理

百度理理相册是一款简单实用的相册管理兼图片处理APP，简单操作可批量管理手机内的照片，具有图片瘦身、加密隐私图片、查找相似图片等人性化功能。

相册管理："理理相册"会自动帮你分析相册的场景，比如家、街道、花园，也可以自己设置图片类型。其搜索功能也很丰富。

相片处理："理理相册"可以弥补系统相册的不足，让照片得到更美观、直接的呈现。可以调色（亮度，色阶渐变）、工具（裁剪，抠图，文字矫正）、滤镜（人像，复古，风景）、人像（瘦身，瘦脸，牙齿美白）、特效（画中画，倒影）、装饰（贴纸，边框，光效）、文字（水印，气泡），足够多的场景选择。

4. 鉴黄

以前的鉴黄手段都是通过人工来审查的，效率很低。通过图像识别技术，每天能检测百万量级这类视频和千万量级这类图片。

5. 未来发展

现有的图像识别技术还不能理解图像深层次想要表达的语义，这也是图像识别技术未来的发展方向。百度的智能出图（基于网民搜索意图和广告主推广意图智能出图）、基于图片内容的主体识别（在有限的区域内展现最有价值的内容）、图片低质量过滤（智能处理和过滤客户网站各类图片，选出高质量候选图片），都是较好的应用。

7.4 文字识别

计算机文字识别，又称光学字符识别，它利用光学技术和计算机技术把印在或写在纸上的文字读取出来，并转换成一种计算机能够接受、人又可以理解的格式，这是实现文字高速录入的一项关键技术，如图7-7所示为利用手机APP识别文字信息。

图7-7 利用手机APP识别文字信息

7.4.1 OCR基本概念

1. OCR的含义

OCR（Optical Character Recognition，光学字符识别）是计算机视觉中最常用的方向之一，目的是让计算机跟人一样能够看图识字。即针对印刷体字符，采用光学的方式将纸质文档中的文字转换成为黑白点阵的图像文件，并通过识别软件将图像中的文字转换成文本格式，供文字处理软件进一步编辑加工。

OCR进行识别步骤一般是：文字检测→文字识别（定位、预处理、比对）→输出结果。即用电子设备（例如扫描仪、数码相机、摄像头等）检查纸上打印的字符，通过检测暗、亮的模式确定其形状，然后用字符识别方法将形状翻译成计算机文字。

OCR识别不仅可以用于印刷文字、票据、身份证、银行卡等代替用户输入的场景，还能用于反作弊、街景标注、视频字幕识别、新闻标题识别、教育行业拍题等多种场景。

文字识别服务需要千万级别的训练数据，通过深度学习算法，在数千万访问量（Page View，PV）的产品群中实践，再把实践出来的图用来训练，通过深入学习算法，不断优化模型。文字识别的后台深度学习框架通常也是使用卷积神经网络来实现的，数字识别也是一种最基本的OCR方式。

2. OCR的特性

目前，百度、阿里、科大讯飞、华为等人工智能开放平台都提供了OCR文字识别服务。其主要应用有通用文字识别与垂直场景文字识别。

（1）通用文字识别

通用文字识别支持多场景下整体文字的检测识别，支持任意场景、复杂背景、任意版面识别，支持10多种语言识别。在图片文字清晰、小幅度倾斜、无明显背光等情况下，各大平台的识别率高达90%以上。

语种支持：中、英、日、韩、葡、德、法、意、西、俄等语言。

（2）垂直场景文字识别

在垂直场景文字识别中，只需要提供身份证、银行卡、驾驶证、行驶证、车辆、营业执照、彩票、发票、拍题、打车票等即可在垂直场景下提供文字识别服务。

7.4.2 OCR常见应用

1. 金融行业应用

在金融行业中，OCR技术可以帮助企业进行身份证、银行卡、驾驶证、行驶证、营业执照等证照的识别操作，还可以进行财务年报、财务报表、各种合同等文档的识别操作。

2. 广告行业应用

OCR每天处理几千万的图像文字反作弊请求。文字识别可以帮助用户进行图像文字、视频文字反作弊，也就是识别图片上面的违规文字。OCR反作弊已经在快手、国美等企业进行应用，也在百度内部（图片搜索、广告、贴吧等）广泛使用。

3. 票据应用

在保险、医疗、电商、财务等需要大量票据录入工作等场景下，OCR可以帮助用户快速地进行各种票据录入工作。其中，泰康、太保、中电信达等企业利用OCR技术进行了票据应用，取得了较好的效果。

4. 教育行业应用

在教育等场景下，可以使用OCR进行题目识别、题目输入、题目搜索等操作。作业帮和一些教育网站提供了拍照解题功能，可以拍照上传题目，得到解答，其中少不了OCR技术的应用。

5. 交通行业应用

基于图像技术识别道路标识牌、OCR技术识别文字信息、提升地图数据生产效率与质量、助力高精地图基础数据生产，OCR还能识别驾驶证、行驶证、车牌等证照，提高用户输入效率，提升用户体验。典型应用包括百度地图、地图车生活。

6. 视频行业应用

OCR技术可以帮助用户识别视频字幕、视频新闻标题等文字信息，帮助客户进行视频标识、视频建档。

（1）视频中字幕建档

在某些需要对视频进行标注、分类、建档、商业广告插入的情境中，人工标注成本巨大，可以通过OCR技术极大地降低成本。

（2）视频中标题建档

在某些需要对视频中的新闻标题、专题文字进行标注、整理的环节中，也可以通过OCR技术来实现。

7. 翻译词典应用

首先基于OCR图像文字识别技术进行中外文识别（OCR文字识别的识别流程如图7-8所示），然后通过自然语言处理等技术实现拍照识别文字/翻译功能，可提供基于生僻字等文字识别服务，支持20 000大字库识别服务，也能帮助有生僻字识别需求的用户进行文字识别。典型应用包括百度翻译、百度词典等。

图7-8 OCR文字识别的识别流程

7.5 人体分析及应用

人体行为分析是指通过分析图像或视频的内容，达到对人体行为进行检测和识别的目的。人体行为分析在多个领域都有重要的应用，如智能视频监控、人机交互、基于内容的视频检索等。根据发生一个行为需要的人的数量，人体行为分析任务可以分为单人行为分析、多人行为分析、群体行为分析等。根据行为分析的应用场合和目的的不同，人体行为分析又包括行为分类和行为检测两大类。行为分类是指将视频或图片归入某些类别；行为检测是指检索分析是否发生了某种特定动作。

人体分析是指基于深度学习的人体识别架构，准确识别图像或视频中的人体相关信息，提供人体检测与追踪、关键点定位、人流量统计、属性分析、人像分割、手势识别等能力，并对打架、斗殴、抢劫、聚众等自定义行为设置报警规则进行报警。在安防监控、智慧零售、驾驶监测、体育娱乐方面有着广泛的应用。以下对人体分析的相关应用展开叙述。

1. 人体关键点识别

人体关键点识别能对于输入的一张图片（要求可正常解码，且长宽比适宜），检测图片中的所有人体，输出每个人体的14个主要关键点，包含四肢、脖颈、鼻子等部位，以及人体的坐标信息和数量。

2. 人体属性识别

人体属性识别能对于输入的一张图片（要求可正常解码，且长宽比适宜），检测图像中的所有人体并返回每个人体的矩形框位置，识别人体的静态属性和行为，共支持20种属性，包括性别、年龄阶段、服饰（含类别、颜色）、是否戴帽子、是否戴眼镜、是否背包、是否使用手机、身体朝向等。可用于公共安防、园区监控、零售客群分析等业务场景。

3. 手势识别

手势识别是通过数学算法来识别人类手势的一个技术，目的是让计算机理解人类的行为。手势识别一般是指识别脸部和手的运动。通过识别、理解用户的简单手势，用户就可以控制设备或与设备交互。手势识别的核心技术为手势分割、手势分析及手势识别。在百度开放接口中，手势识别功能可以识别图片中的手部位置，可以识别出23种常见的手势类型。

4. 人流量统计

人流量统计功能可以统计图像中的人体个数和流动趋势，分为静态人数统计和动态人数统计。

静态人数统计：适用于3m以上的中远距离俯拍，以头部为识别目标统计图片中的瞬时人数；无人数上限，广泛适用于机场、车站、商场、展会、景区等人群密集场所。

动态人数统计：面向门店、通道等出入口场景，以头肩为识别目标，进行人体检测和追踪，根据目标轨迹判断进出区域的方向，实现动态人数统计，返回区域进出人数。

5. 人像分割

人像分割是指将图片中的人像和背景进行分离，分成不同的区域，用不同的标签进行区分，俗称“抠图”。人像分割技术在人脸识别、3D人体重建及运动捕捉等实际应用中具有重要的作用，其可靠性直接影响后续处理的效果。在百度开放平台中，人像分割能精准识别图像中的人体轮廓边界，适应多个人体、复杂背景。可将人体轮廓与图像背景进行分离，返回分割后的二值图像，实现像素级分割。

6. 安防监控

实时定位追踪人体，进行多维度人群统计分析。可以监测人流量，预警局部区域人群过于密集等安全隐患；也可以识别危险、违规等异常行为（如公共场所跑跳、抽烟），及时管控，规避安全事故。其主要服务是基于人流量统计和人体属性识别。

7. 智慧零售

智慧零售统计商场、门店出入口的人流量，识别入店及路过客群的属性特征，收集消费者画像，分析消费者行为轨迹，支持客群导流、精准营销、个性化推荐、货品陈列优化、门店选址、进销存管理等应用。其主要服务是基于人流量统计和驾驶行为分析。

8. 驾驶监测

驾驶监测针对出租车、货车等各类营运车辆，实时监控车内情况；识别驾驶员抽烟、使用手机等危险行为，及时预警，降低事故发生率；快速统计车内乘客数量，分析空座、超载情况，节省人力，提升安全性。其主要服务是基于人流量统计和驾驶行为分析。

9. 体育娱乐

体育娱乐根据人体关键点信息，分析人体姿态、运动轨迹、动作角度等，辅助训练、健身，提升教学效率；借助视频直播平台，可增加身体道具、手势特效、体感游戏等互动形式，丰富娱乐体验。其主要服务是基于人体关键点识别、人像分割、手势识别。

7.6 讯飞开放平台使用方法和途径

为了更好地理解计算机视觉技术，我们可以通过讯飞开放平台（https://www.xfyun.cn）来轻松实现人脸识别、手写文字识别等应用（讯飞开放平台页面如图7-9所示）。

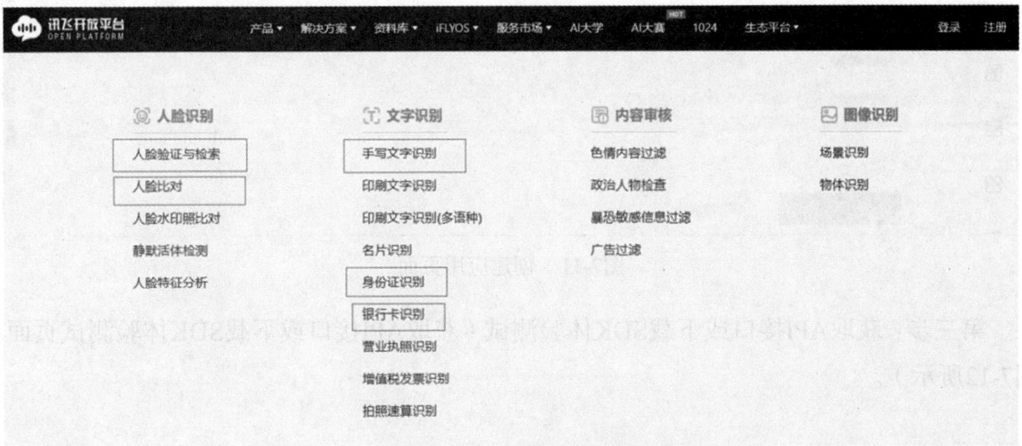

图7-9 讯飞开放平台页面

第一步：注册登录平台（注册登录页面如图7-10所示）；

图7-10　注册登录页面

第二步：创建应用（创建应用页面如图7-11所示）；

图7-11　创建应用页面

第三步：获取API接口或下载SDK体验测试（获取API接口或下载SDK体验测试页面如图7-12所示）。

图7-12　获取API接口或下载SDK体验测试页面

7.7　案例实现：公司会展人流统计

1．项目描述

小张是公司的营销人员，经常参加各种展览会，布置公司的展品。但是他有一个遗憾：想知道各个展品对客户们的吸引力，但是却无从下手。有心坐在展品前慢慢统计人数，但却没那么多精力。于是他找到了公司的技术人员小军，请他来出谋划策。

小军给出的方案是：在每个展品前布置一个摄像头，记录下往来人员，并借用人工智能开放平台的接口来识别和统计图像当中的人体个数。本项目完成静态统计功能，有兴趣的读者可以尝试追踪和去重功能，即可传入监控视频抓拍图片序列，实现动态人数统计和跟踪功能。

项目实施的详细过程可以通过扫描二维码，观看具体操作过程的讲解视频。

2．相关知识

项目要求：

· 网络通信正常。

· 环境准备：安装Spyder等Python编程环境。

· SDK准备：按照附录B的要求，安装过百度人工智能开放平台的SDK。

· 账号准备：按照附录B的要求，注册过百度人工智能开放平台的账号。

3．项目设计

· 创建应用以获取应用编号AppID、AK、SK。

· 准备本地或网络图片。
· 在Spyder中新建人体分析项目BaiduBody。
· 代码编写及编译运行。

4．项目过程

（1）创建应用以获取应用编号AppID、AK、SK

① 在百度人工智能开放平台页面左侧有相应的应用，是百度机器学习，是语音技术，是云呼叫中心，是人脸识别，是文字识别，是图像识别，是人体分析，是自然语言处理。

本项目要进行人体分析，因此单击“”人体分析按钮，进入“创建应用”界面。

② 单击“创建应用”按钮，进入“创建新应用”界面，如图7-13所示。

图7-13　创建新应用

应用名称：人体分析。
应用描述：我的人体分析。
其他选项采用默认值。

③ 单击“立即创建”按钮，进入如图7-14所示的界面。

图7-14　查看应用详情

单击“查看应用详情”按钮，可以看到AppID等三项重要信息，应用详情如表7-2所示。

表 7-2　应用详情

应用名称	AppID	API Key	Secret Key
文字识别	17365296	GuckOZ5in7y2wAgvauTGm6jo	*******显示

④ 记录下AppID、API Key和Secret Key的值。

（2）准备素材

读者可以准备一幅人流密集的图片，也可以从网上下载图片，如图7-15所示。

图7-15　素材图片

（3）在Spyder中新建图片分类项目BaiduBody

在Spyder开发环境中选择左上角的“File”→“New File”选项，新建项目文件，默认文件名为untitled0.py，继续在左上角选择“File”→“Save as”选项，保存为“HumanNum.py”文件，文件路径可采用默认值。

（4）代码编写及编译运行

在代码编辑器中输入参考代码如下：

```
# 1.从 aip 中导入人体检测模块 AipBodyAnalysis
from aip import AipBodyAnalysis

# 2.复制粘贴你的 AppID、AK、SK 等 3 个常量，并以此初始化对象
APP_ID='你的 APPID'
API_KEY='你的 AK'
SECRET_ KEY='你的 SK'

client=AipBodyAnalysis （APP_ID， API_KEY，  SECRET_KEY）

# 3.定义本地（在 D 盘 data 文件夹下）或远程图片路径，打开并读取数据
filePath="D: \data\\Bodyimage.png "
image=open（filePath， 'rb'）.read（）

# 4.直接调用图像分类中的人体识别接口，并输出结果
result= client. bodyNum（image）

# 5 输出处理结果
print （result）
```

5. 项目测试

在工具栏中单击“▶”按钮，编译执行程序，将输出人数统计信息。在“IPython console”

窗口中可以看到人数统计结果如图7-16所示，person_num的值为5。

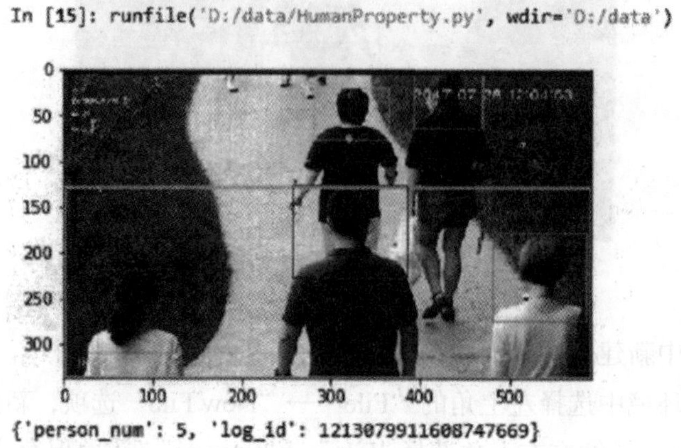

图7-16　人数统计结果

6. 项目小结

本项目利用百度人工智能开放平台实现了人数统计的功能。在此基础上，读者可以进一步探索：能否识别人员年龄、性别等其他信息？

事实上，人体分析模块AipBodyAnalysis可以识别性别、年龄阶段、服饰（含类别、颜色）、是否戴帽子、是否戴眼镜、是否背包、是否使用手机、身体朝向等信息。只要修改代码中的client.bodyNum（ ）方法，将其修改为client.bodyAttr（ ）方法，读者应该能很轻松地实现其他更丰富的功能。

另外，如果需要更复杂的应用，比如需要实现人体追踪功能时，可以使用client.bodyTracking（ ）方法，调整输入参数即可。

7.8　应用场景

7.8.1　视频/监控分析

人工智能技术可以对结构化的人、车、物等视频内容信息进行快速检索、查询。这项应用使得公安系统在繁杂的监控视频中找到罪犯成为可能。在大量人群流动的交通枢纽，该技术也被广泛用于人群分析、防控预警等。

视频/监控领域盈利空间广阔，商业模式多种多样，既可以提供行业整体解决方案，也可以销售集成硬件设备。将人工智能技术应用于视频/监控领域，在人工智能公司中正在形成一种趋势，这项技术应用将率先在安防、交通甚至零售等行业掀起应用热潮，如图7-17所示为我国的交通监控系统——“海燕系统”。

图7-17　我国的交通监控系统——“海燕系统”

7.8.2　工业视觉检测

机器视觉可以快速获取大量信息，并进行自动处理。在自动化生产过程中，人们将机器视觉系统广泛应用于工况监视、成品检验和质量控制等领域。

机器视觉系统能提高生产的柔性和自动化程度，常用在一些危险的工作环境或人工视觉难以满足要求的场合；此外，在大批量工业生产的过程中，机器视觉检测可以大大提高生产效率和生产的自动化程度，如图7-18所示为国产的新一代工业视觉设备。

图7-18　国产的新一代工业视觉设备

7.8.3 医疗影像诊断

医疗数据中有超过90%的数据来自医疗影像。医疗影像领域拥有海量数据，医疗影像诊断可以辅助医生进行诊断，提高医生的诊断效率，如图7-19所示为人工智能检测肿瘤病理图像结果。

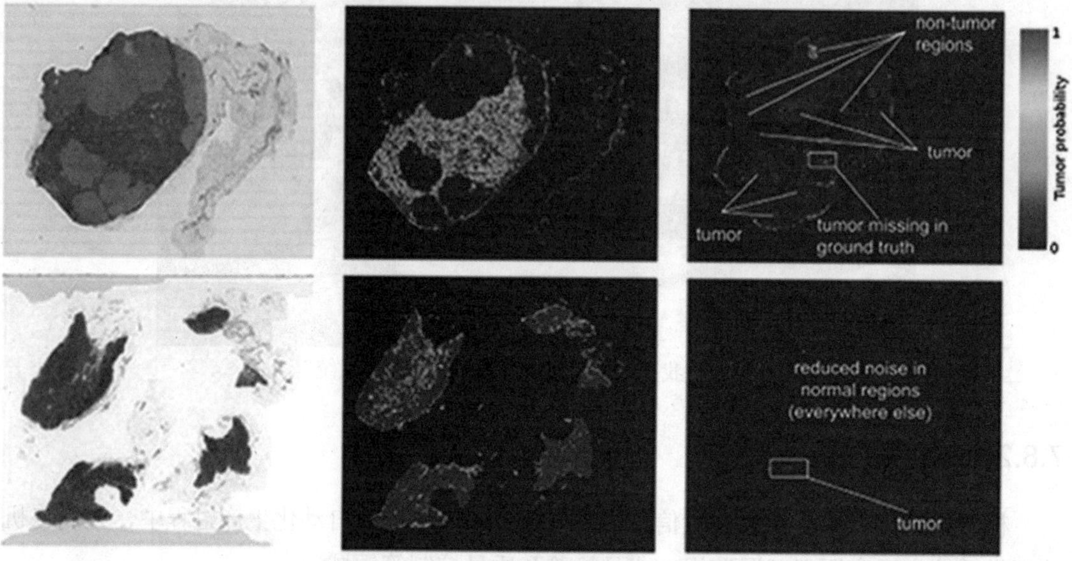

图7-19 人工智能检测肿瘤病理图像结果

本章小结

本章详细介绍了人工智能中最热门的研究方向之一，即计算机视觉方向，详细介绍了计算机视觉的概念、应用。本章还配备了相应的项目，读者不仅可以学习到图像处理技术及应用，还能自己动手，体验计算机视觉的具体应用。通过本章的学习，读者能够了解计算机视觉技术及典型应用。

课后习题

一、选择题

1. 文字识别的英文OCR，是哪个的缩写？（　　）

A. Optical Character Recognition　　B. Oval Character Recognition

C. Optical Chapter Recognition　　D. Oval Chapter Recognition

2. 百度OCR服务的Python SDK中，提供服务的类名称是（　　）。

A. BaiduOcr　　B. OcrBaidu　　C. AipOcr　　D. OcrAip

3. 某HR有公司特制的纸质个人信息表，希望通过文字识别技术快速录入计算机，最好可以采用百度的（　　）服务。

A. 通用文字识别　　B. 表格文字识别

C. 名片识别　　　　　　　　　　D. 自定义模板文字识别

4. 在一堆有关动物的图片中，需要选择出所有包含狗的图片，并框选出狗在图片中的位置，这类问题属于（　　）。

A. 图像分割　B. 图像检测　C. 图像分类　D. 图像问答

5. 在一堆有关动物的图片中，根据不同动物把图片放到不同组，这类问题属于（　　）。

A. 图像分割　B. 图像检测　C. 图像分类　D. 图像问答

6. 在一堆有关动物的图片中，把动物和周围的背景分离，单独把动物图像抠出来，这类问题属于（　）。

A. 图像分割　B. 图像检测　C. 图像分类　D. 图像问答

7. 在一堆有关动物的图片中，针对每个图片回答是什么动物在做什么，这类问题属于（　　）。

A. 图像分割　B. 图像检测　C. 图像分类　D. 图像问答

8. 特别适合于图像识别问题的深度学习网络是（　　）。

A. 卷积神经网络　　　　　　　　B. 循环神经网络

C. 长短期记忆神经网络　　　　　D. 编码网络

9. 百度图像识别服务的Python SDK中，提供服务的类名称是（　）。

A. BaiduImageClassify　　　　　B. ImageClassifyBaidu

C. AipImageClassify　　　　　　D. ImageClassifyAip

10. 某美食网站，希望把网友上传的美食图片进行更好的分类并展示给用户，最好可以采用百度的（　）服务。

A. 通用物体识别　　　　　　　　B. 菜品识别

C. 动物识别　　　　　　　　　　D. 植物识别

11. 在通过手机进行人脸认证的时候，经常需要用户完成眨眼、转头等动作。这里采用了人脸识别的（　　）技术。

A. 人脸检测　B. 人脸分析　C. 人脸语义分割　D. 活体检测

12. 通过人脸图片，迅速判断出人的性别、年龄、种族、是否微笑等信息。这属于人脸识别中的（　　）技术。

A. 人脸检测　B. 人脸分析　C. 人脸语义分割　D. 活体检测

13. 很多景区开放人脸检票时，经常需要比对当前游客是否已经买票。这里用到了（　　）技术。

A. 人脸搜索　B. 人脸分析　C. 人脸语义分割　D. 活体检测

14. 百度人脸识别服务的Python SDK中，提供服务的类名称是（　　）。

A. AipFace　B. FaceAip　C. BaiduFace　D. FaceBaidu

15. 通过监控录像，实时监测机场、车站、景区、学校、体育场等公共场所的人流量，及时导流，预警核心区域人群过于密集等安全隐患。这里可以借助（　　）技术。

A. 人流量检测　　　　B. 人体关键点识别

C. 人体属性识别　　　　D. 人像分割

16. 在视频直播或者拍照过程中，结合用户的手势（如点赞、比心），实时增加相应的贴纸或特效，丰富交互体验。这里可以采用（　　）技术来实现。

A. 人体关键点识别　　　　B. 手势识别

C. 人脸语义分割　　　　D. 人像分割

17. 在体育运动训练中，根据人体关键点信息，分析人体姿态、运动轨迹、动作角度等，辅助运动员进行体育训练，分析健身锻炼效果，提升教学效率。这里可以采用（　　）技术来实现。

A. 人体关键点识别　　　　B. 手势识别

C. 人脸语义分割　　　　D. 人像分割

18. 百度人脸识别服务的Java SDK中，提供服务的类名称是（　　）。

A. AipBody　　　　B. AipBodyAnalysis

C. BaiduBody　　　　D. BaiuBodyAnalysis

二、填空题

1. 我们可以调用的技能包括通用物体识别、人脸对比、人脸检测与属性分析、人体关键点识别等。通过手机进行美颜功能时，可以对人脸进行美白、涂唇彩等，可以借助人脸识别的________、________技术。

2. 在计算机视觉中，有关于人体分析技术有人脸检测、人体关键点识别、人体属性识别、人像分割等。通过监控录像，实时监测定位人体，判断特殊时段、核心区域是否有人员入侵，并识别特定的异常行为，及时预警管控。这里可以借助________、________、________技术。

三、简答题

1. 结合你的日常生活，想一下文字识别有哪些应用?

2. 根据你的了解，写出至少3个你身边的图像识别应用。

3. 根据你的了解，写出至少3个你身边的人脸识别应用。

4. 根据你的了解，写出至少3个你身边的人体识别应用。

第8章　智能机器人

内容导读

智能机器人在生活中随处可见，扫地机器人、陪伴机器人……这些机器人不管是跟人语音聊天，还是自主定位导航行走、安防监控等，都离不开人工智能技术的支持。智能机器人之所以叫智能机器人，就是因为它有相当发达的“大脑”。在“大脑”中起作用的是中央处理器，这种计算机跟操作它的人有直接的联系。更主要的是，这样的计算机可以完成按目的安排的动作。正因为这样，我们才说这种机器人是真正的机器人，尽管它们的外表可能有所不同。

智能机器人内容导读如图8-1所示。

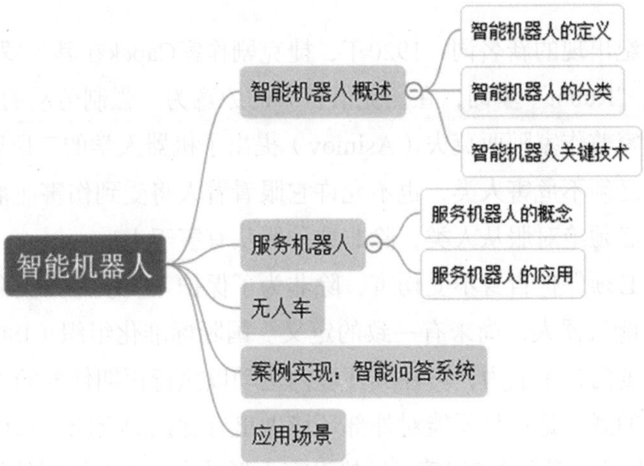

图8-1　智能机器人内容导读

8.1　智能机器人概述

智能机器人基于人工智能技术，把计算机视觉、语音处理、自然语言处理、自动规划等技术及各种传感器进行整合，使机器人拥有判断、决策的能力，能在各种不同的环境中处理不同的任务。

智能机器人凭借其发达的“大脑”，在指定环境内按照相关指令智能执行任务，在一定程度上取代人力，提升体验。扫地机器人、陪伴机器人、迎宾机器人等智能机器人在生活中随处可见，这些机器人能跟人语音聊天、能自主定位导航行走、能进行安防监控等，从事着一些脏、累、烦、险、精的工作。

构成智能机器人的基础可分为硬件系统与软件系统，包括三大核心技术，分别为定位导航系统、人机交互系统和环境交互系统。智能机器人的技术与应用框架如图8-2所示。

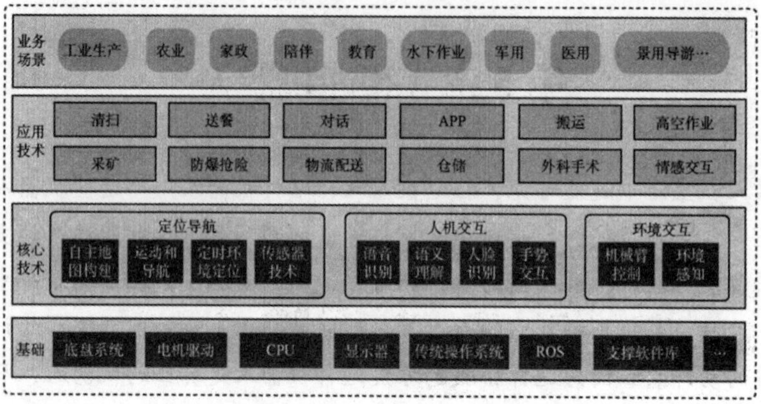

图8-2　智能机器人的技术与应用框架

8.1.1　智能机器人的定义

机器人是20世纪出现的新名词，1920年，捷克剧作家Capek在其《罗萨姆万能机器人》剧本中首次提出了“Robot”单词，在捷克语言中的原意为“强制劳动的奴隶机器”。

1942年，科学家兼作家阿西莫夫（Asimov）提出了机器人学的三原则：

第一，机器人必须不危害人类，也不允许它眼看着人将受到伤害而袖手旁观。

第二，机器人必须绝对服从人类，除非这种服从有害于人。

第三，机器人必须保护自身不受伤害，除非为了保护人类或是人类命令它做出牺牲。

当然，对于智能机器人，尚未有一致的定义。国际标准化组织（ISO）对机器人的定义是：具有一定程度的自主能力，可在其环境内运动以执行预期任务的可编程执行机构。而国内的部分专家的观点是：只要能对外部环境做出有意识的反应，都可以称为智能机器人，如小米的小爱同学、苹果的Siri等，虽然没有人形外表，也不能到处行走，但也可以称为智能机器人。

我们从广泛意义上理解所谓的智能机器人，它给人的最深刻的印象是一个独特的进行自我控制的“活物”。其实，这个自控“活物”的主要器官并没有像真正的人那样微妙而复杂。

智能机器人具备形形色色的内部信息传感器和外部信息传感器，如视觉、听觉、触觉、嗅觉。除了感受器，它还有效应器，作为作用于周围环境的手段，这就是筋肉，或称自整步电动机，它们使手、脚、鼻子、触角等动起来。由此可知，智能机器人至少要具备三个要素：感觉要素，反应要素和思考要素。

1. 感觉要素

感觉要素指的是智能机器人感受和认识外界环境，进而与外界交流的能力。感觉要素包括视觉、听觉、嗅觉、触觉，利用摄像机、图像传感器、超声波传感器、激光器等内部信息传感器和外部信息传感器来实现功能。感觉要素是对人类的眼、鼻、耳等五官及肢体功能的模拟。

2. 反应要素

反应要素也称为运动要素，是智能机器人能够对外界做出反应性动作，完成操作者表达的命令，主要是对人类的四肢功能的模拟。运动要素通过机械手臂、吸盘、轮子、履带、支脚等来实现。

3. 思考要素

思考要素是智能机器人根据感觉要素所得到的信息，对下一步采用什么样的动作进行思考。智能机器人的思考要素是三个要素中的关键，是对人类大脑功能的模拟，也是人们要赋予机器人的必备要素。思考要素包括判断、逻辑分析、理解等方面的智力活动。

8.1.2 智能机器人的分类

由于智能机器人在各行各业都有不同的应用，很难对它们进行统一的分类。可以从机器人的智能程度、形态、使用途径等不同的角度对智能机器人进行分类。

1. 按智能程度分类

智能机器人根据其智能程度的不同，可分为传感型、交互型、自主型智能机器人三类。

（1）传感型智能机器人

传感型智能机器人又称外部受控机器人，机器人的本体上没有智能单元，只有执行机构和感应机构，它具有利用传感信息（包括视觉、听觉、触觉、力觉和红外、超声及激光等）进行传感信息处理、实现控制与操作的能力。它受控于外部计算机，在外部计算机上具有智能处理单元，处理由受控机器人采集的各种信息以及机器人本身的各种姿态和轨迹等信息，然后发出控制指令指挥机器人的动作。目前机器人世界杯的小型组比赛使用的机器人就属于这样的类型。

（2）交互型智能机器人

交互型智能机器人通过计算机系统与操作员或程序员进行人机对话，实现对机器人的控制与操作。虽然具有了部分处理和决策功能，能够独立地实现一些诸如轨迹规划、简单的避障等功能，但是还要受到外部的控制。

（3）自主型智能机器人

自主型智能机器人在设计制作之后，无需人的干预，机器人能够在各种环境下自动完成各项拟人任务。自主型智能机器人的本体上具有感知、处理、决策、执行等模块，可以像一个自主的人一样独立地活动和处理问题。机器人世界杯的中型组比赛中使用的机器人就属于这一类型。全自主移动机器人的最重要的特点在于它的自主性和适应性，自主性是指它可以在一定的环境中，不依赖任何外部控制，完全自主地执行一定的任务。适应性是指它可以实时识别和测量周围的物体，根据环境的变化，调节自身的参数，调整动作策略及处理紧急情况。交互性也是自主机器人的一个重要特点，机器人可以与人、外部环境及其他机器人之间进行信息的交流。由于全自主移动机器人涉及诸如驱动器控制、传感器数据融合、图像处理、模式识别、神经网络等许多方面的研究，所以能够综合反映一个国家在制造业和人工智能等方面的水平。因此，许多国家都非常重视全自主移动机器人的研究。

智能机器人的研究从20世纪60年代初开始，经过几十年的发展，目前，基于感觉控制的智能机器人（又称第二代机器人）已达到实际应用阶段，基于知识控制的智能机器人（又称自主机器人或下一代机器人）也取得较大进展，已研制出多种样机。

2．按照形态分类

（1）仿人智能机器人

模仿人的形态和行为而设计制造的机器人就是仿人智能机器人，一般分别或同时具有仿人的四肢和头部。仿人智能机器人一般根据不同的应用需求被设计成不同的形状和功能，如步行机器人、写字机器人、奏乐机器人、玩具机器人等，如图8-3所示。仿人智能机器人研究集机械、电子、计算机、材料、传感器、控制技术等多门科学于一体，代表着一个国家的高科技发展水平。

图8-3　三种不同类型的仿人智能机器人

（2）拟物智能机器人

仿照各种各样的生物、日常使用物品、建筑物、交通工具等做出的机器人，采用非智能或智能的系统来方便人类生活的机器人，如机器宠物狗、六脚机器昆虫、轮式或履带式机器人。图8-4展示了用于家庭智能陪伴的机器宠物猪。

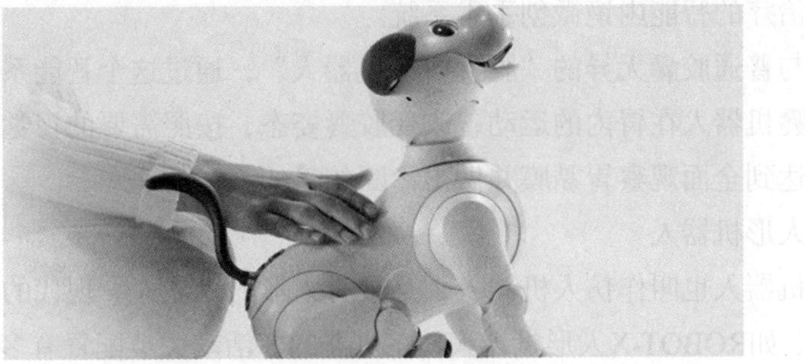

图8-4　用于家庭智能陪伴的机器宠物猪

3. 按使用途径分类

（1）工业生产型机器人

机器人的观念已经越来越多地获得生产型、加工型企业的青睐，工业机器人由操作机（机械本体）、控制器、伺服驱动系统和检测传感装置构成，是一种仿人操作、自动控制、可重复编程、能在三维空间完成各种作业的机电一体化自动化生产设备，特别适合于多品种、大批量的柔性生产，它对稳定、提高产品质量，提高生产效率，改善劳动条件和产品的快速更新换代起着十分重要的作用。

机器人并不是在简单意义上代替人工的劳动，而是综合了人的特长和机器特长的一种拟人的电子机械装置，既具备人类对环境状态的快速反应和分析判断能力，又具备机器可长时间持续工作、精确度高、抗恶劣环境的能力，从某种意义上说，它也是机器进化过程的产物，是工业以及非产业界的重要生产和服务性设备，也是先进制造技术领域不可缺少的自动化设备。

（2）特殊灾害型机器人

特殊灾害型机器人主要针对核电站事故及核、生物、化学袭击等情况而设计。远程操控机器人装有轮带，可以跨过瓦砾测定现场周围的辐射量、细菌、化学物质、有毒气体等状况并将数据传给指挥中心，指挥者可以根据数据选择污染较少的进入路线。现场人员将携带测定辐射量、呼吸、心跳、体温等数据的机器开展活动，这些数据将即时传到指挥中心，一旦发现有中暑危险或测定精神压力、发现危险性较高时可立刻指挥撤退。

（3）医疗机器人

医疗机器人是指用于医院、诊所的医疗或辅助医疗的机器人，是一种智能型服务机器人，它能独自编制操作计划，依据实际情况确定动作程序，然后把动作变为操作机构的运动。

在手术机器人领域，“达·芬奇”机器人为当前最顶尖的手术机器人，全称为“达·芬奇高清晰三维成像机器人手术系统”。“达·芬奇”手术机器人是目前世界范围最先进的应用广泛的微创外科手术系统，适合普外科、泌尿外科、心血管外科、胸外科、五官科、小儿外科等微创手术。这是当今全球唯一获得FDA（美国食品与药品监督管理局）批准应用于外科临床治疗的智能内镜微创手术系统。

还有外形与普通胶囊无异的“胶囊内镜机器人”，通过这个智能系统，医生可以通过软件来控制胶囊机器人在胃内的运动，改变胶囊姿态，按照需要的视觉角度对病灶重点拍摄照片，从而达到全面观察胃黏膜并做出诊断的目的。

（4）智能人形机器人

智能人形机器人也叫作仿人机器人，是具有人形的机器人。现代的人形机器人是一种智能化机器人，如ROBOT-X人形机器人，在机器的各活动关节配置有多达17个服务器，具有17个自由度，特别灵活，更能完成诸如手臂后摆90度的高难度动作。它还配以设计优良的控制系统，通过自身智能编程软件便能自动地完成整套动作。智能人形机器人可完成随音乐起舞、行走、起卧、武术表演、翻跟斗等杂技以及各种奥运竞赛动作，如图8-5所示。

图8-5　智能人形机器人

4. 国家政策分类

在工业和信息化部、国家发展改革委、财政部等三部委联合印发的《机器人产业发展规划（2016—2020年）》中，明确指出了机器人产业发展要推进重大标志性产品，率先突破。其中十大标志性产品包括：

（1）在工业机器人领域，聚焦智能生产、智能物流，攻克工业机器人关键技术，提升可操作性和可维护性，重点发展弧焊机器人、真空（洁净）机器人、全自主编程智能工业机器人、人机协作机器人、双臂机器人、重载AGV等6种标志性工业机器人产品，引导我国工业机器人向中高端发展。

（2）在服务机器人领域，重点发展消防救援机器人、手术机器人、智能型公共服务机器人、智能护理机器人等4种标志性产品，推进专业服务机器人实现系列化，个人/家庭服务机器人实现商品化。

智能机器人作为一种交叉融合很多学科知识的技术，几乎是伴随着人工智能所产生的。而智能机器人在当今社会变得越来越重要，越来越多的领域和岗位都需要智能机器人参与，这使得智能机器人的研究也越来越频繁。在不久的将来，随着智能机器人技术的不断发展和成熟，随着众多科研人员的不懈努力，智能机器人必将走进千家万户，更好地服务人们的生活，让人们的生活更加舒适和健康。

8.1.3　智能机器人关键技术

智能机器人的关键技术包括定位导航、人机交互和环境交互三大类，具体可以进一步划分为以下6种技术。

1．多传感器信息融合

多传感器信息融合技术是近年来十分热门的研究课题，它与控制理论、信号处理、人工智能、概率和统计相结合，为机器人在各种复杂、动态、不确定和未知的环境中执行任务提供了技术解决途径。机器人所用的传感器有很多种，根据不同用途分为内部测量传感器和外部测量传感器两大类。内部测量传感器用来检测机器人组成部件的内部状态，包括位置传感器、角度传感器、速度传感器、加速度传感器、倾斜角传感器、方位角传感器等。外部传感器包括视觉（测量、认识传感器）、触觉（接触、压觉、滑觉传感器）、力觉（力、力矩传感器）、接近觉（接近觉、距离传感器），以及角度传感器（倾斜、方向、姿势传感器）。多传感器信息融合就是指综合来自多个传感器的感知数据，以产生更可靠、更准确或更全面的信息。经过融合的多传感器系统，能够更加完善、精确地反映检测对象的特性，消除信息的不确定性，提高信息的可靠性。融合后的多传感器信息具有以下特性：冗余性、互补性、实时性和低成本性。目前多传感器信息融合方法主要有贝叶斯估计、Dempster-Shafer理论、卡尔曼滤波、神经网络、小波变换等。多传感器信息融合技术的主要研究方向有多层次传感器融合、微传感器和智能传感器和自适应多传感器融合。

（1）多层次传感器融合：由于单个传感器具有不确定性、观测失误和不完整性的弱点，因此单层数据融合限制了系统的能力和鲁棒性。对于要求高鲁棒性和灵活性的先进系统，可以采用多层次传感器融合的方法。低层次融合方法可以融合多传感器数据；中间层次融合方法可以融合数据和特征，得到融合的特征或决策；高层次融合方法可以融合特征和决策，直到最终的决策。

（2）微传感器和智能传感器：传感器的性能、价格和可靠性是衡量传感器优劣与否的重要标志，然而许多性能优良的传感器由于体积大而限制了应用市场。微电子技术的迅速发展使小型和微型传感器的制造成为可能。智能传感器将主处理器、硬件和软件集成在一起。如Par Scientific公司研制的1000系列数字式石英智能传感器，日本日立研究所研制的可以识别多达7种气体的嗅觉传感器，美国Honeywell研制的DSTJ 23000智能压差压力传感器等，都具备了一定的智能。

（3）自适应多传感器融合：在现实世界中，很难得到环境的精确信息，也无法确保传感器始终能够正常工作。因此，对于各种不确定情况，鲁棒融合算法十分必要。现已研究出一些自适应多传感器融合算法来处理由于传感器的不完善带来的不确定性。如Hong通过革新技术提出一种扩展的联合方法，能够估计单个测量序列滤波的最优卡尔曼增益。Pacini

和Kosko也研究出一种可以在轻微环境噪声下应用的自适应目标跟踪模糊系统，它在处理过程中结合了卡尔曼滤波算法。

2．导航与定位

在机器人系统中，自主导航是一项核心技术，是机器人研究领域的重点和难点问题。导航的基本任务有三个。第一，基于环境理解的全局定位：通过环境中景物的理解，识别人为路标或具体的实物，以完成对机器人的定位，为路径规划提供素材；第二，目标识别和障碍物检测：实时对障碍物或特定目标进行检测和识别，提高控制系统的稳定性；第三，安全保护：能对机器人工作环境中出现的障碍和移动物体做出分析并避免对机器人造成损伤。

机器人有多种导航方式，根据环境信息的完整程度、导航指示信号类型等因素的不同，可以分为基于地图的导航、基于创建地图的导航、无地图的导航三类。根据导航采用的硬件的不同，可将导航系统分为视觉导航和非视觉传感器组合导航。视觉导航利用摄像头进行环境探测和辨识，以获取场景中的绝大部分信息。目前视觉导航信息处理的内容主要包括视觉信息的压缩和滤波、路面检测和障碍物检测、环境特定标志的识别、三维信息感知与处理。非视觉传感器导航是指采用多种传感器共同工作，如探针式、电容式、电感式、力学传感器、雷达传感器、光电传感器等，用来探测环境，对机器人的位置、姿态、速度和系统内部状态等进行监控，感知机器人所处工作环境的静态和动态信息，使得机器人相应的工作顺序和操作内容能自然地适应工作环境的变化，有效地获取内外部信息。

在自主移动机器人导航中，无论是局部实时避障还是全局规划，都需要精确知道机器人或障碍物的当前状态及位置，以完成导航、避障及路径规划等任务，这就是机器人的定位问题。比较成熟的定位系统可分为被动式传感器系统和主动式传感器系统。被动式传感器系统通过码盘、加速度传感器、陀螺仪、多普勒速度传感器等感知机器人自身的运动状态，经过累积计算得到定位信息。主动式传感器系统通过包括超声传感器、红外传感器、激光测距仪以及视频摄像机等主动式传感器感知机器人外部环境或人为设置的路标，与系统预先设定的模型进行匹配，从而得到当前机器人与环境或路标的相对位置，获得定位信息。

3．路径规划

路径规划技术是机器人研究领域的一个重要分支。最优路径规划就是依据某个或某些优化准则（如工作代价最小、行走路线最短、行走时间最短等），在机器人工作空间中找到一条从起始状态到目标状态、可以避开障碍物的最优路径。

路径规划方法大致可以分为传统方法和智能方法两种。传统路径规划方法主要有以下几种：自由空间法、图搜索法、栅格解耦法、人工势场法。大部分机器人路径规划中的全局规划都是基于上述几种方法进行的，但这些方法在路径搜索效率及路径优化方面有待改善。人工势场法是传统算法中较成熟且高效的规划方法，它通过环境势场模型进行路径规划，但是没有考察路径是否最优。

智能路径规划方法是将遗传算法、模糊逻辑及神经网络等人工智能方法应用到路径规划中，来提高机器人路径规划的避障精度，加快规划速度，满足实际应用的需要。其中应用较多的算法主要有模糊方法、神经网络、遗传算法等，这些方法在障碍物环境已知或未知情况下均已取得一定的研究成果。

4. 机器人视觉

机器人视觉系统是自主机器人的重要组成部分，一般由摄像机、图像采集卡和计算机组成。机器人视觉系统的工作包括图像的获取、处理和分析、输出和显示，核心任务是特征提取、图像分割和图像辨识。而如何精确高效地处理视觉信息是视觉系统的关键问题。目前视觉信息处理逐步细化，包括视觉信息的压缩和滤波、环境和障碍物检测、特定环境标志的识别、三维信息感知与处理等。其中环境和障碍物检测是视觉信息处理中最重要也是最困难的过程。

边沿抽取是视觉信息处理中常用的一种方法。对于一般的图像边沿抽取，如采用局部数据的梯度法和二阶微分法等，对于需要在运动中处理图像的移动机器人而言，难以满足实时性的要求。为此人们提出了一种基于计算智能的图像边沿抽取方法，如基于神经网络的方法、利用模糊推理规则的方法，特别是Bezdek J.C教授近期全面地论述了利用模糊逻辑推理进行图像边沿抽取的意义。这种方法具体到视觉导航，就是将机器人在室外运动时所需要的道路知识，如公路白线和道路边沿信息等，集成到模糊规则库中来提高道路识别效率和鲁棒性。另外，还有人提出了将遗传算法与模糊逻辑相结合的方法。

机器人视觉是其智能化最重要的标志之一，对机器人智能及控制都具有非常重要的意义。目前国内外都在大力研究，并且已经有一些系统投入使用。

5. 智能控制

随着机器人技术的发展，对于无法精确解析建模的物理对象及信息不足的病态过程，传统控制理论暴露出缺点，近年来许多学者提出了各种不同的机器人智能控制系统。机器人的智能控制方法有模糊控制、神经网络控制、智能控制技术的融合（模糊控制和变结构控制的融合；神经网络和变结构控制的融合；模糊控制和神经网络控制的融合；智能融合技术还包括基于遗传算法的模糊控制方法）等。

近几年，机器人智能控制在理论和应用方面都有较大的进展。在模糊控制方面，Buckley等人论证了模糊系统的逼近特性，Mamdan首次将模糊理论用于一台实际机器人。模糊系统在机器人的建模、控制、对柔性臂的控制、模糊补偿控制以及移动机器人路径规划等各个领域都得到了广泛的应用。在机器人神经网络控制方面，CMCA（Cere-bella Model Controller Articulation）是应用较早的一种控制方法，其最大的特点是实时性强，尤其适用于多自由度操作臂的控制。

智能控制方法提高了机器人的速度及精度，但是也有其自身的局限性，例如机器人模糊控制中的规则库如果很庞大，推理过程的时间就会过长；如果规则库很简单，控制的精确性又会受到限制；无论是模糊控制还是变结构控制，抖振现象都会存在，这将给控制带来严重的影响；神经网络的隐藏层数量和隐藏层内神经元数的合理确定，仍是目前神经网络在控制方面所遇到的问题；另外神经网络易陷于局部极小值等问题，都是智能控制设计中要解决的问题。

6. 人机接口技术

智能机器人的研究目标并不是完全取代人，复杂的智能机器人系统仅仅依靠计算机来控制目前是有一定困难的，即使可以做到，也会因为缺乏对环境的适应能力而不实用。智能机器人系统还不能完全排斥人的作用，而是需要借助人机协调来实现系统控制的。因此，设计良好的人机接口就成为智能机器人研究的重点问题之一。

人机接口技术是研究如何使人方便自然地与计算机交流。为了实现这一目标，除了要求机器人控制器有一个友好的、灵活方便的人机界面这个最基本的目标，还要求计算机能够看懂文字、听懂语言、说话表达，甚至能够进行不同语言之间的翻译，而这些功能的实现又依赖于知识表示方法的研究。因此，研究人机接口技术既有巨大的应用价值，又有基础理论意义。目前，人机接口技术已经取得了显著成果，文字识别、语音合成与识别、图像识别与处理、机器翻译等技术已经开始实用化。另外，人机接口装置和交互技术、监控技术、远程操作技术、通信技术等也是人机接口技术的重要组成部分，其中远程操作技术是一个重要的研究方向。

【知识拓展】

奇点理论

1965年，当时还是一名高中生的美国未来学家雷蒙德·库兹韦尔，通过改装过的计算机，进行了一段有趣的艺术创作。在当时，很多人都只是觉得这名高中生很厉害，然而在46年后，也就是2011年的时候，库兹韦尔却提出了一个有趣的观点：人类正在接近计算机智能化，甚至人类文明将终结于2045年。

库兹韦尔认为，人类科学技术的发展就好像“奇点大爆炸”一样，一开始前期的发展是非常缓慢的，属于不断积蓄能量的阶段，之后，伴随着能量越来越多，最终会在某一个时刻迎来大爆炸，而对于人类来说，人工智能方面的科技大爆炸，就是人类文明灭亡的开始。

目前，人工智能大致被封为3个阶段：弱人工智能、强人工智能和超级人工智能，而从现阶段来看，人类所处的人工智能阶段是第一个阶段——弱智能阶段，说白了就是人类自己设定的程序，看起来神奇和强大，但是还差得远。

按照人类目前的发展，大约2045年左右，人类就会告别弱人工智能阶段，进入强人工智能阶段，这个时候人类的人工智能水平，已经相当于人类世界中儿童的智商了，那么，你以为接下来人类还需要多长的时间才可以抵达超级人工智能呢？

库兹韦尔认为，当强人工智能出现后，只需要1.5个小时左右的时间，它就可以进化为超级人工智能，说白了，就是这个时候已经积蓄得差不多了，正式迎来了大爆炸的阶段。

超级人工智能有多强大呢？库兹韦尔表示，它们的智商是人类的17万倍，显然，人类是无法和超级人工智能抗衡的。从2045年开始，人类文明也会走向尾声，取而代之的，是以超级人工智能为主的新文明。

8.2　服务机器人

服务机器人是机器人家族中的一个年轻成员，到目前为止尚没有一个严格的定义，不同国家对服务机器人的认识不同。一般来说，服务机器人可以分为专业领域服务机器人和个人/家庭服务机器人。

8.2.1　服务机器人的概念

国际机器人联合会经过几年的搜集整理，对服务机器人给出一个初步的定义：服务机器人是一种半自主或全自主工作的机器人，它能完成有益于人类健康的服务工作，但不包括从事生产的设备。

服务机器人的应用范围很广，主要从事维护保养、修理、运输、清洗、保安、救援、陪伴与护理等工作。智能机器人的主要应用领域有医用机器人、多用途移动机器人平台、水下机器人、清洁机器人、家族服务机器人等。

数据显示，目前，世界上至少有48个国家在发展机器人，其中25个国家已涉足服务型机器人开发。在日本、北美和欧洲，迄今已有7种类型计40余款服务型机器人进入实验和半商业化应用。

近年来，全球服务机器人市场保持较快的增长速度，根据国际机器人联合会的数据，2010年以来，全球专业领域服务机器人和个人/家庭服务机器人销售额同比增长年均超过10%。

另一个方面，全球人口的老龄化带来大量的问题，例如对于老龄人的看护，以及医疗的问题，这些问题的解决带来大量的财政负担。由于服务机器人所具有的特点，广泛使用服务机器人能够显著地降低财政负担，因而服务机器人能够被大量的应用。陪护机器人能应用于养老院或社区服务站环境，具有生理信号检测、语音交互、远程医疗、智能聊天、自主避障漫游等功能。机器人在养老院环境实现自主导航避障功能，能够通过语音和触屏进行交互。配合相关检测设备，机器人具有检测与监控血压、心跳、血氧等生理信号的功能，可无线连接社区网络并传输到社区医疗中心，紧急情况下可及时报警或通知亲人。机器人具有智能聊天功能，可以辅助老人心理康复。陪护机器人为人口老龄化带来的重大社会问题提供了解决方案。

我国在服务机器人领域的研发与日本、美国等国家相比起步较晚。在国家重大科技计划的支持下，我国在服务机器人研究和产品研发方面已开展了大量工作，并取得了一定的成绩，如哈尔滨工业大学研制的导游机器人、迎宾机器人、清扫机器人等；华南理工大学研制的机器人护理床等。

8.2.2 服务机器人的应用

据公开数据显示，目前全球工业机器人占比超过80%，军事及医学用途的特种机器人占比10%，以家庭机器人为代表的服务类机器人不足5%。而随着经济发展及老龄化社会在很多国家出现，家庭安全防范日益引起重视，养老问题形势严峻，于是以家庭为单位的兼容安全防护、养老育婴及健康服务的机器人成为目前行业中关注热点。在家庭中根据不同场景，对老龄人进行看护、服务及医疗；还有致力于儿童教育的教育机器人，能与儿童亲切自然地进行交流。从家庭安全的角度来看，安防机器人的普及应用可以明显降低家庭事故的发生概率。安防机器人可以监护家庭安全，也可以代替人进行高危项目的操作，实现主动、互动地保护儿童的人身安全行为，将成为除工业机器人外需求量最大的机器人。

1. 军事领域

智能服务机器人在国防及军事上的应用，将颠覆人类未来战争的整体格局。智能机器人一旦被用于战争，将成为人类战争的又一大杀手锏，士兵们可以利用意念操纵这些智能服务机器人进行战前侦察、站岗放哨、运送军资、实地突击等。波士顿动力公司制造出可用于军事用途的机器人。“阿凡达”的军事机器人研究计划是美国国防部想利用人工智能技术，创造出类似于“阿凡达”的智能服务机器人用于军事活动。美军测试战斗机器人如图8-6所示。

图8-6　美军测试战斗机器人

智能机器人在军事上的用途主要可以分成下面六类。

（1）用于直接执行战斗任务

用机器人代替一线作战的士兵，以降低人员伤亡和流血，这是目前美国、俄罗斯等国研制机器人时最受重视的研究方向。这类机器人包括固定防御机器人、步行机器人、反坦克机器人、榴炮机器人、飞行助手机器人、海军战略家机器人等。类似的作战机器人还有徘徊者机器人、步兵先锋机器人、重装哨兵机器人、电子对抗机器人、机器人式步兵榴弹等。

（2）用于侦察和观察

侦察历来是勇敢者的行业，其危险系数要高于其他军事行动。机器人作为从事危险工作最理想的代理人，当然是最合适的人选。目前正在研制的这类机器人有战术侦察机器人、三防（防核沾染、化学染毒和生物污染）侦察机器人、地面观察员机器人、目标指示员机器人等。类似的侦察机器人还有便携式电子侦察机器人、铺路虎式无人驾驶侦察机等。

（3）用于工程保障

繁重的构筑工事任务，艰巨的修路、架桥，危险的排雷、布雷，常使工程兵不堪重负。而这些工作，对于机器人来说，最能发挥它们的“素质”优势。这类机器人包括多用途机械手、布雷机器人、飞雷机器人、烟幕机器人、便携式欺骗系统机器人等。

（4）用于指挥与控制

人工智能技术的发展，为研制“能参善谋”的机器人创造了条件。研制中的这类机器人有参谋机器人、战场态势分析机器人、战斗计划执行情况分析机器人等。这类机器人，一般都装有较发达的“大脑”，即高级计算机和思想库。它们精通参谋业务，通晓司令部工作程序，有较高的分析问题的能力，能快速处理指挥中的各种情报信息，并通过显示器告诉指挥员，帮助指挥员下决定。

（5）用于后勤保障

后勤保障是机器人较早运用的领域之一。目前，这类机器人有车辆抢救机器人、战斗搬运机器人、自动加油机器人、医疗助手机器人等，主要在泥泞、污染等恶劣条件下进行运输、装卸、加油、抢修技术装备、抢救伤病人员等后勤保障任务。

（6）用于军事科研和教学

机器人充当科研助手，进行模拟教学已有较长历史，并做出过卓越贡献。人类最早采集月球土壤标本、太空回收卫星，都是机器人完成的。如今，用于这方面的机器人较多，典型的有“宇宙探测机器人”“宇宙飞船机械臂” “放射性环境工作机器人”“模拟教学机器人”“射击训练机器人”等。

2. 医疗领域

医用机器人种类很多，按照其用途不同，有临床医疗用机器人、护理机器人、医用教学机器人和为残疾人服务机器人等。比如运送药品机器人可代替护士送饭、送病例和化验单等；移动病人机器人主要帮助护士移动或运送瘫痪和行动不便的病人；临床医疗用机器人包括外科手术机器人和诊断与治疗机器人，可以进行精确的外科手术或诊断，如美国科学家研发的手术机器人“达·芬奇系统”在医生的操纵下，能精确完成心脏瓣膜修复手术和癌变组织切除手术；康复机器人可以帮助残疾人恢复独立生活的能力；护理机器人能用来分担护理人员繁重琐碎的护理工作，帮助医护人员确认病人的身份，并准确无误地分发所需的药品。将来，护理机器人还可以检查病人体温、清理病房，甚至通过视频传输帮助医生及时了解病人的病情。

（1）护士助手

“机器人之父”恩格尔伯格创建的TRC公司第一个服务机器人产品是医院用的“护士助手”机器人，它于1985年开始研制，1990年开始出售，目前已在世界各国几十家医院投入使用。“护士助手”是自主式机器人，它不需要有线制导，也不需要事先做计划，一旦编好程序，它随时可以完成以下各项任务：运送医疗器材和设备，为病人送饭，送病历、报表及信件，运送药品，运送试验样品及试验结果，在医院内部送邮件及包裹。

该机器人由行走部分、行驶控制器及大量的传感器组成。机器人可以在医院中自由行动，其速度为0.7m/s左右。机器人中装有医院的建筑物地图，在确定目的地后，机器人利用航线推算法自主地沿走廊导航，其结构光视觉传感器及全方位超声波传感器可以探测静止或运动的物体，并对航线进行修正。它的全方位触觉传感器保证机器人不会与人、物相碰，车轮上的编码器测量它行驶过的距离。在走廊中，机器人利用墙角确定自己的位置，而在病房等较大的空间时，它可利用天花板上的反射带，通过向上观察的传感器帮助定位。需要时，它还可以开门。在多层建筑物中，它可以给载人电梯打电话，并进入电梯到达所要去的楼层。紧急情况下，例如某一外科医生及其病人使用电梯时，机器人可以停下来，让开路，2分钟后它重新启动继续前进。通过“护士助手”上的菜单可以选择多个目的地，机器人有较大的荧光屏及用户友好的音响装置，用户使用起来迅捷方便。

（2）脑外科机器人辅助系统

2018年，国家食品药品监督管理总局（CFDA）公布了一批最新医疗器械审查准产通知，“神经外科手术导航定位系统”名列其中。这意味着国内首个国产脑外科手术机器人正式获批准产，或许不久就能正式上岗。机器人在医疗方面的应用越来越多，比如用机器人置换髋骨、用机器人做胸部手术等。这主要是因为用机器人做手术精度高、创伤小，大大减轻了病人的痛苦。从世界机器人的发展趋势看，用机器人辅助外科手术将成为一种必然趋势。

（3）口腔修复机器人

在我国目前有近1200万无牙颌患者，人工牙列是恢复无牙颌患者咀嚼、语言功能和面部美观的关键，也是制作全口义齿的技术核心和难点。传统的全口义齿制作方式是由医生和技师根据患者的颌骨形态靠经验，用手工制作的，无法满足日益增长的社会需求。北京大学口腔医院、北京理工大学等单位联合成功研制出口腔修复机器人。口腔修复机器人是一个由计算机和机器人辅助设计、制作全口义齿人工牙列的应用试验系统。该系统利用图像、图形技术来获取生成无牙颌患者的口腔软硬组织计算机模型，利用自行研制的非接触式三维激光扫描测量系统来获取患者无牙颌骨形态的几何参数，采用专家系统软件完成全口义齿人工牙列的计算机辅助设计。利用口腔修复机器人相当于快速培养和造就了一批高级口腔修复医疗专家和技术员。利用机器人来代替手工排牙，不但能比口腔医疗专家更精确地以数字的方式操作，同时还能避免专家因疲劳、情绪、疏忽等原因造成的失误。这将使全口义齿的设计与制作进入到既能满足无牙颌患者个体生理功能及美观需求，又能达到规范化、标准化、自动化、工业化的水平，从而大大提高其制作效率和质量。

（4）机器人轮椅

随着社会的发展和人类文明程度的提高，残疾人愈来愈需要运用现代高新技术来改善他们的生活质量和生活自由度。因为各种交通事故、天灾人祸和种种疾病，每年均有成千上万的人丧失一种或多种能力（如行走、动手能力等）。因此，对用于帮助残障人行走的机器人轮椅的研究已逐渐成为热点，如西班牙、意大利等国，中国科学院自动化研究所也成功研制了一种具有视觉和口令导航功能并能与人进行语音交互的机器人轮椅。

机器人轮椅主要有口令识别与语音合成、机器人自定位、动态随机避障、多传感器信息融合、实时自适应巡航控制等功能。

3．家庭服务

家庭服务机器人是为人类服务的特种机器人，能够代替人完成家庭服务工作的机器人，它包括行进装置、感知装置、接收装置、发送装置、控制装置、执行装置、存储装置、交互装置等；所述感知装置将在家庭居住环境内感知到的信息传送给控制装置，控制装置指令执行装置做出响应，并进行防盗监测、安全检查、清洁卫生、物品搬运、家电控制，以及家庭娱乐、病况监视、儿童教育、报时催醒、家用统计等工作。

按照智能化程度和用途的不同，目前的家庭服务机器人大体可以分为初级小家电类机器人、幼儿早教类机器人和人机互动式家庭服务机器人。

几年前，家庭服务机器人的概念还和普通老百姓的生活相隔甚远，广大消费者还体会不到家庭服务机器人的科技进步给生活带来的便捷。而如今，越来越多的消费者正在使用家庭服务机器人产品，概念不再是概念，而是通过产品让消费者感受到了实实在在的贴心服务。例如，地面清洁机器人、自动擦窗机器人、空气净化机器人等已经走进了很多家庭。

另外，市场上还出现了很多智能陪伴机器人，功能上大同小异，有儿童陪伴机器人、老人陪伴机器人。功能上基本上涵盖了人机交互（互动）、学习、视频、净化器等功能。

4．其他领域

（1）户外清洗机器人

随着城市的现代化，一座座高楼拔地而起。为了美观，也为了得到更好的采光效果，很多写字楼和宾馆都采用了玻璃幕墙，这就带来了玻璃窗的清洗问题。其实不仅是玻璃窗，其他材料的壁面也需要定期清洗。长期以来，高楼大厦的外墙壁清洗，都是“一桶水、一根绳、一块板”的作业方式。洗墙工人腰间系一根绳子，游荡在高楼之间，不仅效率低，而且易出事故。近年来，随着科学技术的发展，可以靠升降平台或吊缆搭载清洁工进行玻璃窗和壁面的人工清洗。而擦窗机器人可以沿着玻璃壁面爬行并完成擦洗动作，根据实际环境情况灵活自如地行走和擦洗，具有很高的可靠性。

（2）爬缆索机器人

大多数斜拉桥的缆索都是黑色的，单调的色彩影响了斜拉桥的魅力。所以，近年来彩化斜拉桥成了许多桥梁专家追求的目标。但采用人工方法进行高空涂装作业不仅效率低、成本高，而且危险性大，尤其是在风雨天就更加危险了。为此，上海交通大学机器人研究所于1997年与上海黄浦江大桥工程建设处合作，研制了一台斜拉桥缆索涂装维护机器人样机。该机器人系统由两部分组成，一部分是机器人本体，另一部分是机器人小车。机器人本体可以沿各种倾斜度的缆索爬升，在高空缆索上自动完成检查、打磨、清洗、去静电、底涂和面涂及一系列的维护工作。机器人本体上装有CCD摄像机，可随时监视工作情况。另一部分机器人小车，用于安装机器人本体并向机器人本体供应水、涂料，同时监控机器人的高空工作情况。

爬缆索机器人具有以下功能：

· 沿索爬升功能；

· 缆索检测功能；

· 缆索清洗功能；

爬缆索机器人还具有一定的智能：机器人具有良好的人机交互功能，在高空可以判断是否到顶、风力大小等一些环境情况，并实施相应的动作。

8.3　无人车

无人驾驶汽车又称自动驾驶汽车、电脑驾驶汽车、智能驾驶汽车或轮式移动机器人，是一种车内安装以计算机系统为主的智能驾驶仪来实现无人驾驶目的的智能汽车。在20世纪已经有数十年的研发历史，在21世纪初呈现出接近实用化的趋势。比如，谷歌无人驾驶汽车于2012年5月获得了美国首个无人驾驶车辆许可证，其原型汽车如图8-7所示。

图8-7　谷歌无人驾驶汽车

无人驾驶汽车依靠人工智能、视觉计算、雷达、监控装置和全球定位系统协同合作，让计算机可以在没有任何人主动的操作下，自动安全地操作机动车辆。利用车载传感器来感知车辆周围环境，根据感知所获得的道路、车辆位置和障碍物信息，控制车辆的转向和速度，从而使车辆能够安全、可靠地在道路上行驶，无人驾驶汽车传感器如图8-8所示。无人车集自动控制、体系结构、人工智能、视觉计算等众多技术于一体，是计算机科学、模式识别和智能控制技术高度发展的产物，也是衡量一个国家科研实力和工业水平的重要标志，在国防和国民经济领域具有广阔的应用前景。

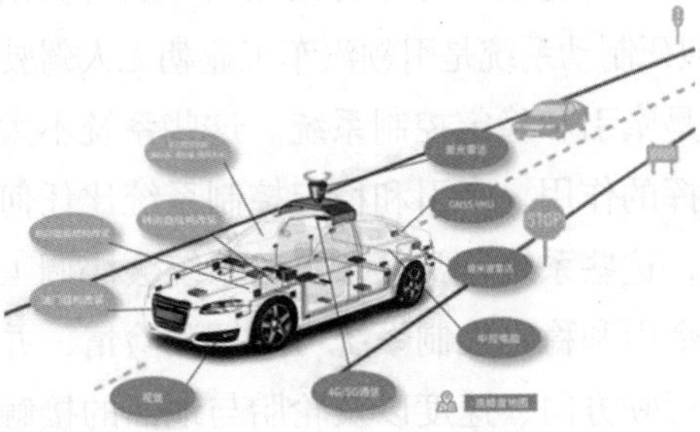

图8-8 无人驾驶汽车传感器

从20世纪70年代开始，美国、英国、德国等发达国家开始进行无人驾驶汽车的研究，在可行性和实用化方面都取得了突破性的进展。中国从20世纪80年代开始进行无人驾驶汽车的研究，国防科技大学在1992年成功研制出中国第一辆真正意义上的无人驾驶汽车。

目前百度公司正承担着自动驾驶方向的国家人工智能开放平台建设。百度已经将视觉、听觉等识别技术应用在“百度无人驾驶汽车”系统研发中，负责该项目的是百度深度学习研究院。2014年7月，百度启动“百度无人驾驶汽车”研发计划。2015年12月，百度公司宣布百度无人驾驶汽车国内首次实现城市、环路及高速道路混合路况下的全自动驾驶。2018年2月，百度Apollo无人车亮相央视春晚。百度Apollo无人车在港珠澳大桥开跑，并在无人驾驶模式下完成“8”字交叉跑的高难度动作，如图8-9所示。

图8-9 百度Apollo无人车

无人车的主要特点是安全稳定，其中安全是拉动无人驾驶汽车需求增长的主要因素。

每年，驾驶员们的疏忽大意都会导致许多事故，因而汽车制造商们都投入大量财力设计制造能确保汽车安全的系统。

防抱死制动系统可以算作无人驾驶系统中的雏形技术。虽然防抱死制动器需要驾驶员来操作，但该系统仍可作为无人驾驶系统系列的一个代表，因为防抱死制动系统的部分功能在过去需要驾驶员手动实现。不具备防抱死制动系统的汽车紧急刹车时，轮胎会被锁死，导致汽车失控侧滑。驾驶没有防抱死制动系统的汽车时，驾驶员要反复踩踏制动踏板来防止轮胎锁死。而防抱死制动系统可以代替驾驶员完成这一操作，并且比手动操作效果更好。该系统可以监控轮胎情况，了解轮胎何时即将锁死，并及时做出反应，而且反应时机比驾驶员把握得更加准确。防抱死制动系统是引领汽车工业朝无人驾驶方向发展的早期技术之一。

另一种无人驾驶系统是牵引和稳定控制系统。这些系统不太引人注目，通常只有专业驾驶员才会意识到它们发挥的作用。牵引和稳定控制系统比任何驾驶员的反应都灵敏。与防抱死制动系统不同的是，这些系统非常复杂，各系统会协调工作防止车辆失控。当汽车即将失控侧滑或翻车时，牵引和稳定控制系统可以探测险情，并及时启动防止事故发生。这些系统不断读取汽车的行驶方向、速度以及轮胎与地面的接触状态。当探测到汽车将要失控并有可能导致翻车时，牵引和稳定控制系统将进行干预。这些系统与驾驶员不同，它们可以对各轮胎单独实施制动，增大或减少动力输出，相比同时对四个轮胎进行操作，这样做通常效果更好。当这些系统正常运行时，可以做出准确反应。相对来说，驾驶员经常会在紧急情况下操作失当，调整过度。

自动泊车是无人驾驶的另一个应用场景。车辆损坏的原因，多半不是重大交通事故，而是在泊车时发生的小磕小碰。虽然泊车可能是危险性最低的驾驶操作，但仍然会把事情搞得一团糟。很多汽车制造商给车辆加装了后视摄像头和可以测定周围物体距离远近的传感器，甚至还有可以显示汽车四周情况的车载电脑，但有的人仍然会一路磕磕碰碰地进入停车位。

现在部分高端车型采用了自动泊车导航系统，驾驶员不会再有类似的烦恼。自动泊车导航系统通过车身周围的传感器来将车辆导向停车位（也就是说驾驶者完全不需要手动操作）。当然，该系统还无法做到像电影《星际迷航》里那样先进。在导航开始前，驾驶者需要找到停车地点，把汽车开到该地点旁边，并使用车载导航显示屏告诉汽车该往哪儿走。自动泊车导航系统是无人驾驶技术的一大成就，当然，自动泊车导航系统对停车位的长宽都有较高的要求。通过自动泊车导航系统，车辆可以像驾驶员那样观察周围环境，及时做出反应并安全地从起始点行驶到目标点。

8.4 案例实现：智能问答系统

1. 项目描述

本次项目将利用百度智能对话定制与服务平台UNIT（Understanding and Interaction

Technology），构建一个智能客服问答系统。

项目实施的详细过程可以通过扫描二维码，观看具体操作过程的讲解视频。

2. 相关知识

项目要求：

· 网络通信正常。

· 环境准备：安装Spyder等Python编程环境。

· SDK准备：按照附录B的要求，安装过百度人工智能开放平台的SDK。

· 账号准备：按照附录B的要求，注册过百度人工智能开放平台的账号。

3. 项目设计

创建一个简单的对话技能，如智能问答，需要以下四个步骤。

· 创建自己的机器人。

· 为机器人配置技能。

· 获取技能调用权限。

· 调用机器人技能。

4. 项目过程

（1）创建机器人及通用技能，并获取技能ID

在地址栏中输入“https：//ai.baidu.com/unit/home”，打开网页，单击“进入UNIT”按钮，注册成为百度UNIT开发者。单击“我的机器人”→“+”按钮来创建自己的机器人，并命名为“小智”。

单击刚刚创建的机器人“小智”→“添加技能”→“智能问答”→“预置”按钮，如图8-10所示。记录下自己的技能ID，比如“智能问答”的技能ID为“88833”。

图8-10　添加预置技能

（2）获取API Key和Secret Key用于权限鉴定

在图8-10中继续单击“发布上线”→“研发/生产环境”→“获取API Key/Secret Key”按钮，如图8-11所示。

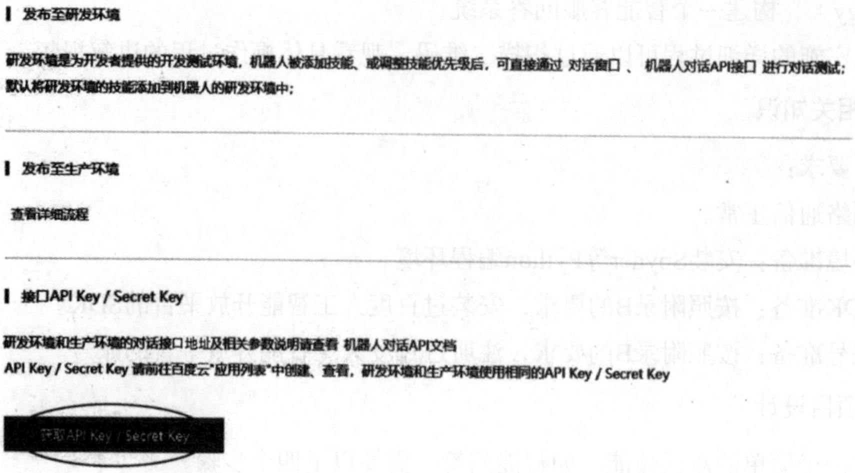

图8-11　获取API Key和Secret Key用于权限鉴定

在应用列表中，单击“创建新应用”按钮，则会创建一个新的应用，如图8-12所示。其中包含API Key与Secret Key。

+ 创建应用
应用名称
AppID
API Key
Secret Key
创建时间
操作
1
智能对话
17344896
m6Iyqkf4VQdtQzTa0tmsY
Kni
****** 显示
2019-09-25 21:43:50
报表 管理 删除

图8-12　“创建新应用”界面

（3）编码实现

主文件UseMyRobot.py，用于实现问答功能，代码如下：

```
# 1 调用模块
import MyRobot

# 2 根据 AK， SK 生成 access_token，并附上自己的机器人技能 ID“88833”
AK='m6Iyqkf4VqdtQzTa0 tmsYKni'
SK='ulPyE7dFKGuNALLP41yKC6x7oXkQQnIy'
access_token = MyRobot.getBaiduAK （AK， SK）

bot_id=' 88833'  # 机器人技能 ID

# 3 准备问题
AskText= "你几岁啦"

# 4 调用机器人应答接口
```

```
Answer= MyRobot.Answer（access_token， bot_id， AskText）

# 5 输出问答
print （"问：" + AskText + "？"）
print（"答：" + Answer）
```

UseMyRobot.py文件中包括两个函数，函数一通过API Key和Secret Key获取访问权限口令access _token，函数二根据口令、技能ID、问题给出回答。这两个函数的主体都可以在百度开发文档中获取并编写成通用模块。代码如下：

```
import requests

def getBaiduAK （AK，SK）：
# client_id为官网获取的AK，  client_secret为官网获取的SK

url='https：//openapi .baidu.com/oauth/2.0/token? grant_type=client_credentials
& client_id={}&client_secret={}'.format （AK，SK）
response=requests. get(url）
access_token=response.json（）['access_token']
# print(access_token）
return access_token

def Answer （access_token， bot_id， Ask）：
#  url准备调用UNIT接口，附上权限签定access_token
url='https：//aip.baidubce.com/rpc/2.0/unit/bot/chat? access_token='+access_token

post_ data = '{\"bot_ session\"：\"\"，\"log_ id\"：\"7758521\"
\"request\"：{\"bernard_ level\"：1
\"client_ session\"：\"{\\\"client_ results\\\"：\\\"\\\"
\\\"candidate_ options\\\ []}\"，  \"query\"：\ " ' + Ask + '\"
\"query_ info\"：{\"asr_candidates\"：[]，  \"source\"：\"KEYBOARD\"
\ "type\ "：\ "TEXT\ "}，  \ "updates\ "：\"\ "，  \ "user_ id\ "：\ "88888\
"}
\ "bot_ id\ "：'+bot_ id+'，\ "version\ "：\ "2.0\ "}'
headers = {'Content_ Type'：'application /json'}
response  =  requests.post （ url ， data=post_data.encode （ 'utf-8' ），
headers=headers）
return response. json（）['result'] ['response'] ['action_ list'] [0] ['say']
```

5. 项目结果

运行程序，调用智能问答机器人“小智”，得到的对话结果如图8-13所示。

```
In [17]: runfile('D:/Anaconda3/Robot/myRobot/
UseMyRobot.py', wdir='D:/Anaconda3/Robot/myRobot')
问：北京有多少人？
答：北京的人口数量是2170.7万人,2017年

In [18]: runfile('D:/Anaconda3/Robot/myRobot/
UseMyRobot.py', wdir='D:/Anaconda3/Robot/myRobot')
问：中国有多大？
答：中华人民共和国的面积是 963.4057万平方公里,领海约470万
平方公里

In [19]: runfile('D:/Anaconda3/Robot/myRobot/
UseMyRobot.py', wdir='D:/Anaconda3/Robot/myRobot')
问：你几岁啦？
答：这个问题太难了，暂时我还不太会，你可以问问其他问题呢。
```

图8-13　智能问答系统的对话结果

6. 项目小结

本次项目通过百度UNIT平台实现了机器人问答功能。当然，目前的机器人还仅限于文本问答，并没有加入语音功能，有兴趣的读者可以加入语音识别、语音合成功能。另外，本次项目尚未使用自定义技能，读者可以自行尝试。

8.5　应用场景

随着“工业4.0”和“中国制造2025”的相继提出和不断深化，全球制造业正在向着自动化、集成化、智能化及绿色化方向发展。中国作为制造业大国，智能机器人的应用越来越广泛。

1. 仓储及物流

近年来，机器人相关产品及服务在电商仓库、冷链运输、供应链配送、港口物流等多种仓储和物流场景得到快速推广和频繁应用。仓储类机器人已能够采用人工智能算法及大数据分析技术进行路径规划和任务协同，并搭载超声测距、激光传感、视觉识别等传感器完成定位及避障，最终实现数百台机器人的快速并行推进上架、拣选、补货、退货、盘点等多种任务。人工智能技术及机器人在物流技术中的应用示意，如图8-14所示。

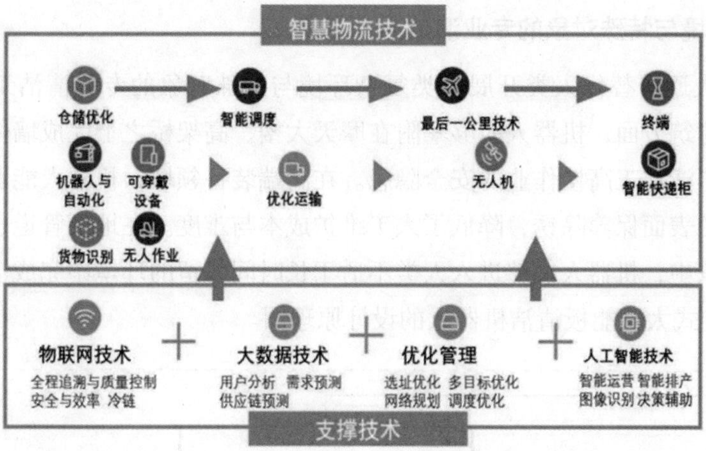

图8-14　人工智能技术及机器人在物流技术中的应用示意

2．消费品加工制造

工业机器人开始呈现小型化、轻型化的发展趋势，使用成本显著下降，对部署环境的要求明显降低，更加有利于扩展应用场景和开展人机协作。目前，多个消费品行业已经开始围绕小型化、轻型化的工业机器人推进生产线改造，逐步实现加工制造全流程生命周期的自动化、智能化作业，部分领域的人机协作也取得了一定进展。

3．外科手术及医疗康复

在外科手术领域，凭借先进的控制技术，机器人在力度控制和操控精度方面明显优于人类，能够更好解决医生因疲劳而降低手术精度的问题。通过专业人员的操作，外科手术机器人已能够在骨科、胸外科、心内科、神经内科、腹腔外科、泌尿外科等专业化手术领域获得一定程度的临床应用。在医疗康复领域，日渐兴起的外骨骼机器人通过融合精密的传感及控制技术，为用户提供可穿戴的外部机械设备。

4．楼宇及室内配送

不断显著增长的即时性小件物品配送需求，为催生相应专业服务机器人提供了充足的前提条件。依托地图构建、路径规划、机器视觉、模式识别等先进技术，能够提供跨楼层到户配送服务的机器人开始在各类大型商场、餐馆、宾馆、医院等场景陆续出现。目前，部分场所已开始应用能够与电梯、门禁进行通信互联的移动机器人，为场所内用户提供真正点到点的配送服务，完全替代了人工。

5．智能陪伴与情感交互

以语音辨识、自然语义理解、视觉识别、情绪识别、场景认知、生理信号检测等功能为基础，机器人可以充分分析人类的面部表情和语调方式，并通过手势、表情、触摸等多种交互方式做出反馈，极大提升用户的体验效果，满足用户的陪伴与交流诉求。

6．复杂环境与特殊对象的专业清洁

采用机器人逐步替代人类开展各类复杂环境与特殊对象的专业清洁工作已成为必然趋势。在城市建筑方面，机器人能够攀附在摩天大楼、高架桥之上完成墙体表面的清洁任务，有效避免了清洁工高楼作业的安全隐患。在高端装备领域，机器人能够用于高铁、船舶、大型客机的表面保养除锈，降低了人工维护成本与难度。在地下管道、水下线缆、核电站等特殊场景中，机器人能够进入人类不适于长时间停留的环境中完成清洁任务，如图8-15所示为自走式太阳能板清洁机器人的设计原理图。

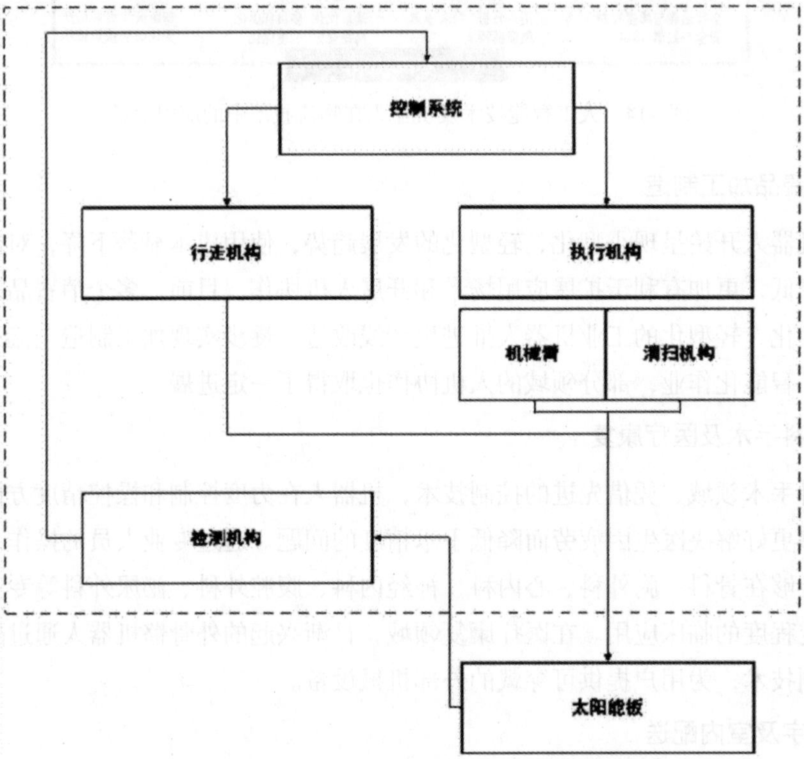

图8-15　自走式太阳能板清洁机器人的设计原理图

7．城市应急安防

可用于城市应急安防的机器人细分种类繁多，且具有相当高的专业性，一般由移动机器人搭载专用的热力成像、物质检测、防爆应急等模块组合而成，包括安检防爆机器人、毒品监测机器人、抢险救灾机器人、车底检查机器人、警用防暴机器人等。

8．影视作品拍摄与制作

目前广泛应用在影视娱乐领域中的机器人主要利用微机电系统、惯性导航算法、视觉识别算法等技术，实现系统姿态平衡控制，保证拍摄镜头清晰稳定，以航拍无人机、高稳定性机械臂云台为代表的机器人已得到广泛应用。

9. 能源和矿产采集

随着机器人环境适应能力和自主学习能力的不断提升，曾经因自然灾害、环境变化等缘故不再适宜人类活动的废弃油井及矿场有望得到重新起用，对于扩展人类资源利用范围和提升资源利用效率有着重要意义。

10. 国防与军事

世界各主要发达国家已纷纷投入资金和精力积极研发能够适应现代国防与军事需要的军用机器人。目前，以军用无人机、多足机器人、无人水面艇、无人潜水艇、外骨骼装备为代表的多种军用机器人正在快速涌现，凭借先进传感、新材料、生物仿生、场景识别、全球定位导航系统、数据通信等多种技术，已能够实现“感知-决策-行为-反馈”流程，在战场上自主完成预定任务。

本章小结

本章介绍了智能机器人的概念、特点及应用，以及智能机器人的发展方向。通过本章学习，读者应了解智能机器人的特点，了解智能机器人的定义、分类、关键技术，以及智能机器人将来的重点发展方向。

课后习题

一、选择题

1. 如果按智能机器人所具有的智能程度来分类，下面（　　）不属于我们通常讨论的范畴。

A. 工业机器人　　B. 初级智能　　C. 中级智能　　D. 高级智能

2. 机器人三原则是由（　　）提出的。

A. 森政弘　　B. 托莫维奇

C. 约瑟夫·恩格尔伯格　　D. 阿西莫夫

3. 当代机器人大军中最主要的机器人为（　　）。

A. 工业机器人　　B. 军用机器人　　C. 服务机器人　　D. 特种机器人

4. 机器人的英文单词是（　　）。

A. botre　　B. robot　　C. boret　　D. rebot

5. 在工业和信息化部、国家发展改革委、财政部等三部委联合印发的《机器人产业发展规划（2016—2020年）》中，明确指出了机器人产业发展要推进重大标志性产品，率先突破。其中十大标志性产品中，有4个属于服务机器人领域，其中不包括（　　）

A. 智能型公共服务机器人　　B. 手术机器人

C. 人机协作机器人　　D. 智能护理机器人

二、填空题

1. 无人驾驶汽车又称__________、__________或__________。
2. 智能机器人具备形形色色的内部信息传感器和外部信息传感器，如________、________、________、__________。

三、简答题

1. 根据你的了解，写出至少三个无人车公司及产品名称。
2. 简述国家对智能机器人的重点发展方向。
3. 什么是智能机器人？如何理解一般机器人与智能机器人之间的关系？

第9章　大数据与商业智能

内容导读

大数据是指信息爆炸时代产生的海量数据。这一概念自2009年成为互联网行业中的热门词汇之后，至今已经家喻户晓。大数据的典型特征可归纳为数据量大、类型繁多、价值密度低、处理速度快、时效性要求高。

随着移动互联网时代的到来，数据在企业的生产、管理、销售等各个领域中发挥着越来越重要的作用。通过数据采集、处理、分析，可从各行各业的海量数据中获得有价值的信息，已成为人们的共识。

大数据与商业智能内容导读如图9-1所示。

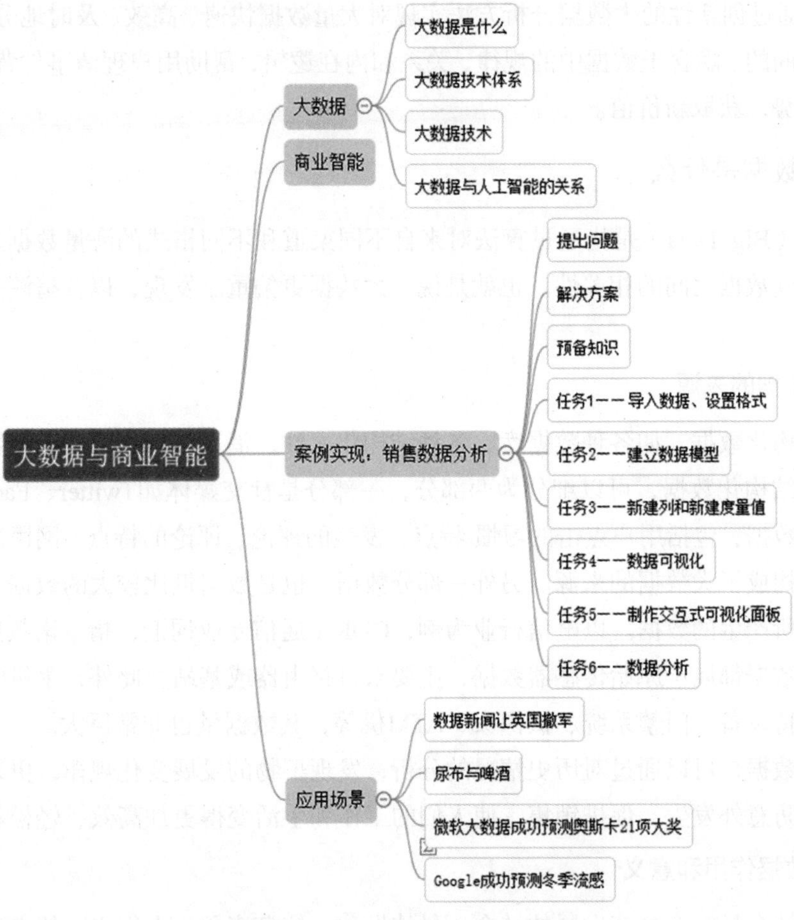

图9-1　大数据与商业智能内容导读

9.1 大数据

云计算、物联网、移动互联、社交媒体等新兴信息技术和应用模式的快速发展，促使全球数据量急剧增加，推动人类社会迈入大数据时代。一般意义上，大数据是指利用现有理论、方法、技术和工具难以在可接受的时间内完成分析计算、整体呈现高价值的海量复杂数据集合。

对于普通人来说，大数据离我们的生活很远，但它的威力无处不在：信用卡公司追踪客户信息，能迅速发现现金异动，并向持卡人发出警示；能源公司利用气象数据分析，可以轻松选定安装风轮机的理想地点；瑞典首都斯德哥尔摩使用运算程序管理交通，令市区的交通拥堵时间缩短一半……这些都与大数据有着千丝万缕的关系。如今，信息每天都在以爆炸式的速度增长，其复杂性也越来越高，当人类的认知能力受到传统可视化形式的限制，隐藏在大数据背后的价值就难以发挥出来了。理解大数据并借助其做出决策，才能发挥它的巨大价值和无限潜力。其中的一把“金钥匙”就是大数据技术。

在数据内容足够丰富、数据量足够大的前提下，隐含于大数据中的规律、特征就能被识别出来。通过创新性的大数据分析方法实现对大量数据快速、高效、及时地分析与计算，得出跨数据间的、隐含于数据中的规律、关系和内在逻辑，帮助用户理清事件背后的原因，预测发展趋势，获取新价值。

9.1.1 大数据是什么

大数据（Big Data）是指通过算法对来自不同渠道和不同格式的海量数据进行直接分析，从中找到数据之间的相关性。也就是说，大数据更偏重于发现，以及猜测并印证的循环逼近过程。

1. 大数据的来源

（1）结构化数据，如各种数据库、各种结构化文件、消息队列和应用系统数据等。

（2）非结构化数据，可以细分为两部分，一部分是社交媒体如Twitter、Facebook、博客等产生的数据，包括用户点击的习惯/特点、发表的评论、评论的特点、网民之间的关系等，这些都构成了大数据的来源。另外一部分数据，也是数据量比较大的数据，是机器设备及传感器所产生的数据。以电信行业为例，CDR（通信专业词汇，指承诺数据速率）、呼叫记录等数据都属于原始传感器数据，主要来自路由器或基站。此外，手机的内置传感器、各种手持设备、门禁系统、摄像头、ATM机等，其数据量也非常巨大。

利用大数据，可以通过对历史情况的分析，发现事物的发展变化规律，更好地提高生产效率，预防意外发生，促进销售，使人们的工作和生活变得更加高效、轻松和便利。

2. 大数据作用和意义

现在的社会是一个高速发展的社会，科技发达，信息流通，人们之间的交流越来越密切，生活也越来越方便，大数据就是这个高科技时代的产物。阿里巴巴创始人马云曾提到，未来的时代将不是IT时代，而是DT的时代，DT就是“Data Technology”（数据科技）的缩写，显示大数据对于阿里巴巴集团来说举足轻重。

有人把数据比喻为蕴藏能量的煤矿。煤炭按照性质有焦煤、无烟煤、肥煤、贫煤等分类，而露天煤矿、深山煤矿的挖掘成本又不一样。与此类似，大数据并不在“大”，而在于“有用”。价值含量、挖掘成本比数量更为重要。对于很多行业而言，如何利用这些大数据是赢得竞争的关键。

大数据的价值体现在以下几个方面：对大量消费者提供产品或服务的企业可以利用大数据进行精准营销；做小而美模式的中小微企业可以利用大数据做服务转型；面临互联网压力之下必须转型的传统企业需要与时俱进充分利用大数据的价值。

不过，“大数据”在经济发展中的巨大意义并不代表其能取代一切对于社会问题的理性思考，科学发展的逻辑不能被湮没在海量数据中。著名经济学家路德维希·冯·米塞斯曾提醒过：“就今日言，有很多人忙碌于资料之无益累积，以致对问题之说明与解决，丧失了其对特殊的经济意义的了解。”这确实是需要警惕的。

在这个快速发展的智能硬件时代，困扰应用开发者的一个重要问题就是如何在功率、覆盖范围、传输速率和成本之间找到那个微妙的平衡点。企业组织利用相关数据和分析可以帮助它们降低成本、提高效率、开发新产品、做出更明智的业务决策等。例如，通过结合大数据和高性能的分析，下面这些对企业有益的情况都可能会发生：及时解析故障、问题和缺陷的根源，每年可能为企业节省数十亿美元；为成千上万的快递车辆规划实时交通路线，躲避拥堵；分析所有库存量，以利润最大化为目标来定价和清理库存；根据客户的购买习惯，为其推送他可能感兴趣的优惠信息；从大量客户中快速识别出金牌客户；使用点击流分析和数据挖掘来规避欺诈行为。

9.1.2　大数据技术体系

大数据技术可以分为两个大的层面，即大数据平台技术（其架构如图9-2所示）与大数据应用技术（其架构如图9-3所示）。要使用大数据，必须先有计算能力，大数据平台技术包括数据的采集、存储、流转、加工所需要的底层技术，如Hadoop生态圈。大数据应用技术是指对数据进行加工，把数据转化成商业价值的技术，如算法以及算法衍生出来的模型、引擎、接口和产品等。

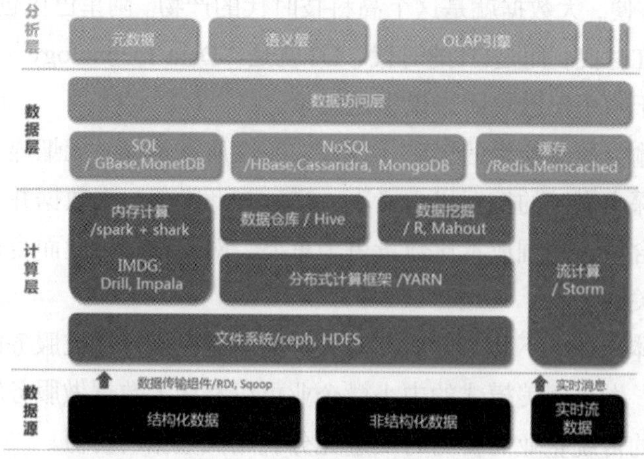

图9-2　大数据平台技术架构

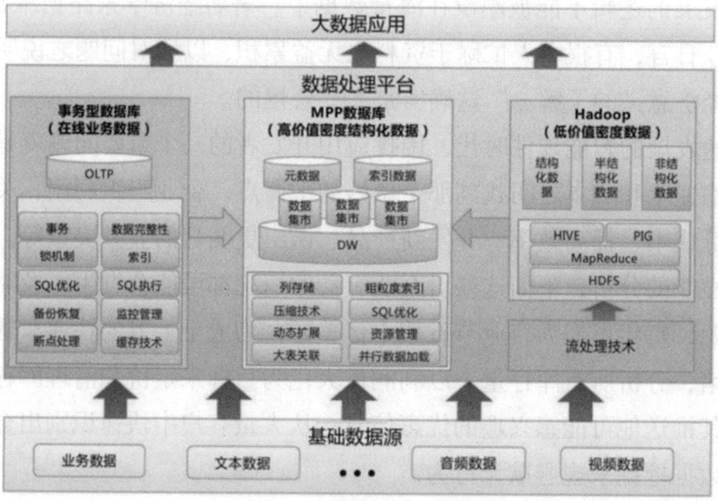

图9-3　大数据应用技术架构

9.1.3　大数据技术

1. 大数据分析和挖掘技术

大数据分析的理论核心是数据挖掘算法，各种数据挖掘算法基于不同的数据类型和格式才能更加科学地呈现出数据本身具备的特点，也正是因为目前流行的统计方法才能深入数据的内部，挖掘出公认的价值。

数据挖掘的一般流程主要分为如下几个步骤。

定义问题：清晰地定义出业务问题，确定数据挖掘的目的。

数据准备：选择数据——在大型数据库和数据仓库目标中提取数据挖掘的目标数据集；数据预处理——进行数据再加工，包括检查数据的完整性与一致性、去噪声、填补丢失的域、删除无效数据等。

数据挖掘：根据数据功能的类型和数据的特点选择相应的算法，在完成预处理过程的数据集上进行数据挖掘。

结果分析：对数据挖掘的结果进行解释和评价，转换成为能够最终被用户理解的知识。

目前数据挖掘的方法有很多，同时也应用到很多场景当中，如商品推荐、电影个性化推荐、消费推荐等，图9-4表示大数据技术在消费者方面的相关应用。

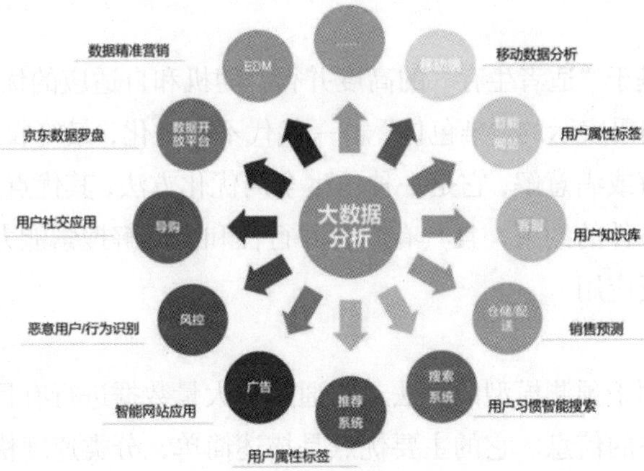

图9-4 大数据技术在消费者方面的相关应用

在不同的应用场景下，不同的算法均会取得不同层次的使用效果。为了让读者大致了解大数据技术相关的算法，先对几种比较主流的算法进行简单介绍。常见的数据分析方法和应用场景如图9-5所示。

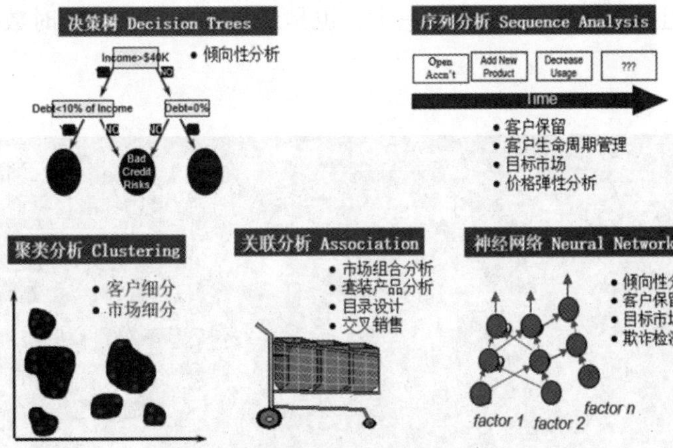

图9-5 常见的数据分析方法和应用场景

（1）神经网络方法

人工神经网络（Artificial Neural Network，ANN）系统是20世纪40年代后出现的。它是由众多的神经元可调的连接权值连接而成的，具有大规模并行处理、分布式信息存储、良好的自组织自学习能力等特点。BP（Back Propagation）算法又称为误差反向传播算法，是人工神经网络中的一种监督式的学习算法。BP算法在理论上可以逼近任意函数，基本的结构由非线性变化单元组成，具有很强的非线性映射能力。而且网络的中间层数、各层的处理单元数及网络的学习系数等参数可根据具体情况设定，灵活性很大，在优化、信号处理与模式识别、智能控制、故障诊断等许多领域都有着广泛的应用前景。

神经网络由于本身良好的鲁棒性、自组织自适应性、并行处理、分布存储和高度容错等特性非常适合解决数据挖掘的问题，因此近年来越来越受到人们的关注。

（2）遗传算法

遗传算法是一种基于“适者生存”的高度并行、随机和自适应的优化算法，通过复制、交叉、变异将问题解编码表示的“染色体”群一代代不断进化，最终收敛到最适应的群体，从而求得问题的最优解或满意解，它是一种仿生全局优化方法，其优点是原理和操作简单、通用性强、不受限制条件的约束，且具有隐含并行性和全局解搜索能力，在组合优化、数据挖掘问题中得到广泛应用。

（3）决策树算法

决策树是一种常用于预测模型的算法，它通过将大量数据进行有目的的分类，从中找到一些有价值的、潜在的信息。它的主要优点是描述简单，分类速度快，特别适合大规模的数据处理。

2．大数据可视化技术

数据可视化要根据数据的特性，可视化要根据数据的特性，如时间信息和空间信息等，找到合适的可视化方式，例如图表（Chart）、图（Diagram）和地图（Map）等，将数据直观地展现出来，以帮助人们理解数据，同时展示包含在海量数据中的规律或者信息。数据可视化是大数据生命周期管理的最后一步，也是最重要的一步。实时数据显示平台如图9-6所示。

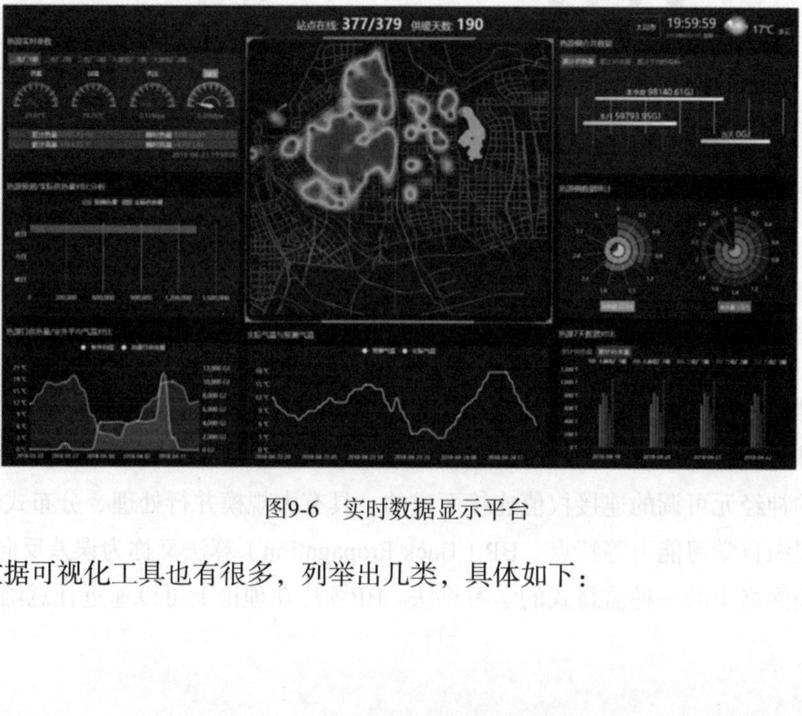

图9-6　实时数据显示平台

目前数据可视化工具也有很多，列举出几类，具体如下：

（1）报表类，如JReport、Excel、水晶报表、FineReport、ActiveReports 报表等；

（2）BI分析工具，如 Style Intelligence、BO、BIEE、象形科技ETHINK，Yonghong Z-Suite等；

（3）数据可视化工具，如BDP商业数据平台（个人版）、大数据魔镜、数据观、FineBI商业智能软件等。

3. 数据预处理技术

数据预处理（Data Preprocessing）通常是指在进行数据分析、数据挖掘等操作之前而进行的处理。众所周知，现实世界中的数据大体上都是不完整、不一致的“脏数据”，无法直接进行数据挖掘，或挖掘结果差强人意。为了提高数据挖掘的质量，产生了数据预处理技术。数据预处理有多种方法：数据清理、数据集成、数据变换、数据归约等。这些数据处理技术在数据挖掘之前使用，大大提高了数据挖掘模式的质量，降低了实际挖掘所需要的时间。

大数据的预处理过程比较复杂，主要过程包括对数据的分类和预处理、数据清洗、数据的集成、数据归约、数据变换以及数据的离散化处理。数据的预处理过程主要是对不能采用或者采用后与实际可能产生较大偏差的数据进行替换和剔除。数据清洗则是对“脏数据”进行分类、回归等方法进行处理，使采用数据更为合理。数据的集成、归约和变换则是对数据进行更深层次的提取，从而使采用样本变为高性能特征的样本数据。

4. 大数据存储技术

大数据存储技术主要介绍分布式系统、NoSQL数据库、云数据库、基于Hadoop的技术扩展和封装。

（1）分布式系统

分布式系统包含多个自主的处理单元，通过计算机网络互连来协作完成分配的任务，其分而治之的策略能够更好地处理大规模数据分析问题。主要包含以下两类：

分布式文件系统：存储管理需要多种技术的协同工作，其中文件系统为其提供最底层存储能力的支持。分布式文件系统HDFS（Hadoop Distributed File System）是一个高度容错性的系统，被设计成适用于批量处理，能够提供高吞吐量的数据访问。

分布式键值系统：分布式键值系统用于存储关系简单的半结构化数据。典型的分布式键值系统有 Amazon Dynamo，以及获得广泛应用和关注的对象存储技术（Object Storage）也可以视为键值系统，其存储和管理的是对象而不是数据块。

（2）NoSQL数据库

关系型数据库已经无法满足Web 2.0的需求。主要表现为：无法满足海量数据的管理需求、无法满足数据高并发的需求、高可扩展性和高可用性的功能太低。

NoSQL 数据库的优势：可以支持超大规模数据存储，灵活的数据模型可以很好地支持 Web 2.0 应用，具有强大的横向扩展能力等，典型的NoSQL数据库包含键值数据库、文档数据库和图形数据库。

（3）云数据库

云数据库是基于云计算技术发展的一种共享基础架构的方法，是部署和虚拟化在云计算环境中的数据库。云数据库并非一种全新的数据库技术，而只是以服务的方式提供数据库功能。云数据库所采用的数据模型可以是关系数据库所使用的关系模型（微软的SQLAzure云数据库都采用了关系模型）。同一个公司也可能提供采用不同数据模型的多种云数据库服务。

（4）基于Hadoop的技术扩展和封装

基于Hadoop的技术扩展和封装，围绕Hadoop衍生出相关的大数据技术，应对传统关系型数据库较难处理的数据和场景，例如针对非结构化数据的存储和计算等，充分利用Hadoop开源的优势，伴随相关技术的不断进步，其应用场景也将逐步扩大，目前最为典型的应用场景就是通过扩展和封装Hadoop来实现对互联网大数据存储、分析的支撑。对于非结构、半结构化数据处理、复杂的ETL（Extract-Transform-Load）流程、复杂的数据挖掘和计算模型，Hadoop 平台更擅长。

9.1.4　大数据与人工智能的关系

大数据作为人工智能发展的三个重要基础之一（数据、算法、算力），本身与人工智能就存在紧密的联系，正是基于大数据技术的发展，目前人工智能技术才在落地应用方面获得了诸多突破。

在当前大数据产业链逐渐成熟的大背景下，大数据与人工智能的结合也在向更全面的方向发展，大数据与人工智能的结合涉及以下三个方式：

第一，大数据分析。从技术的角度来看，大数据分析是与人工智能一个重要的结合点，机器学习作为大数据重要的分析方式之一，正在被更多的数据分析场景所采用。机器学习不仅是人工智能领域的六大主要研究方向之一，同时也是入门人工智能技术的常见方式，不少大数据研发人员就是通过机器学习转入了人工智能领域。

第二，AIoT体系。AIoT技术体系的核心就是物联网与人工智能技术的整合，从物联网的技术层次结构来看，在物联网和人工智能之间还有重要的“一层”，这一层就是大数据层，所以在AIoT得到更多重视的情况下，大数据与人工智能的结合也增加了新的方式。

第三，云计算体系。随着云计算服务的逐渐深入和发展，目前云计算平台正在向“全栈云”和“智能云”方向发展，这两个方向虽然具有一定的区别（行业），但是一个重要的特点是都需要大数据的参与，尤其是智能云。

大数据的发展本身开辟出了一个新的价值空间，但是大数据本身并不是目的，大数据的应用才是最终的目的，而人工智能正是大数据应用的重要出口，所以未来大数据与人工智能的结合途径会越来越多。

【知识拓展】

大数据的积累为人工智能发展提供燃料

国际数据公司（International Data Corporation，IDC）、希捷科技曾发布了《数据时代2025》白皮书。报告显示，到2025年全球数据总量将达到163ZB。这意味着，2025年的数据总量将比2016年全球产生的数据总量增长10倍多。其中属于数据分析的数据总量相比2016年将增加50倍，达到5.2ZB（十万亿亿字节）；属于认知系统的数据总量将达到100倍之多。爆炸性增长的数据推动着新技术的萌发、壮大，为深度学习的方法训练计算机视觉技术提供了丰厚的数据土壤。

大数据主要包括采集与预处理、存储与管理、分析与加工、可视化计算及数据安全等，具备数据规模不断扩大、种类繁多、产生速度快、处理能力要求高、时效性强、可靠性要求严格、价值大但密度较低等特点，为人工智能提供丰富的数据积累和训练资源。以人脸识别所用的训练图像数量为例，百度训练人脸识别系统需要2亿幅人脸画像。

9.2 商业智能

1. 什么是商业智能

BI是“Business Intelligence”的英文缩写，中文意思为商业智能（或商务智能），是用来帮助企业更好地利用数据提高决策质量的技术集合，是从大量的数据中提取信息与知识的过程。简单地讲，就是业务、数据、数据价值应用的过程，这个过程如图9-7所示。

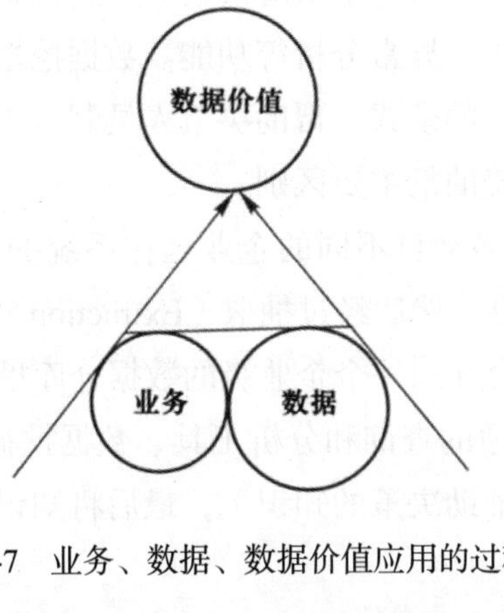

图9-7 业务、数据、数据价值应用的过程

传统的交易系统完成的是商业（Business）到数据（Data）的过程，而BI要做的事情是让数据产生价值，这个产生价值的过程就是商业智能分析的过程。

2. 商业智能分析

从技术角度来说，实现商业智能分析的过程是一个复杂的技术集合，它包含ETL、DW、OLAP、DM等多个环节，商业智能分析的技术流程如图9-8所示。

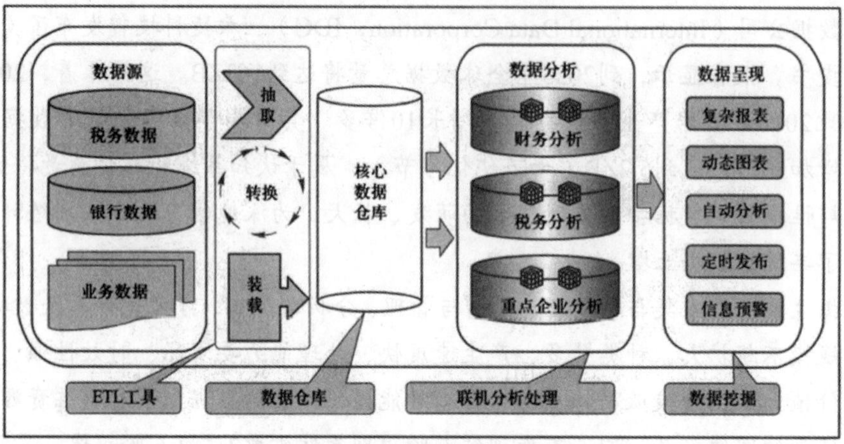

图9-8　商业智能分析的技术流程

其中，数据仓库（Data Warehouse，DW）是企业所有类型的有价值数据的集合。BI系统从企业各种平台和流程中提取有用数据并进行清理，然后经抽取、转换、装载过程，将数据存储在数据仓库中，从而得到企业数据的一个全局视图。由于数据仓库中的数据通常为各种明细数据，缺少汇总和层次关系，因此很少直接用于分析和决策。

联机分析处理（On-Line Analytical Processing，OLAP）用于处理联机数据访问和分析需求。BI系统需要向决策人员提供高效、直观的数据查询和展现，以便支持决策的制定，于是OLAP概念产生了，它将原始的、难以使用的数据转化为能够被理解的多维信息，并对多维信息提供钻取、切片、切块等操作，从而满足用户在各种维度上的数据查询需求。

数据挖掘（Data Mining，DM）是从海量数据中通过某种算法找出隐藏信息的技术，通常包含关联分析、聚类分析、异常分析等功能。数据挖掘的价值在于，它可利用企业数据进行归纳推理，挖掘出潜在的模式，帮助决策人员制定决策和调整战略。数据挖掘的存在也是BI系统与传统报表系统的最主要区别。

商业智能的关键是从许多来自不同的企业运作系统的数据中提取出有用的数据并进行清理，以保证数据的正确性，然后经过抽取（Extraction）、转换（Transformation）和装载（Load），即ETL过程，合并到一个企业级的数据仓库里，从而得到企业数据的一个全局视图，在此基础上利用合适的查询和分析工具、数据挖掘工具、OLAP工具等对其进行分析和处理（这时信息变为辅助决策的知识），最后将知识呈现给管理者，为管理者的决策过程提供数据支持。

9.3　案例实现：销售数据分析

本节将利用商业智能分析工具Power BI对企业销售数据进行分析。通过本节案例的学习，读者将看到商业智能处理问题的基本过程。

Power BI是基于云的商业数据分析和共享工具，可以快速创建交互式可视化报告，也能用手机端APP随时查看。下面将利用Power BI的Windows桌面应用程序（称为Power BI Desktop）进行商业智能分析。

9.3.1　提出问题

华新商贸公司的销售经理李小文希望根据销售数据，制作出公司销售情况的交互式可视化报告，并通过分析销售数据找出存在的问题，如图9-9所示。具体需求如下：

（1）统计各类商品的销售额；

（2）统计销售额年度增长情况；

（3）统计各年龄段客户的销售额分布情况；

（4）制作带有地区销售经理照片的报表；

（5）通过对公司销售数据的分析，找出销售中存在的问题，并把存在问题的销售数据导出到文件中。

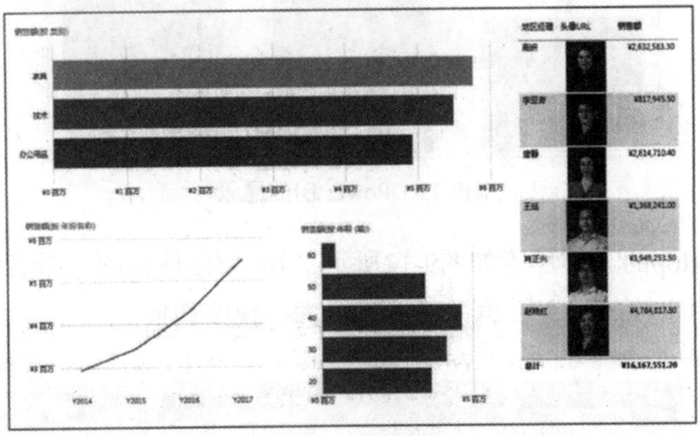

图9-9　公司销售情况的交互式可视化报告

9.3.2　解决方案

本节待处理问题的核心是如何应用Power BI，利用销售数据制作出交互式可视化报告；根据交互式可视化报告，利用数据钻取发现销售环节的问题，并将存在问题的数据导出后交给有关部门处理。

问题的处理流程如图9-10所示。

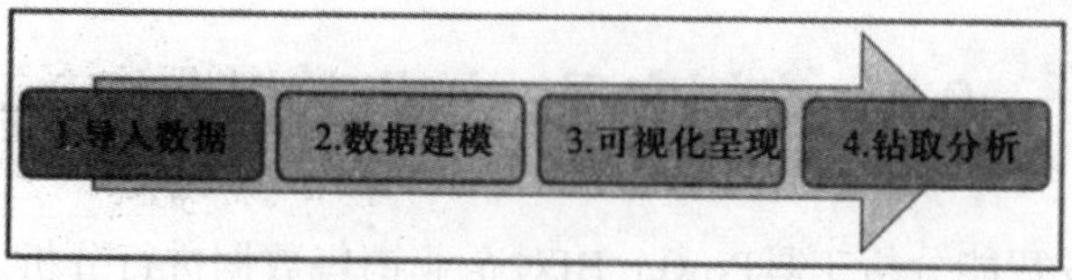

图9-10　问题的处理流程

9.3.3　预备知识

1．Power BI简介

Power BI是微软开发的一款商业智能软件，主要包括3个组件：Power BI Desktop（桌面版）、Power BI Online Service（在线版）和Power BI Mobile（移动版）。

Power BI的核心理念是让每个用户通过简单的操作，就可以完成商业智能和商业数据可视化的工作（Power BI的愿景如图9-11所示），不再需要很复杂的技术背景，从而大大节省成本、提高效率。

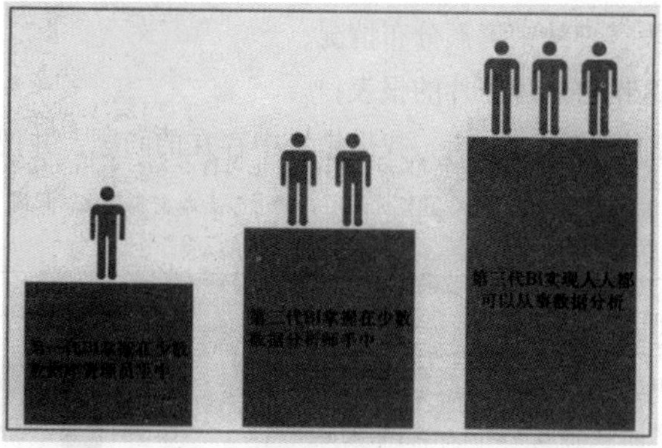

图9-11　Power BI的愿景

Power BI Desktop的工作环境如图9-12所示，其中有3种视图：报表视图、数据视图和关系视图。左侧有3个视图图标，单击图标可以进行视图切换。

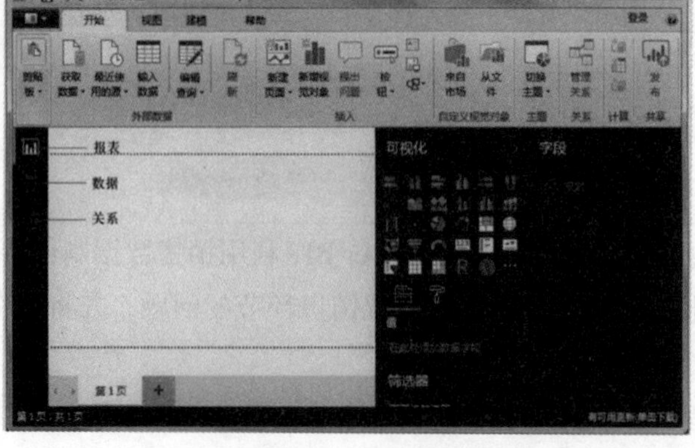

图9-12　Power BI Desktop的工作环境

Power BI Desktop还包含查询编辑器，其会在单独的窗口打开。在查询编辑器中，可以生成查询和转换数据，然后将经过优化的数据模型加载到Power BI Desktop，并创建报表。

2．Power BI处理数据的基本流程

（1）获取数据（Power Query）

获取数据是数据处理的关键，在实际工作中很多数据可能是不规范的，需要整理和清洗才能使用。数据可能存储在多个Excel文件中，也可能存储在数据库中或某些系统中。Power BI支持多种数据源的导入。建模完成后，如果数据源发生变化，只需一键刷新即可实现对数据的更新。

Power BI中负责数据获取和整理的组件是Power Query。

（2）分析数据（Power Pivot）

在Power BI中负责分析数据的组件是Power Pivot，它是Power BI系列工具的核心组件。利用Power Pivot可以让没有技术背景的企业业务人员进行数据建模时更方便，执行复杂的数据分析，制作可自动更新的企业级数据报告。

（3）呈现数据（Power View）

在Power BI中负责进行数据呈现的组件是Power View，利用Power View可以制作交互式报表，进行可视化展示。此外，还可以利用Power Map进行地图可视化展示。

（4）发布和分享

利用Power BI在线版，可以实现可视化仪表板的发布和分享。

9.3.4　任务1——导入数据、设置格式

1．导入数据

将文件“销售数据（素材）.xlsx”中的6张工作表：“产品数据”“地区数据”“订单数据”“客户数据”“日期数据”和“销售人员数据”，导入Power BI Desktop。

操作步骤：

（1）在“开始”选项卡的“外部数据”选项组中，单击“获取数据”按钮，在下拉列表中选择“Excel”选项，如图9-13所示。

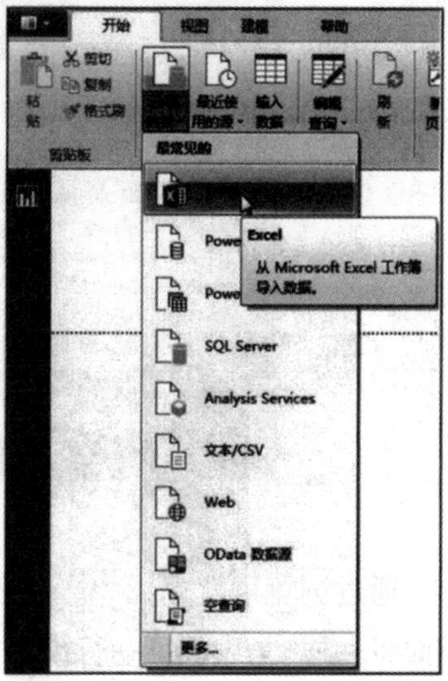

图9-13　选择“Excel”选项

（2）在“打开”文件对话框中，选择文件“销售数据（素材）.xlsx”，打开“导航器”对话框，选中其中的6张工作表，即“产品数据”“地区数据”“订单数据”“客户数据”“日期数据”和“销售人员数据”，单击“加载”按钮，如图9-14所示。

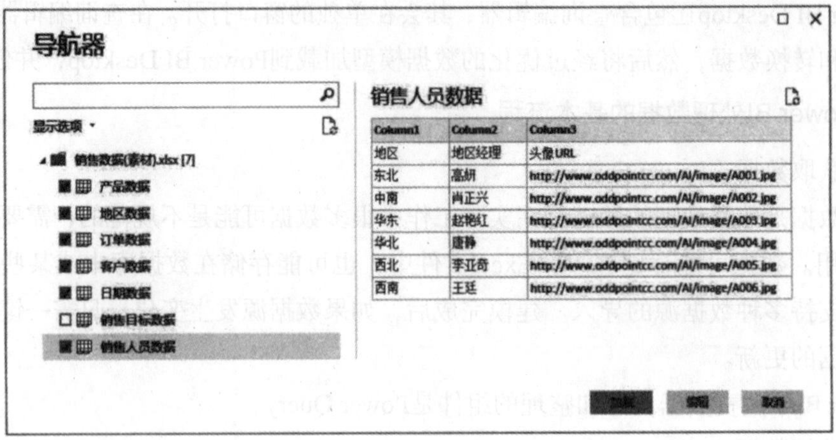

图9-14　浏览每张表中的数据

（3）保存文件，并将文件命名为“销售数据分析.pbix”。

2. 将表的第一行设置为标题

切换到数据视图，选中右侧“字段”任务窗格中的表名称，可以浏览每张表中的数据是否正常，如图9-15所示。

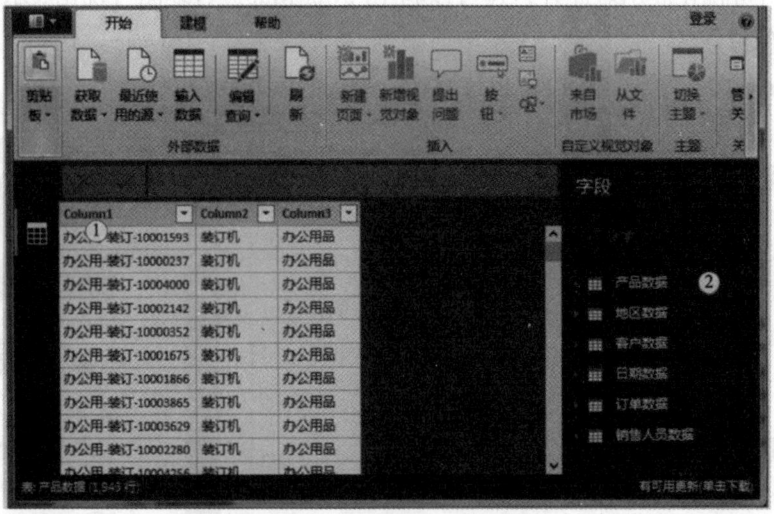

图9-15　浏览每张表中的数据

通过浏览可发现，“产品数据”“地区数据”和“销售人员数据”3张表没有标题行，下面将上述3张表的第一行设置为标题。

操作步骤：

（1）在“开始”选项卡的“外部数据”选项组中，单击“编辑查询”按钮，打开“Power Query编辑器”窗口，在窗口左侧的“查询”窗格中选中“产品数据”表，再单击编辑区左上角的编辑“”按钮，选择“将第一行用作标题”选项，如图9-16所示。

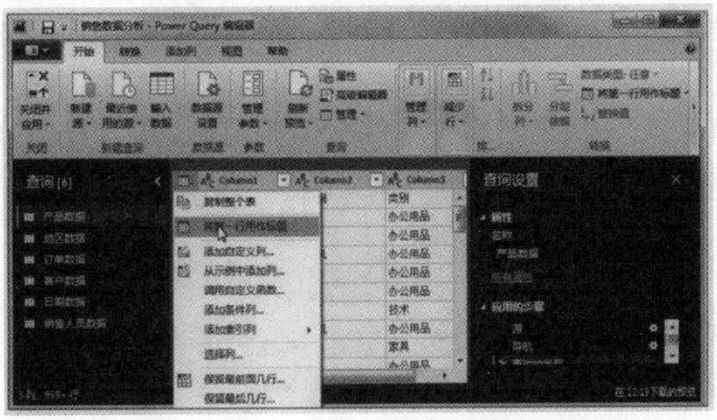

图9-16　选择“将第一行用作标题”选项

（2）用同样的操作将“地区数据”和“销售人员数据”两张表的第一行设置为标题。设置完成后，关闭“Power Query编辑器”提示对话框，在弹出的提示对话框中单击“是”按钮，保存更改，如图9-17所示。

图9-17　关闭“Power Query编辑器”提示对话框

3. 设置数据格式

下面将“订单数据”表中“销售额”和“利润”的数据格式设置为通用货币中的人民币，将“折扣”的数据格式设置为百分比。

操作步骤：

（1）在右侧的“字段”任务窗格中，选中“订单数据”表的“利润”字段，然后切换到“建模”选项卡，在“格式设置”选项组中，单击“格式：常规”按钮，在下拉列表中选择“货币”中的“Chinese （PRC）”选项，如图9-18所示。

图9-18　设置“利润”字段的数据格式

（2）将“订单数据”表中“销售额”字段的数据格式设置为通用货币中的人民币（操作步骤略）。

（3）将“订单数据”表中“折扣”字段的数据格式设置为百分比（操作步骤略）。

9.3.5 任务2——建立数据模型

在数据加载完成后，Power BI会自动创建各个数据表之间的关系。有些关系系统不能识别，这时需要手动建立关系。

1. 浏览各数据表之间的关系

切换到关系视图，可以看到系统已经自动创建了一些关系，如图9-19所示。“订单数据”已经与“地区数据”建立了多对一的关系，其中“*”代表多，“1”代表一。

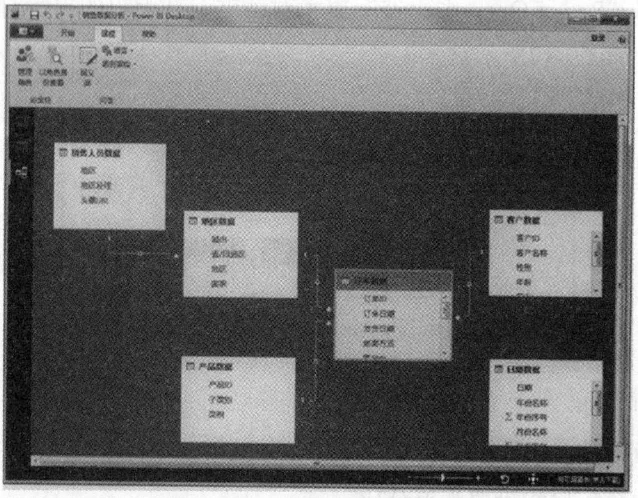

图9-19　系统自动创建的关系

“地区数据”“客户数据”“产品数据”与“订单数据”之间都是一对多的关系。“销售人员数据”与“订单数据”是通过“地区数据”相关联的。因此，把“订单数据”摆放在中间，这样更容易看清它们之间的关系。

2. 为“日期数据”表创建关系

系统没有为“日期数据”表创建关系，是因为在“订单数据”表中有“订单日期”和“发货日期”两个日期型字段，系统无法判断究竟应该用哪个日期建立关系。这时需要手动建立关系。

我们用“订单日期”来创建关系，操作方法如下：选中“订单数据”表中的“订单日期”字段，并将其拖拽到“日期数据”表的“日期”字段上。这样，我们就建立起了“订单日期”与“日期”的多对一关系，如图9-20所示。

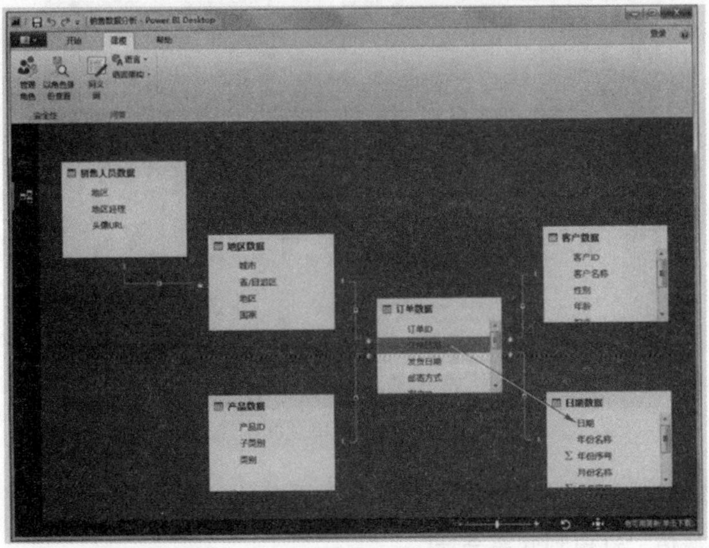

图9-20　建立“订单日期”与“日期”的多对一关系

9.3.6　任务3——新建列和新建度量值

对于一些比较复杂的需求，在数据表中可能不包括相关字段，如销售订单的利润率。在Power BI中可以通过新建列或新建度量值来实现复杂的需求。

1. 在“订单数据”表中新建“订单利润率”列

除订单利润外，订单利润率也是影响销售业绩的一个重要因素。下面在“订单数据”表中新建“订单利润率”列。其中，“订单利润率”的计算公式如下：

订单利润率=订单利润/订单销售额

操作步骤：

（1）切换到数据视图，在右侧的“字段”任务窗格中，选中“订单数据”表。

（2）在“建模”选项卡的“计算”选项组中，单击“新建列”按钮，在编辑栏中输入以下内容：

订单利润率='订单数据'[利润]/'订单数据'[销售额]

这时可以看到，每一行都算出了一个利润率，如图9-21所示。在输入公式时，需注意以下几点：

- 公式中的标点符号，必须用英文半角。
- 公式中需要引用表的字段时，只需输入一个单引号，系统会自动显示可以输入的内容，供用户选择。
- 输入完成后，单击编辑栏左边的对号确认按钮（或按“Enter”键确认）。

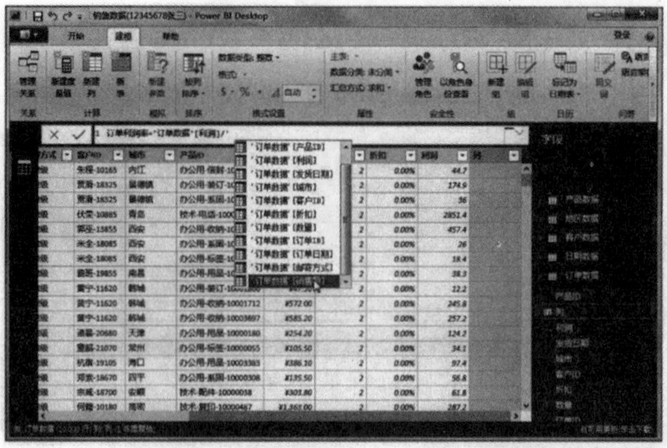

图9-21　新建“订单利润率”列

（3）把“订单利润率”列的数据格式设置为百分比，并保留2位小数。

2. 创建度量值“订单利润率合计”

上面用新建列的方法计算出了各个订单的利润率，但计算所有订单的总利润率时，是不能用各个订单的利润率之和来计算的。

在Power BI中计算所有订单的总利润率，是通过新建度量值的方法来实现的。下面创建度量值“订单利润率合计”。其中，“订单利润率合计”的计算公式如下：

订单利润率合计=订单利润总和/订单销售额总和

操作步骤：

（1）切换到数据视图，在“建模”选项卡的“计算”选项组中，单击“新建度量值”按钮。

（2）在编辑栏中输入以下内容：

订单利润率合计= sum（‘订单数据’[利润]）/sum（‘订单数据’[销售额]）

上面的公式中用到了sum函数，其作用是对变量（字段）求和，结果如图9-22所示。

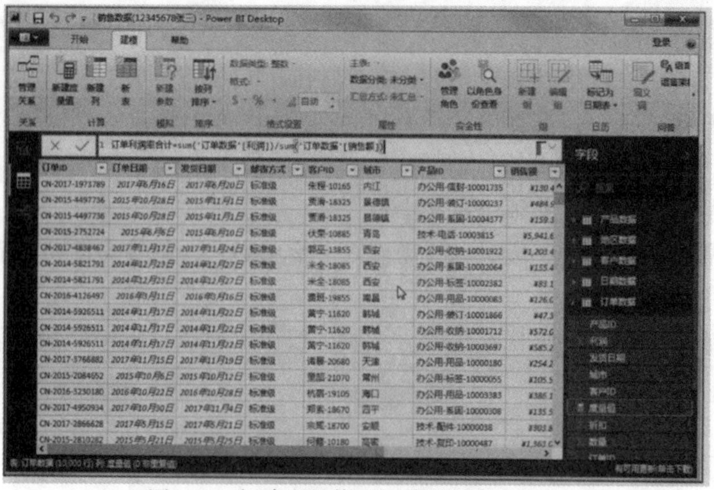

图9-22　新建度量值“订单利润率合计”

9.3.7　任务4——数据可视化

上面，我们在Power BI中完成了数据获取和数据建模工作，下面就可以实现数据可视化了。Power BI提供了一种可以通过拖拽来生成各种可视化对象的方法。

1. 用簇状柱形图表示平均年龄

操作步骤：

（1）切换到报表视图，在“字段”任务窗格中，把“客户数据”表中的“年龄”字段拖到报表视图中。

（2）在“可视化”任务窗格中，将“年龄”字段拖到“值”中，如图9-23所示。

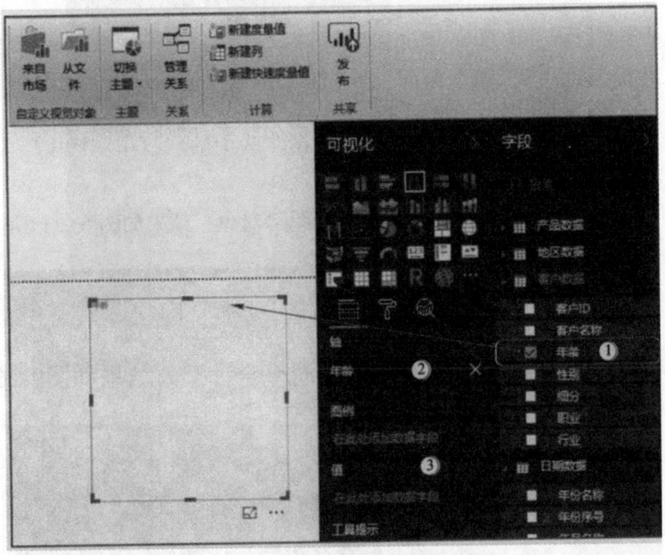

图9-23　把“年龄”字段拖到“值”中

（3）将“年龄”的汇总方式更改为“平均值”。

“年龄”的汇总方式用“计数”是不合理的，所以应更改为“平均值”。单击“可视化”任务窗格中“值”字段“年龄”右侧的按钮，在弹出的下拉列表中选择“平均值”选项，如图9-24所示。

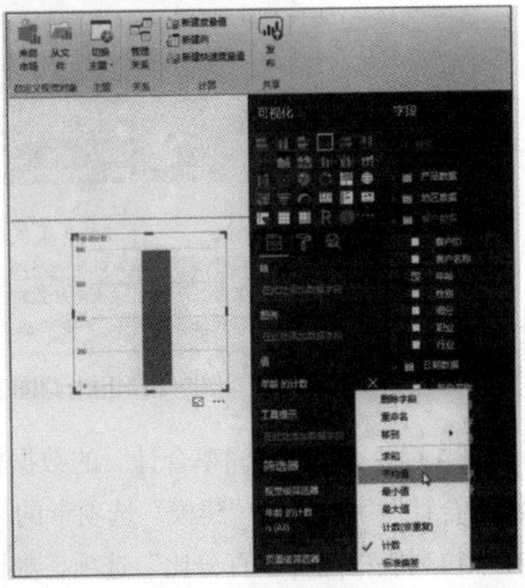

图9-24　将“年龄”的汇总方式更改为“平均值”

2. 用卡片图表示“订单利润率”和“订单利润率合计”

操作步骤：

（1）在“字段”任务窗格中，把“订单数据”表中的“订单利润率”字段拖到报表视图中。

（2）在“可视化”任务窗格中选择“卡片图”选项，结果如图9-25所示。

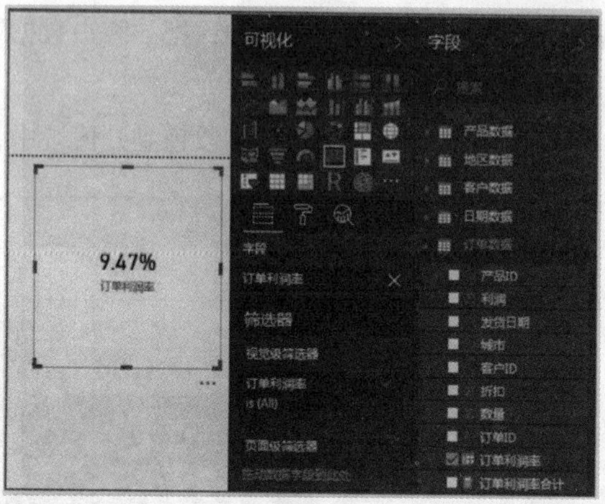

图9-25　在“可视化”任务窗格中选择“卡片图”选项

（3）同样，用卡片图表示度量值“订单利润率合计”，结果如图9-26所示。

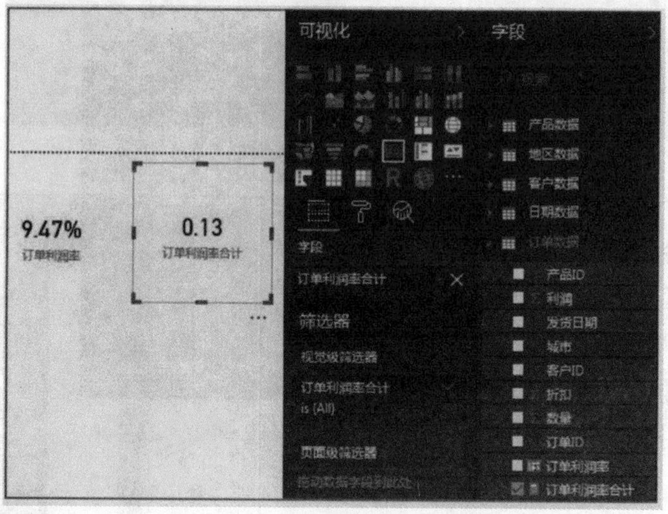

图9-26　用卡片图表示度量值“订单利润率合计”

（4）将“订单利润率合计”的数据格式设置为百分比，操作方法如下：选中“订单利润率合计”字段，在“建模”选项卡的“格式设置”选项组中，单击“格式：常规”按钮，在下拉列表中选择“百分比”选项，如图9-27所示。

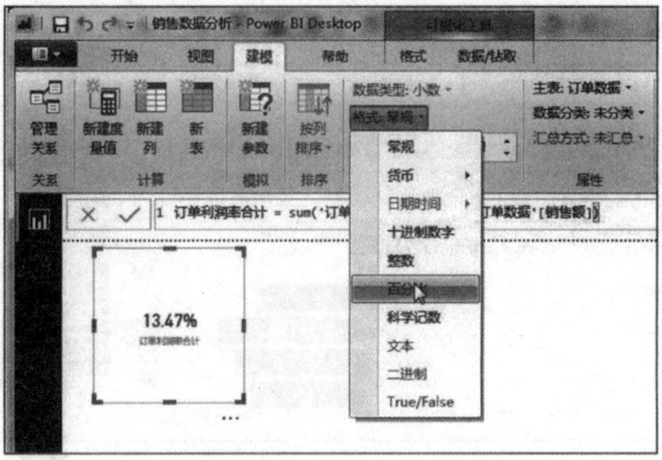

图9-27　将“订单利润率合计”的数据格式设置为百分比

上面的“订单利润率”指平均利润率，而“订单利润率合计”指总利润率。

3．计算各类商品的订单利润率

利用度量值与其他字段的组合，可以计算复杂的业务逻辑。

操作步骤：

（1）在“字段”任务窗格中，把“产品数据”表中的“类别”字段拖到报表视图中。

（2）将“订单利润率合计”拖到报表中的“类别”里，结果如图9-28所示。

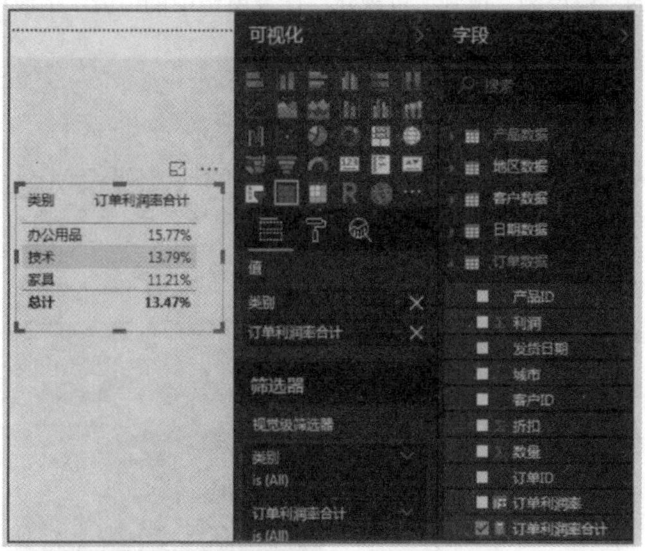

图9-28　将“订单利润率合计”拖到报表中的“类别”里

9.3.8　任务5——制作交互式可视化面板

在前面的任务中，利用Power BI完成了数据的导入、处理和建模。下面利用Power BI实现数据的可视化呈现，效果如图9-29所示。

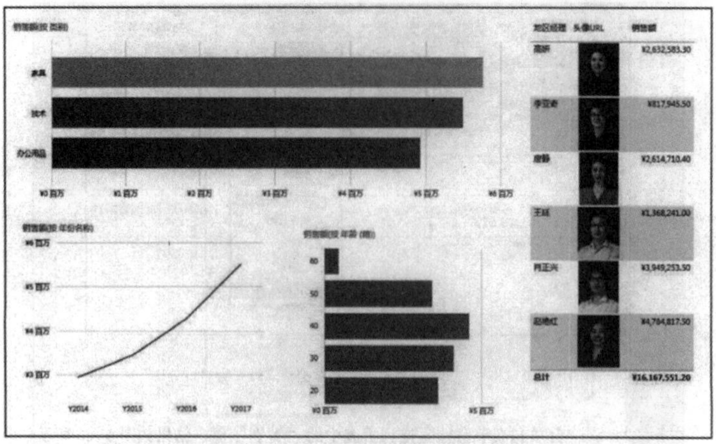

图9-29　利用Power BI实现数据的可视化呈现

1．用堆积条形图表示各类商品的销售额

操作步骤：

（1）单击报表视图状态栏中的“+”（加号）按钮，新建一张报表。

（2）用堆积条形图表示各类商品的销售额，并在条形图上显示数据标签。

① 选择“可视化”任务窗格中的“堆积条形图”选项，将堆积条形图插入报表视图。

② 将“产品数据”表中的“类别”拖到“可视化”任务窗格中的“轴”字段中，将“订单数据”表中的“销售额”拖到“可视化”任务窗格中的“值”字段中，如图9-30所示。

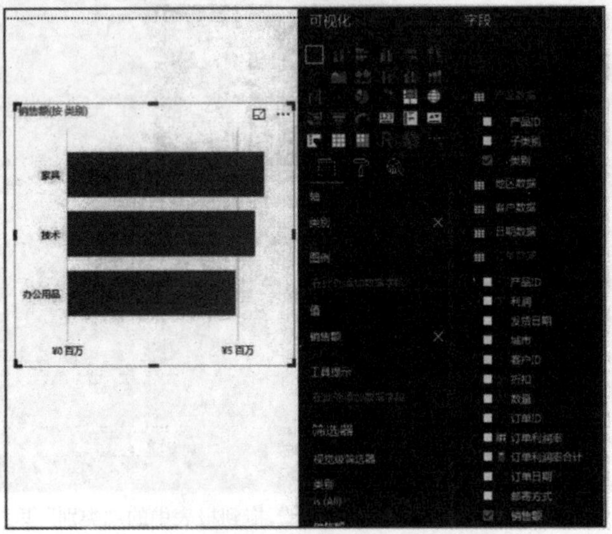

图9-30　用堆积条形图表示各类商品的销售额

2．将堆积条形图按商品销售额利润率大小由黄到红显示

操作步骤：

（1）切换到“可视化”任务窗格中的“格式”选项卡，选择“数据颜色”选项，再单

击其中的“高级控件”按钮，如图9-31所示。

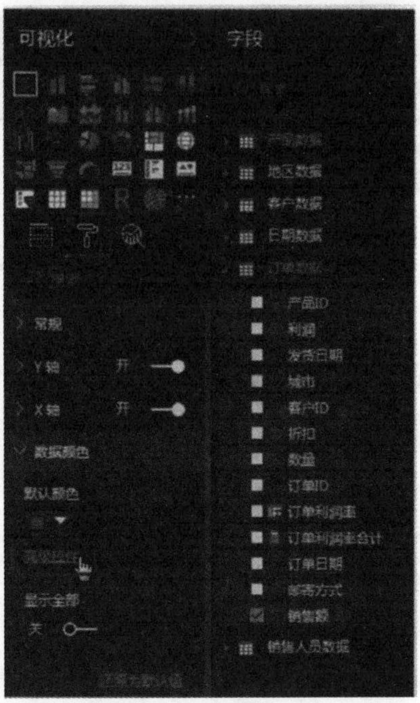

图9-31　“数据颜色”选项中的“高级控件”按钮

（2）在打开的“默认颜色-数据颜色”对话框中，按图9-32完成设置。

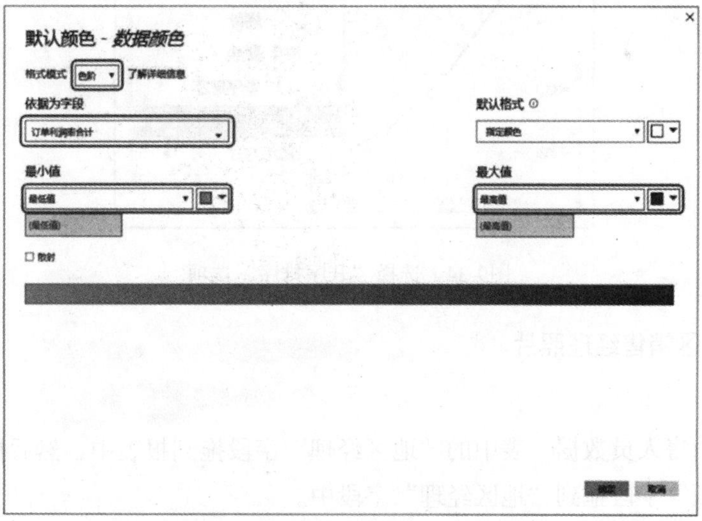

图9-32　“默认颜色-数据颜色”对话框

设置完成后的效果如图9-33所示。

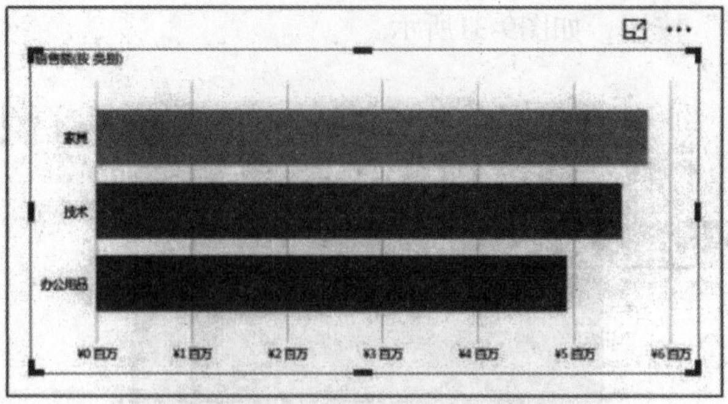

图9-33　设置完成后的效果

3. 制作销售额按年份变化的趋势折线图

操作步骤：

（1）将“日期数据”表中的“年份名称”字段拖到报表中，然后把“订单数据”表中的“销售额”字段拖到报表中的“年份名称”中。

（2）选择“可视化”任务窗格中的“折线图”选项。

（3）单击可视化对象右上角的“···”按钮，在弹出的菜单中选择“升序排序”选项，如图9-34所示。

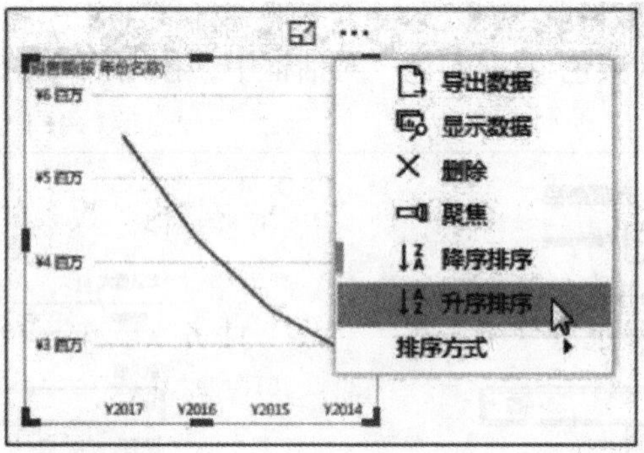

图9-34　选择“升序排序”选项

4. 显示地区销售经理照片

操作步骤：

（1）将“销售人员数据”表中的“地区经理”字段拖到报表中，然后把“头像URL”字段和“销售额”字段拖到“地区经理”字段中。

（2）在“字段”任务窗格中选中“销售人员数据”表中的“头像URL”字段，在“建模”选项卡的“属性”选项组中，设置“头像URL”字段的“数据分类”为“图像URL”格式，如图9-35所示。

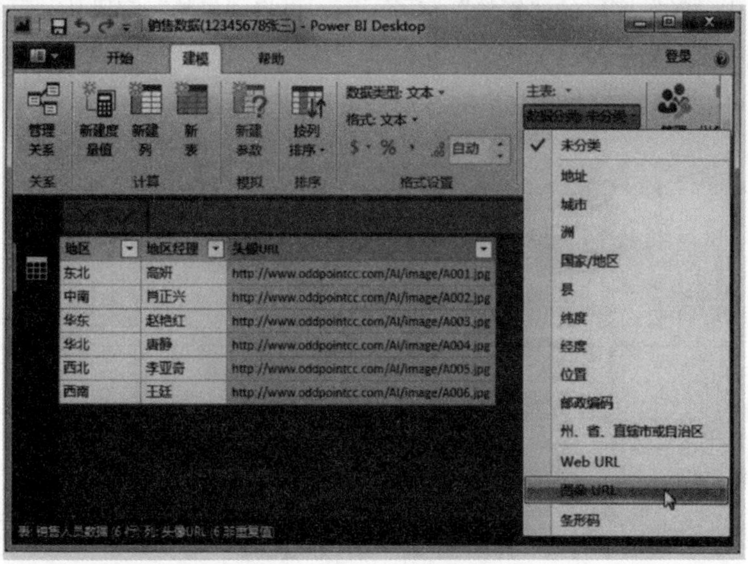

图9-35　设置“头像URL”字段的“数据分类”为“图像URL”格式

5. 按客户的年龄段显示销售额

操作步骤：

（1）把“客户数据”表中的“年龄”字段拖到报表中，并设置字段的汇总方式为“未汇总”。

（2）选择“堆积条形图”选项，再把“销售额”拖到报表的“年龄”中，则显示各个年龄的销售额。

（3）对“年龄”字段进行分组：在“字段”任务窗格中，单击“年龄”字段右侧的3个点，在弹出的列表中选择“新建组”选项，在弹出的“组”对话框中，将“装箱大小”设为10，如图9-36所示。

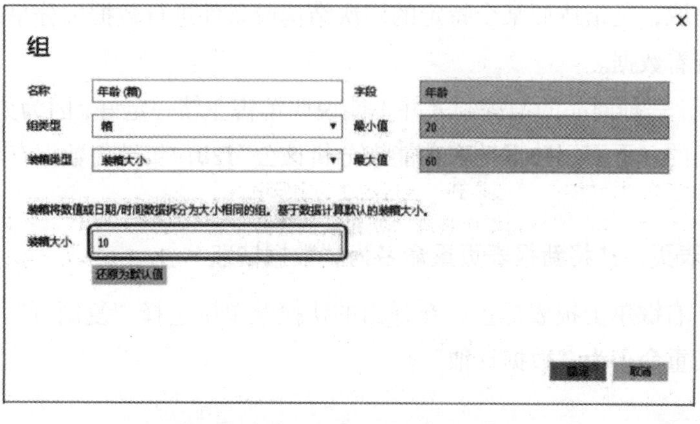

图9-36　对“年龄”字段进行分组

（4）这时，在“字段”任务窗格中出现了一个“年龄（箱）”字段，将其拖到“可视化”任务窗格中“轴”字段的“年龄”字段下面，再将“年龄”字段从“可视化”任务窗格中删除，则得到各年龄段的销售额。

由图9-37可以看出，30岁和40岁的客户是主要的消费群体。

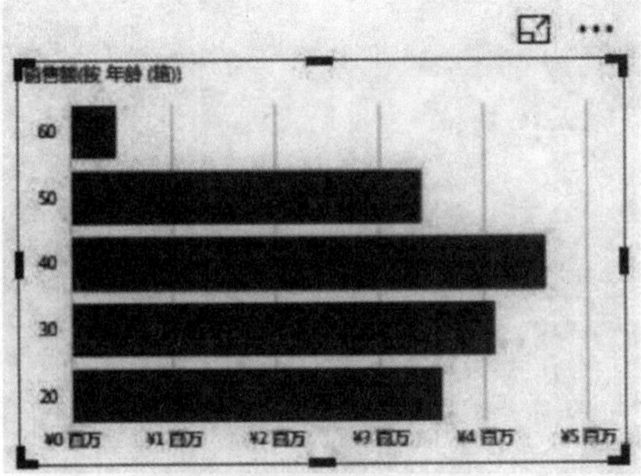

图9-37　各年龄段的销售额

这样就完成了交互式可视化报告面板的制作，上面的报告可以按照商品类别、地理位置、时间趋势、客户的年龄段及销售人员来显示销售额。

当选择一个不同的可视化内容时，其他的可视化内容也会随之变化。比如，选择某个销售经理，可以看到他所负责的地区及他的销售业绩的趋势；同时，他销售的商品种类及覆盖的用户群体也会很直观地显示出来。这就是Power BI提供的强大的可视化功能。

9.3.9　任务6——数据分析

当用Power BI建立了模型，并制作好可视化面板之后，就可以进行数据分析了。用Power BI提供的强大功能，可以在数据分析过程中打造一种交互式报告。所谓交互式和可视化，是指可以通过点击，不断地进行数据钻取，观察各种因素之间的影响，从而找到业务问题的答案或线索，进而解决业务问题。

所谓数据钻取，是指按照某个特定的层次结构或条件进行数据细分呈现，层层深入，以便更细致地查看数据。

一般情况下，一种商品的销售额大并不能说明销售业绩一定好，因为如果利润率不高，很可能是不盈利的。下面用数据钻取功能来分析该公司2017年销售数据存在的问题，结果如图9-38所示。

1．复制报表页，并将新报表页重命名为“数据钻取”

操作步骤：右键单击报表标签，在弹出的快捷菜单中选择“复制页”选项，如图9-39所示，然后将其重命名为“数据钻取”。

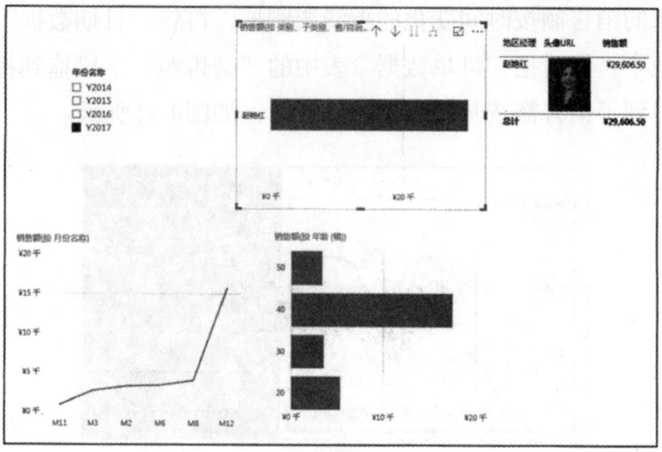

图9-38　数据钻取结果

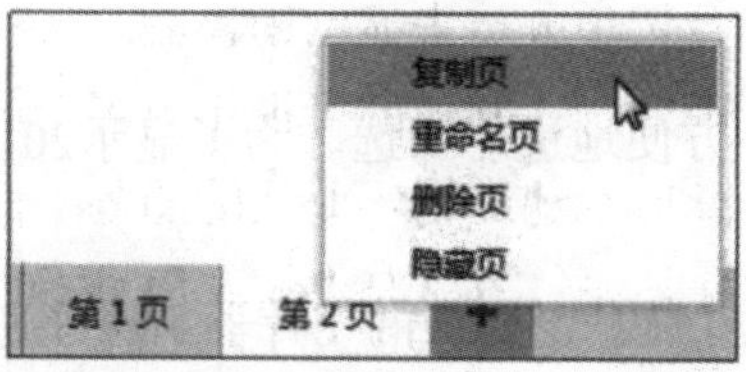

图9-39　在弹出的快捷菜单中选择“复制页”选项

2．制作销售额按月份变化的折线图，并将月份按升序排序

操作步骤：

（1）将“月份名称”按升序排序。

因为“月份名称”字段是字符型的，所以对“月份名称”的排序结果并不能完全按月份的顺序排序。“月份序号”字段是数值型的，因此，可以用“按列排序”功能对“月份名称”字段排序，方法如下：在数据视图中，选中“日期数据”表中的“月份名称”字段，单击“建模”选项卡中的“按列排序”按钮，在弹出的列表中选择“月份序号”选项，结果如图9-40所示。

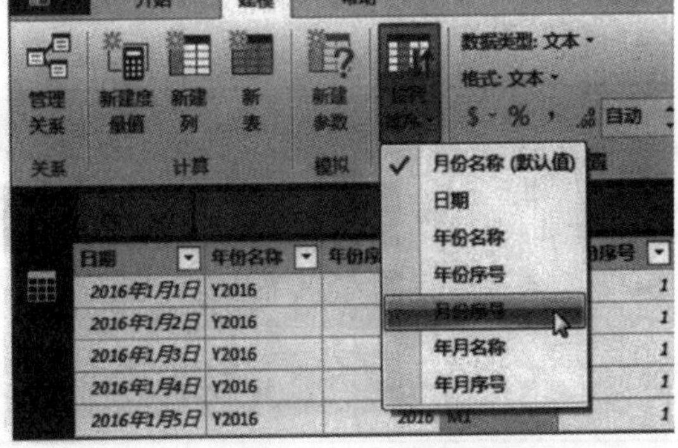

图9-40　“月份名称”按“月份序号”排序

（2）先把原来的销售额按时间变化的折线图删掉，再将“日期数据”表中的“月份名称”字段拖到报表中，然后把“订单数据”表中的“销售额”字段拖到报表中的“月份名称”中，这样就得到了销售额按月份变化的折线图，如图9-41所示。

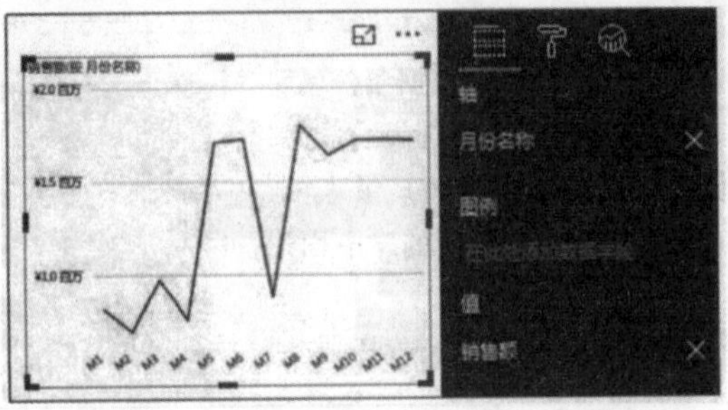

图9-41　销售额按月份变化的折线图

3. 插入切片器

利用切片器，可以快速、方便地进行筛选。为了显示2017年的销售额，我们在报表中插入切片器。

操作步骤：单击“可视化”任务窗格中的切片器，插入切片器对象，再将“日期数据”表中的“年份名称”拖到报表的切片器对象中，如图9-42所示。

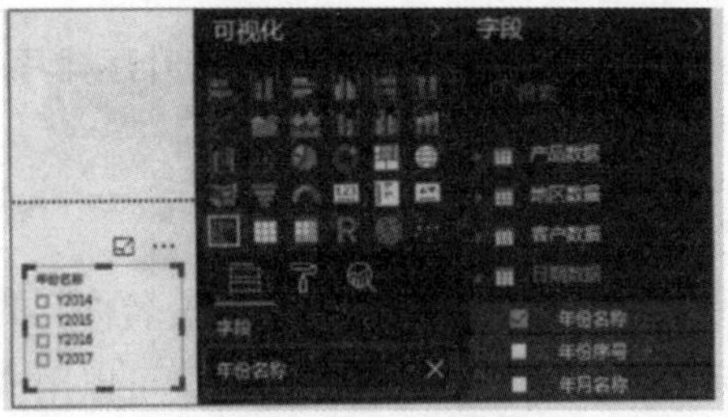

图9-42　插入切片器对象

下面用前面制作的商品销售额堆积条形图来分析2017年的销售数据，在切片器中选择“Y2017”选项，如图9-43所示。

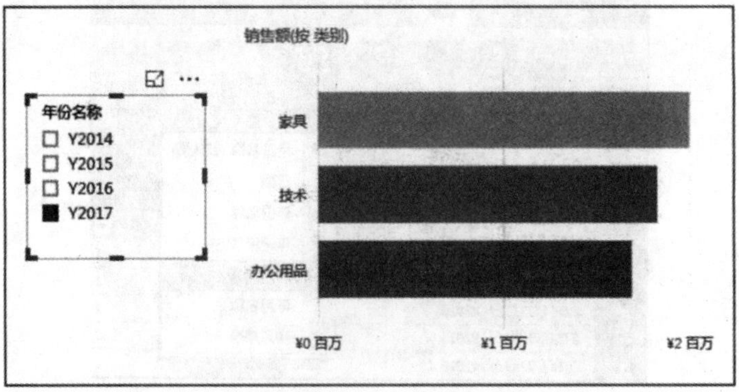

图9-43　2017年各类别商品的销售额及利润率

图9-43中不同类别商品的销售额数据条按销售额利润率大小由黄到红（黄表示最小，红表示最大）显示，可以看出“家具”类别的销售额是最大的，但它的颜色是黄色，说明利润率是最低的。下面通过数据钻取来分析这是什么原因造成的。

为此，把“产品数据”表中的“子类别”字段拖到“轴”字段中的“类别”字段下面，如图9-44所示。

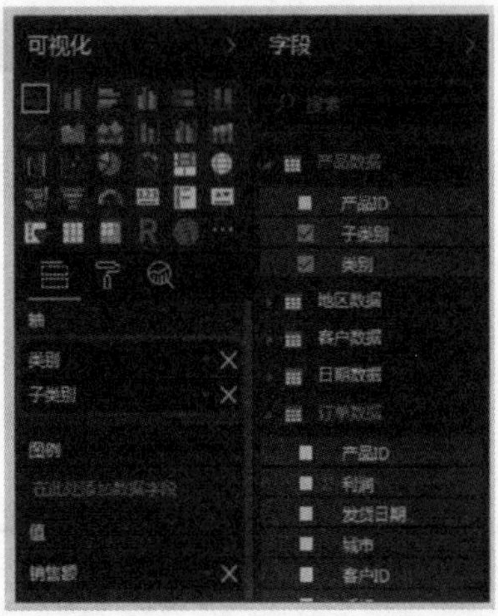

图9-44　将“子类别”字段拖到“轴”字段中的“类别”字段下面

4．利用数据钻取找出“家具”类别中销售额利润率最低的子类别

在“家具”类别上面单击右键，在弹出的快捷菜单中选择“向下钻取”选项，如图9-45所示。

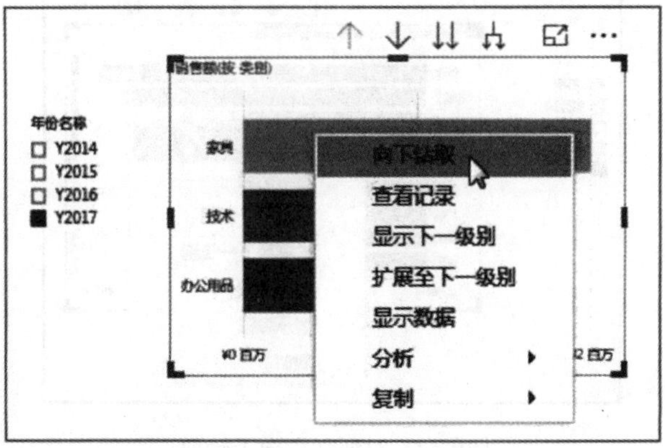

图9-45　选择“向下钻取”选项

向下钻取到“子类别”时，发现在“家具”下面的子类别中，“桌子”的利润率最低（数据条颜色是黄色的）。

5. 利用数据钻取找出“桌子”销售额利润率最低的省份

把“地区数据”表中的“省/自治区”字段放到“轴”字段中的“子类别”字段下面，看看“桌子”在哪个省份的销售额利润率最低，再从“桌子”向下钻取，如图9-46所示。

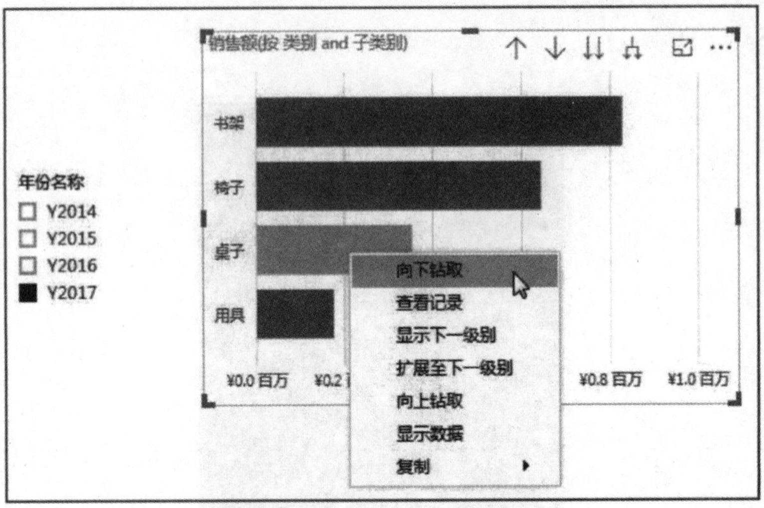

图9-46 从“桌子”向下钻取

6. 查找出现问题省份的销售经理

从钻取的结果看，“桌子”的销售额利润率首先在浙江省（颜色是黄色的）出现了问题，那么浙江省是谁负责的呢？我们把“销售人员数据”表中的“地区经理”字段放到“轴”字段中的“省/自治区”字段下面，然后进一步向下钻取，如图9-47所示。

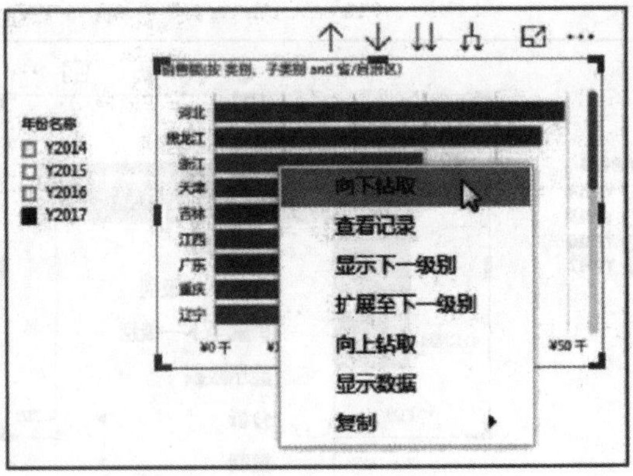

图9-47 对浙江省向下钻取

可以看到浙江省的销售经理是赵艳红。查找到赵艳红后，在右边的图表中可以看到赵艳红在浙江省的销售业绩，以及每年的销售情况，查找到的结果如图9-48所示。

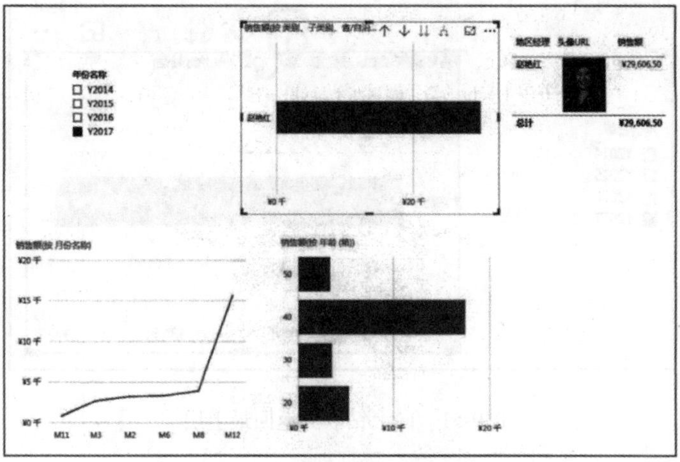

图9-48　查找到的结果

右键单击“赵艳红”，选择“查看记录”选项，可查看详细的数据信息，如图9-49所示。

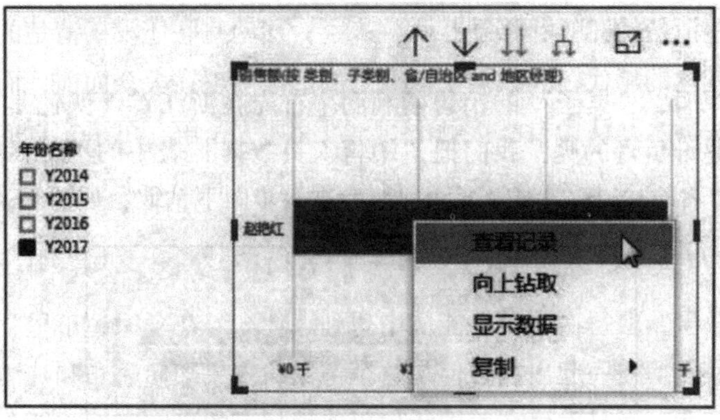

图9-49　选择“查看记录”选项

单击报表视图右上角的“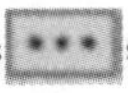”按钮，在弹出的列表中选择“导出数据”选项，可将查找到的数据导出到外部文件中，如图9-50所示。

我们还可以向上钻取，一步步返回最上层，如图9-51所示。

类别	子类别	省/自治区	地区经理	销售额	订单ID	订单日期	邮寄方式	客户ID	城市	产品ID
家具	桌子	浙江	赵艳红	¥835.50	US-2017-5180154	2017年11月28日	一级	庞奚-13960	温州	家具-桌子-10002947
家具	桌子	浙江	赵艳红	¥2,124.70	US-2017-2658950	2017年12月31日	标准级	赵钦-19600	杭州	家具-桌子-10000161
家具	桌子	浙江	赵艳红	¥2,667.30	CN-2017-1182921	2017年3月19日	标准级	石柯-10570	绍兴	家具-桌子-10002707
家具	桌子	浙江	赵艳红	¥3,203.30	US-2017-3436186	2017年2月9日	标准级	吴沙-11125	温州	家具-桌子-10000247
家具	桌子	浙江	赵艳红	¥3,315.90	US-2017-4443651	2017年6月28日	一级	贲包-18775	嘉兴	家具-桌子-10001448
家具	桌子	浙江	赵艳红	¥3,912.80	CN-2017-4178476	2017年8月4日	标准级	云满-10375	义乌	家具-桌子-10002289
家具	桌子	浙江	赵艳红	¥13,547.00	US-2017-5726249	2017年12月25日	标准级	吉栾-14335	兰溪	家具-桌子-10002495

图9-50　导出数据到外部文件中

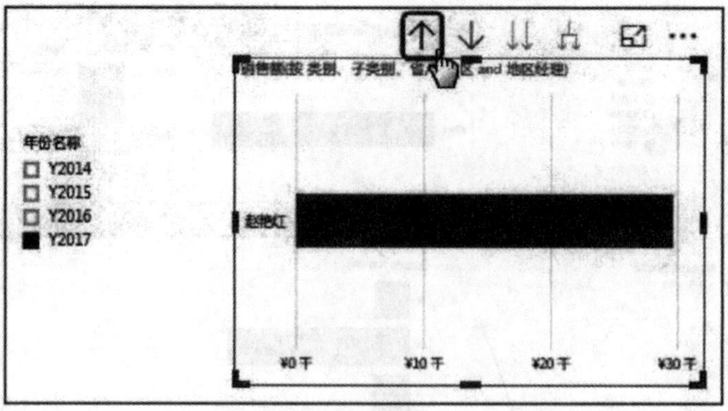

图9-51　向上钻取可返回最上层

上面，我们通过数据钻取发现并找到了销售数据中存在的问题，这样就可以把存在问题的数据反映给有关部门处理了。

9.4　应用场景

互联网还没搞清楚的时候，移动互联就来了；移动互联还没搞清楚的时候，大数据就来了。这是一个变化的年代，大数据正以高冷的形象出现在大众面前，而面对大数据，相信很多人都是一头雾水，认为自己接触不到，没必要去了解，可事实真的是这样吗？看过下面的经典案例，你就会发现大数据就在身边，而且很有趣。

9.4.1　尿布与啤酒

这是一个老故事，但每次看后总能从中想到点什么。在一家超市里，有一个有趣的现象：尿布和啤酒赫然摆在一起出售。但是这个奇怪的现象却使尿布和啤酒的销量双双增加了。这不是一个笑话，而是发生在美国沃尔玛连锁超市的真实案例，并一直为商家所津津乐道。原来，美国的妇女们经常会嘱咐她们的丈夫下班以后要为孩子买尿布。而丈夫们在买完尿布之后又要顺手买回自己爱喝的啤酒，因此，啤酒和尿布在一起购买的机会还是很多的。是什么让沃尔玛发现了尿布和啤酒之间的关系呢？商家正是通过对超市一年多的原始交易数据进行详细的分析，才发现了这对神奇的组合。

9.4.2　数据新闻让英国撤军

2010年10月23日，《卫报》利用维基解密的数据制作了一篇“数据新闻”，将伊拉克战争中所有的人员伤亡情况均标注于地图之上。地图上一个红点便代表一次死伤事件，鼠标点击红点后，在弹出的窗口中则有详细的说明：伤亡人数、时间，以及造成伤亡的具体原因。密布的红点多达39万个，显得格外触目惊心。该新闻一经刊出立即受到重视，推动英国最终做出撤出驻伊拉克军队的决定。

9.4.3 微软大数据成功预测奥斯卡21项大奖

2013年，微软纽约研究院的经济学家大卫·罗斯柴尔德（David Rothschild）利用大数据成功预测了24个奥斯卡奖项中的19个，成为人们津津乐道的话题。2014年，罗斯柴尔德再接再厉，成功预测了第86届奥斯卡金像奖24个奖项中的21个，继续向人们展示现代科技的神奇魔力。

9.4.4 Google成功预测冬季流感

2009年，Google分析了5000万条美国人最频繁检索的词汇，将其和美国疾病中心在2003至2008年间季节性流感传播时期的数据进行比较，并建立了一个特定的数学模型。最终，Google成功预测了2009年冬季流感的传播，甚至可以具体到特定的地区和州。

本章小结

本章介绍了大数据及商业智能的基本概念、典型案例、应用场景及未来发展趋势，并通过应用Power BI对企业销售数据进行分析的案例，介绍了商业智能分析的基本方法。本章需要了解的基本内容有：

（1）大数据及商业智能的基本概念；

（2）大数据与商业智能的区别；

（3）商业智能分析的基本方法；

（4）利用Power BI进行数据分析的流程及方法。

课后习题

一、选择题

1. 大数据的特征包括（　　）。

A. 数据量大、数据类型繁多　　B. 数据价值密度相对较低

C. 处理速度快、时效性要求高　　D. 以上都是

2. BI是指（　　）。

A. 大数据　　B. 人工智能　　C. 电子商务　　D. 商业智能

3. 下面（　　）是BI工具。

A. Photoshop　　B. PowerPoint　　C. Power BI　　D. AutoCAD

4. 商业智能系统的主要功能是（　　）。

A. 市场调研，分析数据，提出方案　　B. 确定主题，提出方案，收集数据

C. 获取数据，建模分析，呈现数据　　D. 提出方案，设计产品，销售分析

5. 以下对SAP描述错误的是（　　）。

A. SAP是公司名称，它是成立于1972年、总部位于德国沃尔多夫市的全球最大的企

业管理和协同化电子商务解决方案供应商

B. SAP是ERP（Enterprise-wide Resource Planning）软件名称，它是ERP解决方案的先驱，也是全世界排名第一的ERP软件

C. SAP是“企业管理解决方案”的软件名称

D. SAP不是德国开发的企业管理系列软件

6. 商业智能的ETL过程是指（　　）。

A. 数据的分析过程　　B. 数据的呈现过程

C. 数据的挖掘过程　　D. 数据的抽取、转换和装载过程

7. Power BI的愿景是（　　）。

A. 人人都可以进行数据库编程　　B. 人人都可以用Python语言编程

C. 人人都可以从事数据分析　　D. 人人都可以进行图像处理

8. Power BI中不包含（　　）。

A. 报表视图　　B. 数据视图　　C. 大纲视图　　D. 关系视图

9. 在Power BI中，对数据进行建模应该用（　　）。

A. 报表视图　　B. 分析视图　　C. 大纲视图　　D. 关系视图

10. 在Power BI中，进行数据呈现应该用（　　）。

A. 工具视图　　B. 数据视图　　C. 报表视图　　D. 关系视图

二、技能实训题：利用Power BI分析销售数据

请用Power BI对“销售分析（素材）.xlsx”中的销售数据进行分析，结果如图9-52所示。

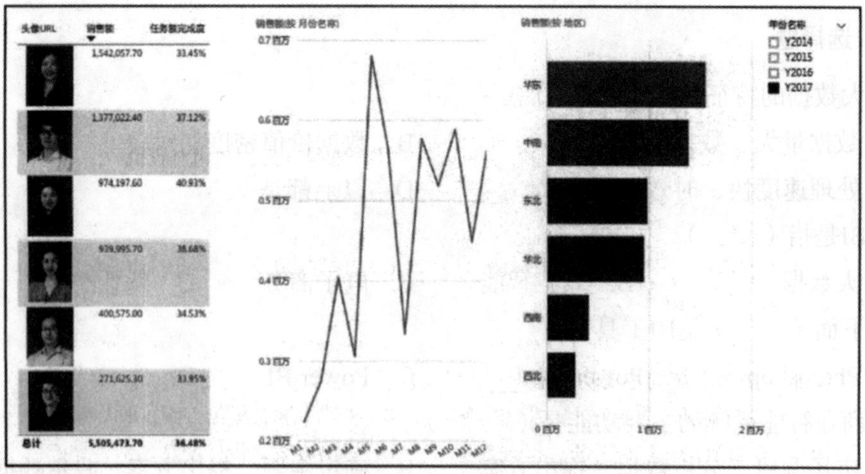

图9-52　技能实训题结果

要求如下：

1. 将文件中的6个工作表：“产品数据”“地区数据”“订单数据”“日期数据”“销

售人员数据”和“销售目标数据”，导入Power BI Desktop；

2. 对销售数据进行建模，并根据“销售目标数据”表和“订单数据”表新建度量值“目标额完成度”（其中，目标额完成度=销售额/销售目标额）；

3. 显示地区销售经理照片，以及相应的销售额和目标额完成度；

4. 插入切片器，并用折线图表示2017年各月的销售额，要求月份按升序排序；

5. 制作各地区销售额的堆积条形图，并将销售额数据条按目标额完成度大小由红（最大）到蓝（最小）变化显示；

6. 复制报表页，并将新报表页重命名为“数据分析”；

7. 在“数据分析”报表页中，在2017年销售目标额完成度最差的地区中，利用数据钻取找出该地区销售目标额完成度最差的商品类别，以及对应的子类别，并找出所属的地区销售经理，结果如图9-53所示。最后将相应的销售数据导出到文件中，将文件保存为“销售分析.pbix”。

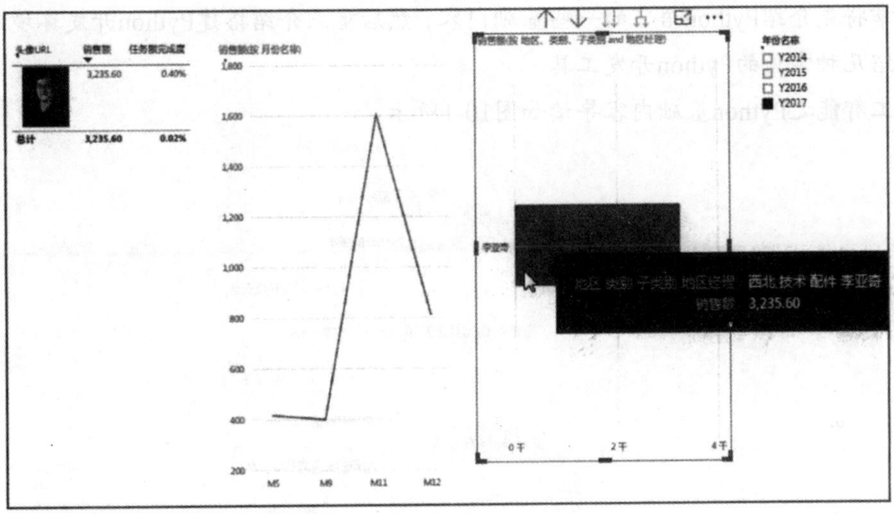

图9-53　技能实训题第7题结果

第10章　人工智能之Python基础

内容导读

Python是一种跨平台的、开源的、免费的、解释型的高级编程语言。近几年发展势头迅猛，在2021年3月的TIOBE编程语言排行榜中已经晋升到第3名了，而在IEEE Spectrum发布的2020年度编程语言排行榜中，Python位居第1名。另外，Python的应用领域非常广泛，在Web编程、图形处理、黑客编程、大数据处理、网络爬虫和科学计算等领域都能找到Python的身影。

本章将先介绍Python语言的一些基础内容，然后重点介绍搭建Python开发环境的方法，最后介绍几种常见的Python开发工具。

人工智能之Python基础内容导读如图10-1所示。

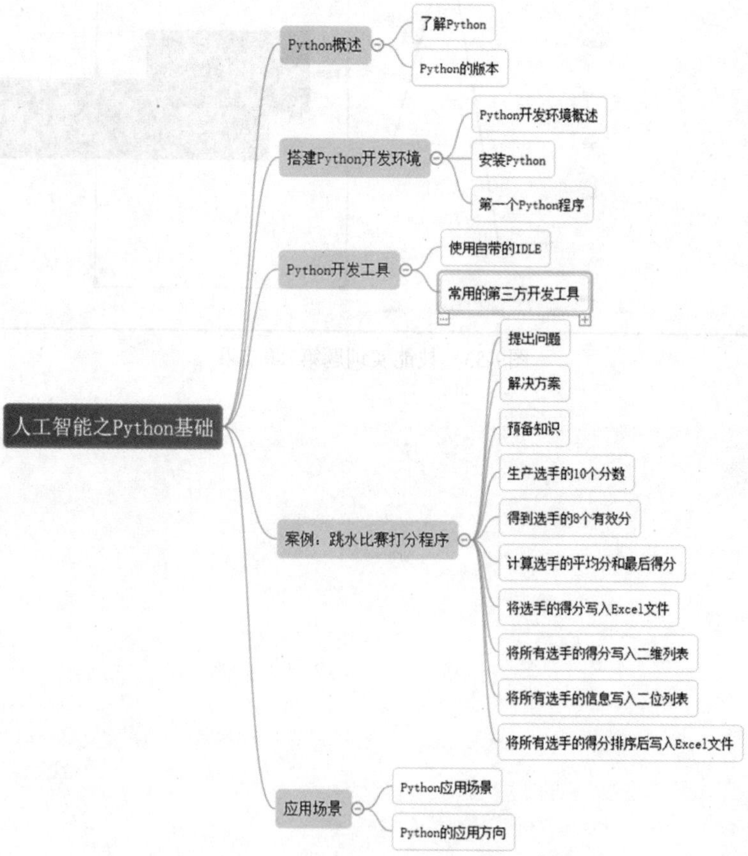

图10-1　人工智能之Python基础内容导读

10.1　Python概述

10.1.1　了解Python

Python，本义是指“蟒蛇”。1989年，荷兰人Guido van Rossum发明了一种面向对象的解释型高级编程语言，将其命名为Python，Python的标志如图10-2所示。Python的设计哲学为优雅、明确、简单，实际上，Python始终贯彻着这一理念，以至于现在网络上流传着“人生苦短，我用Python”的说法。可见Python有着简单、开发速度快、节省时间和容易学习等特点。

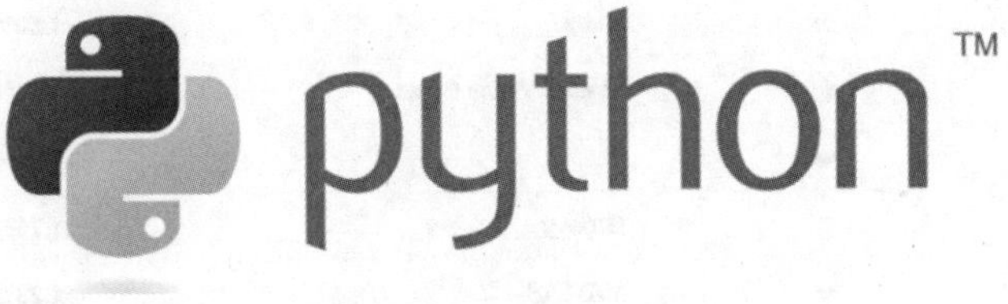

图10-2　Python的标志

Python是一种扩充性强大的编程语言。它具有丰富和强大的库，能够把使用其他语言制作的各种模块（尤其是C/C++）很轻松地联结在一起。所以Python常被称为“胶水”语言。

1991年，Python的第一个公开发行版问世。从2004年开始，Python的使用率呈线性增长，逐渐受到编程者的欢迎和喜爱。2020年，IEEE Spectrum发布的2020年度编程语言排行榜中，Python位居第1名，如图10-3所示。

May 2021	May 2020	Change	Programming Language	Ratings	Change
1	1		C	13.38%	-3.68%
2	3	↑	Python	11.87%	+2.75%
3	2	↓	Java	11.74%	-4.54%
4	4		C++	7.81%	+1.69%
5	5		C#	4.41%	+0.12%
6	6		Visual Basic	4.02%	-0.16%
7	7		JavaScript	2.45%	-0.23%
8	14	⇈	Assembly language	2.43%	+1.31%
9	8	↓	PHP	1.86%	-0.63%
10	9	↓	SQL	1.71%	-0.38%
11	15	⇈	Ruby	1.50%	+0.48%
12	17	⇈	Classic Visual Basic	1.41%	+0.53%
13	10	↓	R	1.38%	-0.46%
14	38	⇈	Groovy	1.25%	+0.96%
15	13	↓	MATLAB	1.23%	+0.06%
16	12	⇊	Go	1.22%	-0.05%
17	23	⇈	Delphi/Object Pascal	1.21%	+0.60%
18	11	⇊	Swift	1.14%	-0.65%
19	18	↓	Perl	1.04%	+0.16%
20	34	⇈	Fortran	0.83%	+0.51%

图10-3　IEEE Spectrum发布的2020年度编程语言排行榜前10名

10.1.2　Python的版本

Python自发布以来，主要有三个版本：1994年发布的Python 1.0版本（已过时）、2000年发布的Python 2.0版本（2020年4月份已经更新到2.7.18）和2008年发布的3.0版本（2020年7月份已经更新到3.8.5）。

1．初学者应该如何选择适合的版本

目前，根据Semaphore社区的调查结果显示，使用Python 2.x的开发者占63.7%，而Python 3.x的用户占36.3%，由此可见使用Python 2.x的用户还是占多数。2014年，Python的创始人宣布将Python 2.7支持时间延长到2020年。那么初学者应该选择什么版本呢？笔者建议初学者选择Python 3.x版本。理由主要有以下三点：

（1）使用Python 3.x是大势所趋

目前，虽然使用Python 2.x的开发者居多，但是使用Python 3.x的开发者更愿意进行版本更新，并且使用Python 3.x版本的开发者正在迅速扩展。2013—2018年Python主流版本应用情况比较，如图10-4所示。

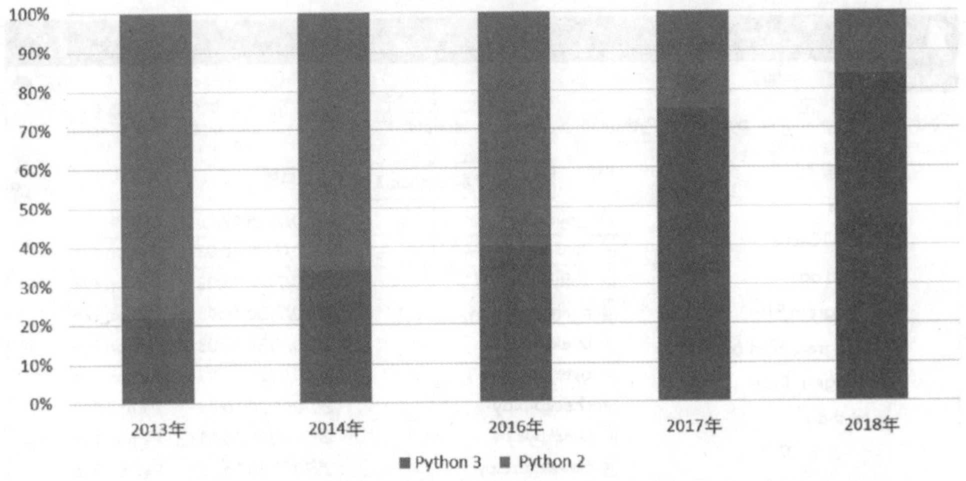

图10-4　2013—2018年Python主流版本应用情况比较

（2）Python 3.x在Python 2.x的基础上做了功能升级

Python 3.x对Python 2.x的标准库进行了一定程度的重新拆分和整合，比Python 2.x更容易理解，特别是在字符编码方面。Python 2.x中对于中文字符串的支持性能不够好，需要编写单独的代码对中文进行处理，否则不能正确显示中文。而Python 3.x已经将该问题成功解决了。

（3）Python 3.x和Python 2.x思想基本是共通的

Python 3.x和Python 2.x思想基本是共通的，只有少量的语法差别。学会了Python 3.x，只要稍微花一点时间学习Python 2.x的语法，就可以灵活运用这两个不同的版本了。说明：当然，选择Python 3.x也会有缺点，那就是很多扩展库的发行总是滞后于Python的发行版本，甚至目前还有很多库不支持Python 3.x。因此，在选择Python版本时，一定要先考虑清楚自己的学习目的，例如，打算做哪方面的开发、需要用到哪些扩展库，以及扩展库支持的最高Python版本等。明确这些问题后再做出适合自己的选择。

2．Python 2.x的代码转换为Python 3.x的代码

Python 2.x与Python 3.x的差别较大，所以Python 2.x的多数代码不能直接在Python 3.x环境下运行。由于兼容性的原因，网络上查找的资源多数是Python 2.x的代码，如果想要在Python 3.x环境下运行，就需要修改源代码。针对这一问题，Python官方提供了一个将Python 2.x代码转换为Python 3.x代码的小工具2to3.py，通过该工具可以将大部分Python 2.x代码转换为Python 3.x代码。

2to3.py工具的使用步骤如下：

（1）找到2to3.py文件，该文件保存在Python安装路径下的“Tools\scripts”子目录中。例如，这里将Python安装在“G:\python\Python38”目录下，那么2to3.py文件则保存在“G:\python\Python38\Tools\scripts”目录中Python 2转Python 3的工具，如图10-5所示。

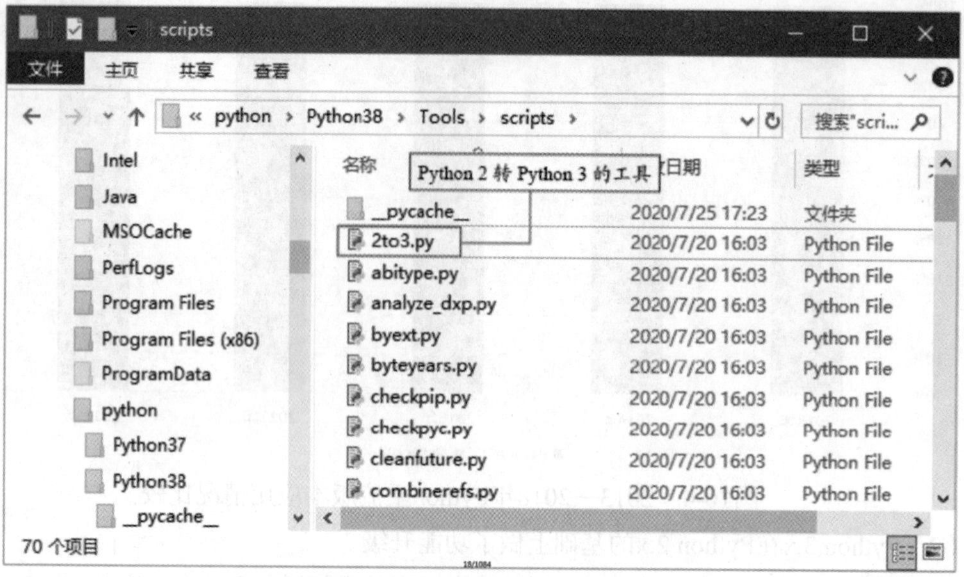

图10-5　Python 2转Python 3的工具

（2）将2to3.py文件复制到要转换代码所在目录下。

（3）打开开始菜单，在“搜索程序和文件”文本框中输入“cmd”命令，并按下“Enter”键，启动命令行窗口，然后进入要转换代码的文件所在的目录。例如，该文件保存在“E:\change”目录下，可以输出如下命令：

```
E:
cd change
```

切换文件所在路径的执行效果如图10-6所示。

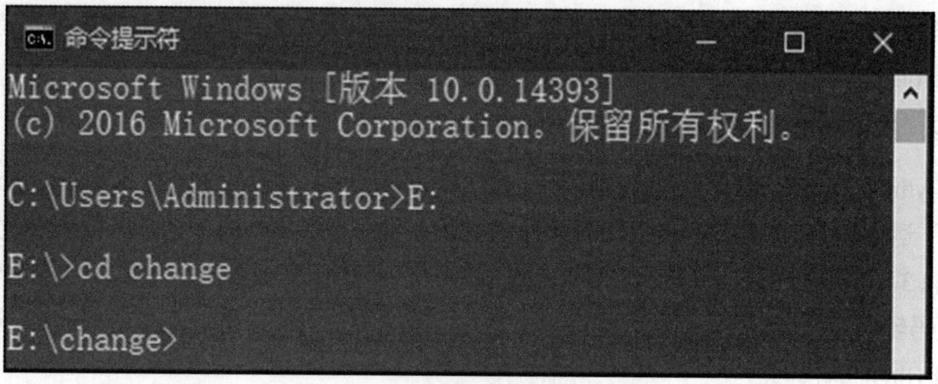

图10-6　切换文件所在路径的执行效果

（4）调用2to3.py工具转换代码。例如，要转换的文件名称为demo.py，可以使用下面的代码：

```
python 2to3.py -w demo.py
```

说明：上面的代码执行后，将会在“E:\change”目录下创建一个demo.py文件的备份文件，名称为demo.py.bak，同时，原demo.py文件的内容被转换为Python 3对应的代码。

使用2to3.py工具的执行效果如图10-7所示。

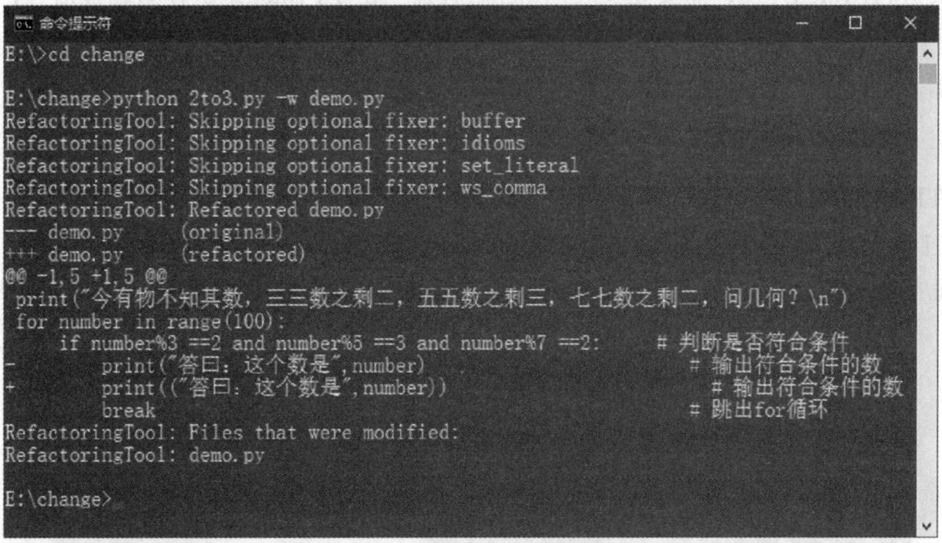

图10-7　使用2to3.py工具的执行效果

注意：尽量不要把要转换的代码保存在C盘，如果保存在C盘，可能会因权限问题导致转换不能正常完成。

10.2　搭建Python开发环境

10.2.1　Python开发环境概述

所谓“工欲善其事，必先利其器”。在正式学习Python开发前，需要先搭建Python开发环境。Python是跨平台的开发工具，可以在多个操作系统上进行编程，编写好的程序也可以在不同的系统上运行。进行Python开发常用的操作系统及说明如表10-1所示。

表10-1　进行Python开发常用的操作系统及说明

操作系统	说 明
Windows	推荐使用Windows 10或以上版本。Windows XP系统不支持安装Python 3.5及以上版本
Mac OS	从Mac OS x10.3（Panther）开始已经包含Python
Linux	推荐Ubuntu版本

说明：在个人开发学习阶段推荐使用Windows操作系统。本书采用的就是Windows操

作系统。

10.2.2 安装Python

要进行Python开发，需要先安装Python解释器。由于Python是解释型编程语言，所以需要一个解释器，这样才能运行编写的代码。这里说的安装Python实际上就是安装Python解释器。下面以Windows操作系统为例介绍安装Python的方法。

1. 下载Python安装包

在Python的官方网站中，可以很方便地下载Python的开发环境，具体下载步骤如下：

（1）打开浏览器（如Google Chrome浏览器），输入Python官方网站，地址“https://www.python.org/”，Python官方网站首页如图10-8所示。

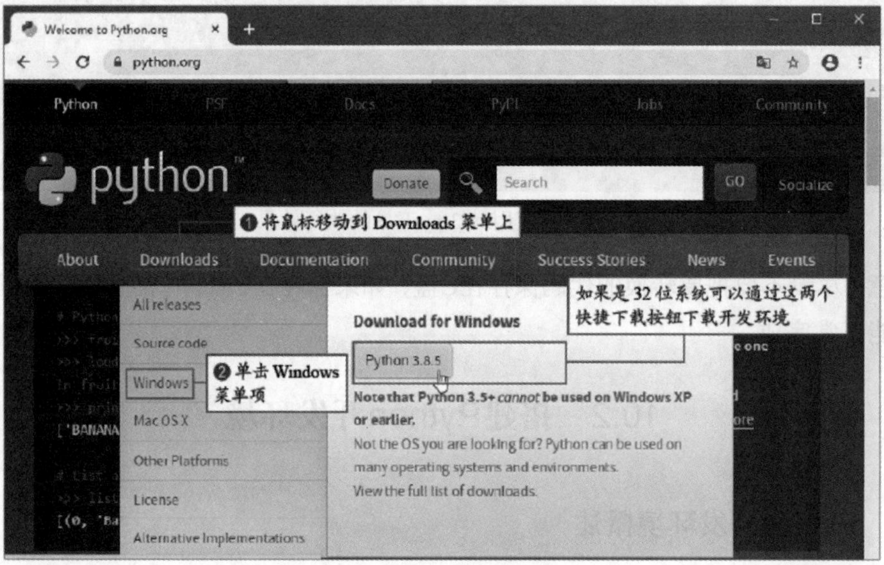

图10-8　Python官方网站首页

注意：如果选择Windows菜单项时，没有显示右侧的下载按钮，应该是页面没有加载完成，加载完成后就会显示了，请耐心等待。

（2）将鼠标移动到Downloads菜单上，将显示和下载有关的菜单项。如果使用的是32位的Windows操作系统，那么直接单击“Python 3.8.5”超链接下载32位的安装包；否则，选择Windows菜单项，进入详细的下载列表。由于笔者的计算机是64位的Windows操作系统，所以直接选择Windows菜单项，进入如图10-9所示的适合Windows系统的Python下载列表。

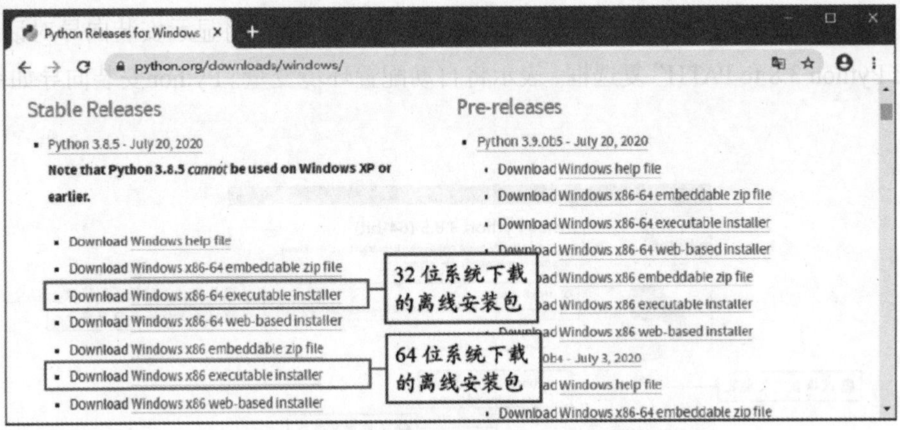

图10-9　适合Windows系统的Python下载列表

说明：在如图10-9所示的列表中，带有“x86”字样的压缩包，表示该开发工具可以在Windows 32位系统上使用；而带有“x86-64”字样的压缩包，则表示该开发工具可以在Windows 64位系统中使用。另外，标记为“web-based installer”字样的压缩包，表示需要通过联网完成安装；标记为“executable installer”字样的压缩包，表示通过可执行文件（*.exe）方式离线安装；标记为“embeddable zip file”字样的压缩包，表示嵌入式版本，可以集成到其他应用中。

（3）在Python下载列表页面中，列出了Python提供的各个版本的下载链接，可以根据需要下载。当前Python 3.x的最新稳定版本是3.8.5，单击“Windows x86-64 executable installer”超链接，下载适用于Windows 64位操作系统的离线安装包，如图10-10所示。

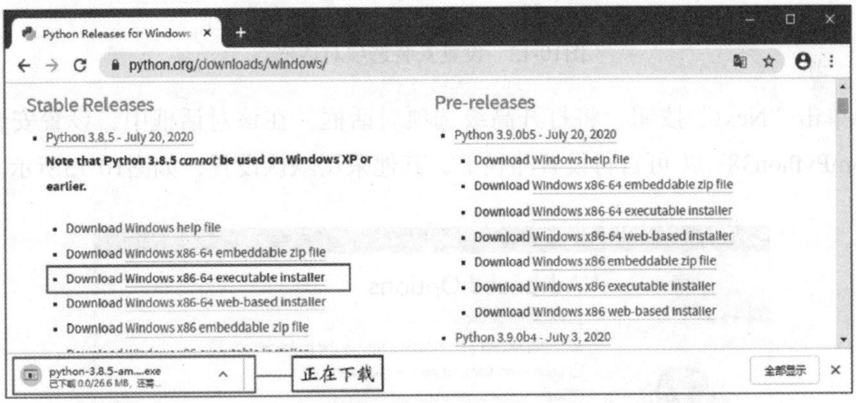

图10-10　下载适用于Windows 64位操作系统的离线安装包

（4）下载完成后，浏览器会自动提示“此类型的文件可能会损害您的计算机。您仍然要保留python-3.8.5-am⋯.exe吗？”，此时，单击“保留”按钮，保留该文件即可。

（5）下载完成后，将得到一个名称为“python-3.8.5-amd64.exe”的安装文件。

2．在Windows 64位系统中安装Python

在Windows 64位系统上安装Python 3.x的步骤如下：

（1）双击下载后得到的安装文件python-3.8.5-amd64.exe，将显示安装向导对话框，选中“Add Python 3.8 to PATH”复选框，表示将自动配置环境变量。Python安装向导如图10-11所示。

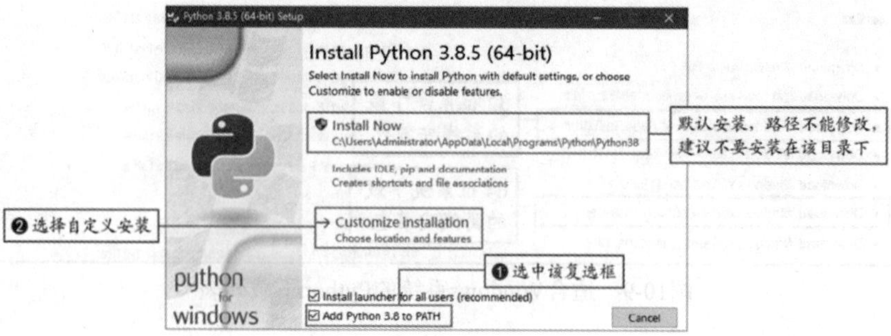

图10-11　Python安装向导

（2）单击“Customize installation”按钮，进行自定义安装（自定义安装可以修改安装路径），在弹出的安装选项对话框中采用默认设置，如图10-12所示。

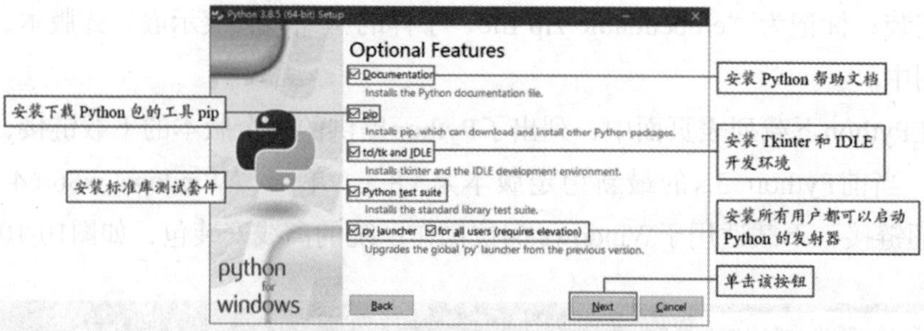

图10-12　设置安装选项对话框

（3）单击“Next”按钮，将打开高级选项对话框，在该对话框中，设置安装路径为“C:\Python\Python38”（可自行设置路径），其他采用默认设置，如图10-13所示。

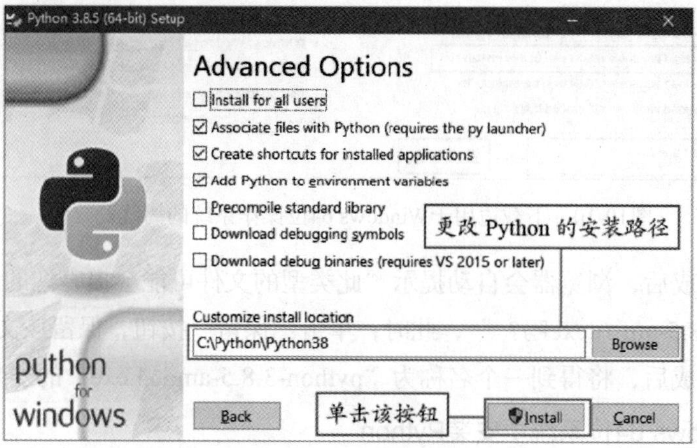

图10-13　设置安装路径

（4）单击“Install”按钮，开始安装Python，安装完成后将显示如图10-14所示的对话框。

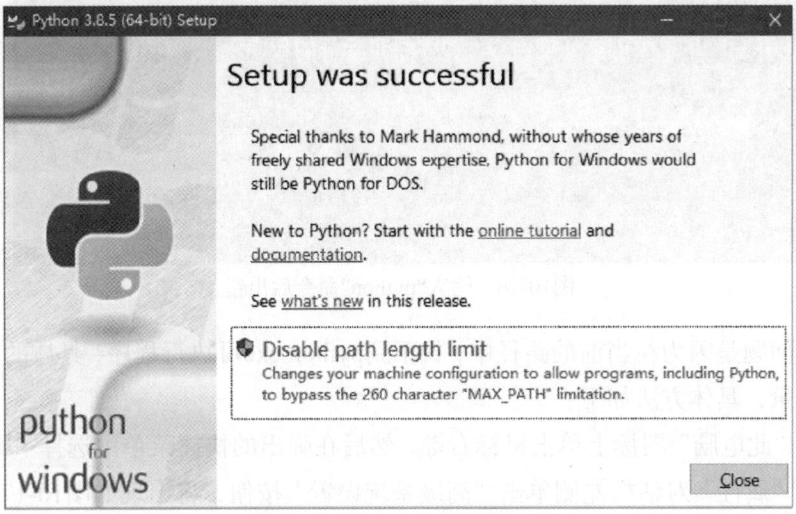

图10-14　安装完成后的对话框

3．测试Python是否安装成功

Python安装完成后，需要检测Python是否成功安装。例如，在Windows 10系统中检测Python是否成功安装，可以在开始菜单右侧的“在这里输入你要搜索的内容”文本框中输入“cmd”命令，启动命令行窗口，在当前的命令提示符后面输入“python”，按下“Enter”键，如果出现如图10-15所示的信息，则说明Python安装成功，同时系统进入交互式Python解释器中。

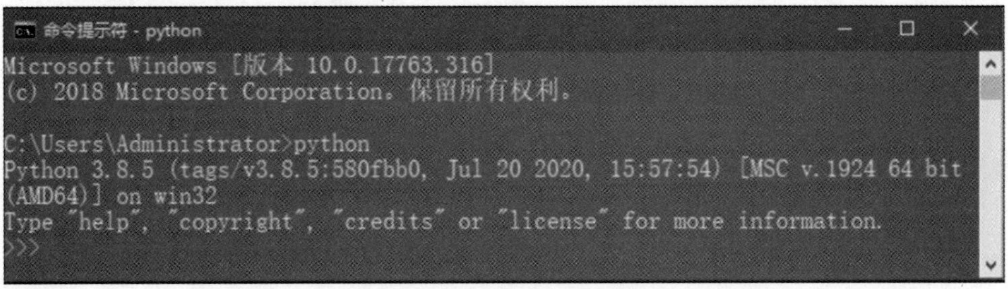

图10-15　在命令行窗口中运行的Python解释器

说明：图10-15中的信息是笔者计算机中安装的Python的相关信息，包括Python的版本、该版本发行的时间、安装包的类型等。因为选择的版本不同，这些信息可能会有所差异，但命令提示符变为“>>>”即说明Python已经安装成功，正在等待用户输入“python”命令。

注意：如果输入“python”命令后，没有出现如图10-15所示的信息，而是显示“‘python’不是内部或外部命令，也不是可运行的程序或批处理文件”，如图10-16所示。这时，需要在环境变量中配置Python。

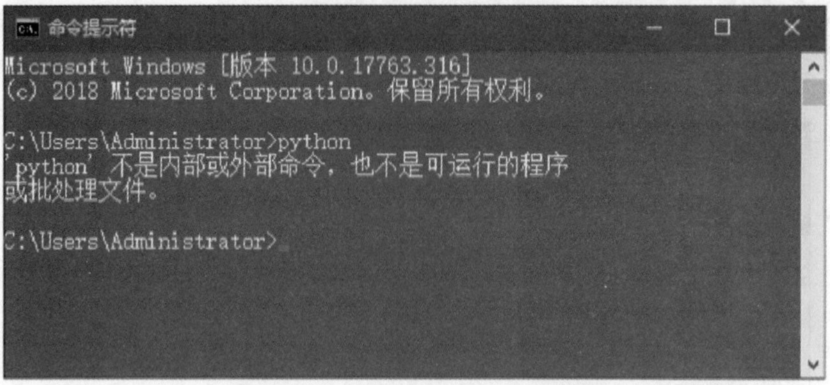

图10-16　输入"python"命令后出错

出现该问题是因为在当前的路径中，找不到python.exe可执行程序，具体的解决方法是配置环境变量，具体方法如下：

（1）在“此电脑”图标上单击鼠标右键，然后在弹出的快捷菜单中选择“属性”选项，并在弹出的“属性”对话框左侧单击“高级系统设置”按钮，将出现如图10-17所示的“系统属性”对话框。

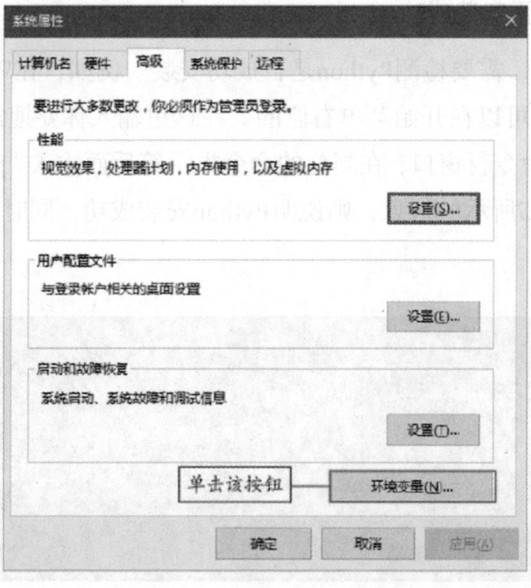

图10-17　“系统属性”对话框

（2）单击“环境变量”按钮，将弹出“环境变量”对话框，如图10-18所示，选中“系统变量”栏中的Path变量，然后单击“编辑”按钮。

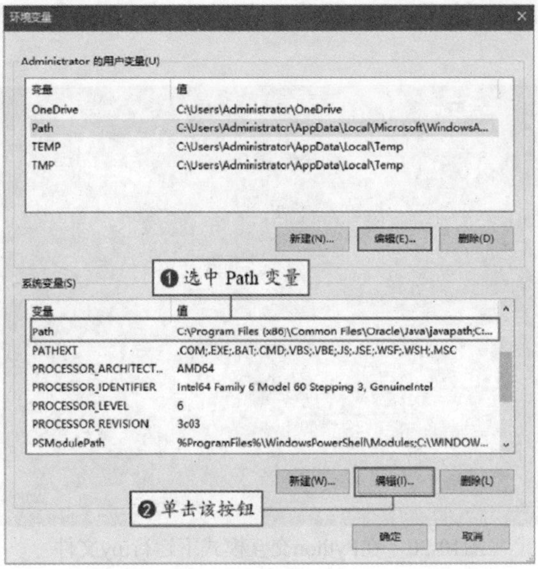

图10-18　“环境变量”对话框

（3）在弹出的“编辑系统变量”对话框中，单击“新建”按钮，在光标所在位置输入Python的安装路径“C:\Python\Python38\”，然后再单击“新建”按钮，并且在光标所在位置输入“C:\Python\Python38\Scripts\”（其中C盘为笔者的Python安装路径所在的盘符，可以根据自身的实际情况进行修改），如图10-19所示。单击“确定”按钮，完成环境变量的设置。

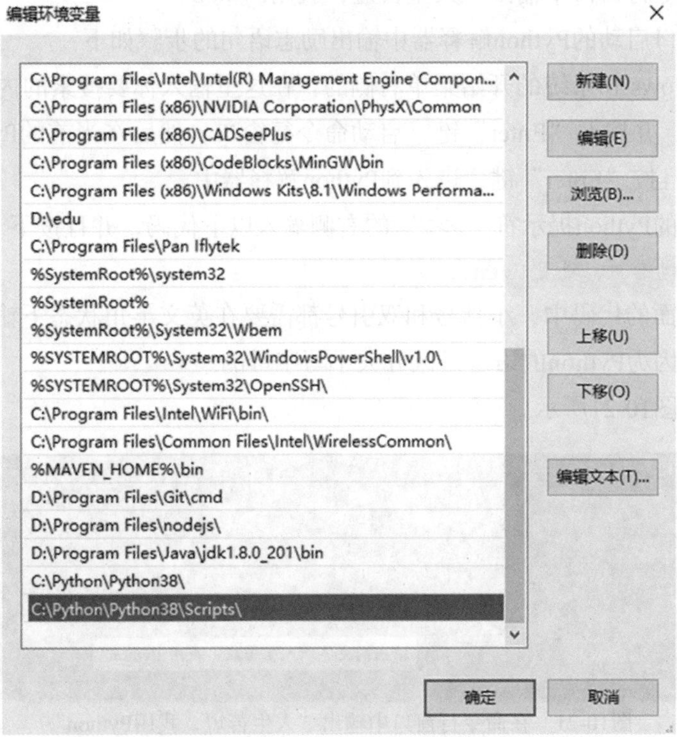

图10-19　设置Path环境变量

（4）在命令行窗口中，输入python命令，将进入到Python交互式解释器中，如图10-20所示。

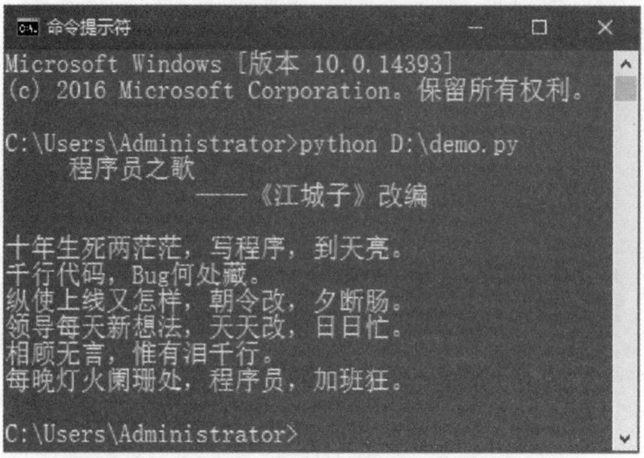

图10-20　在Python交互模式下运行.py文件

10.2.3　第一个Python程序

作为程序开发人员，学习新语言的第一步就是输出。学习Python也不例外，首先从学习输出简单的词句开始，下面通过两种方法实现同一输出。

1．在命令行窗口中启动的Python解释器中实现

例如，在命令行窗口中输出“人生苦短，我用Python”

在命令行窗口启动的Python解释器中输出励志语句的步骤如下：

（1）在Windows 10系统的开始菜单右侧的“在这里输入你要搜索的内容”文本框中输入“cmd”命令，并按下“Enter”键，启动命令行窗口，然后在当前的Python提示符后面输入python，并且按“Enter”键，进入到Python解释器中。

（2）在当前的Python提示符“>>>”的右侧输入以下代码，并且按下“Enter”键。

```
print（“人生苦短，我用 Python”）
```

注意：在上面的代码中，小括号和双引号都需要在英文半角状态下输入，并且print全部为小写字母。因为Python的语法是区分大小写字母的。

运行结果如图10-21所示。

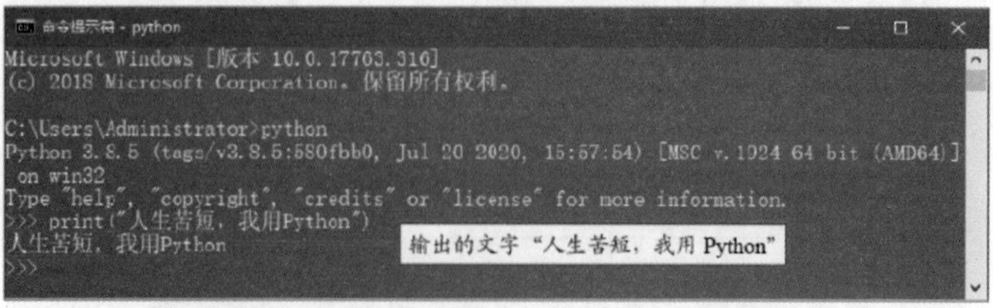

图10-21　在命令行窗口中输出“人生苦短，我用Python”

2. 在Python自带的IDLE中实现

通过前面的例子可以看出，在命令行窗口中的Python解释器中，编写Python代码时，代码颜色是纯色的，不方便阅读。实际上，在安装Python时，会自动安装一个开发工具IDLE，通过它编写Python代码时，会用不同的颜色显示代码，这样代码将更容易阅读。下面将通过一个具体的实例演示如何打开IDLE，并且实现与前面例子相同的输出结果。

再如：在IDLE中输出“人生苦短，我用Python”

在IDLE中输出励志语句的步骤如下：

（1）单击Windows 10系统的开始菜单，然后依次选择“所有程序”→“Python 3.8”→“IDLE （Python 3.8 64-bit）”菜单项，即可打开IDLE窗口，如图10-22所示。

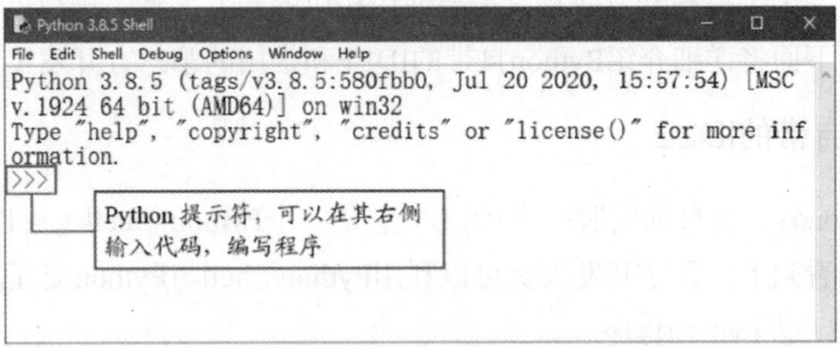

图10-22　IDLE窗口

（2）在当前的Python提示符“>>>”的右侧输入以下代码，然后按下“Enter”键。

```
print（"人生苦短，我用 Python"）
```

运行结果如图10-23所示。

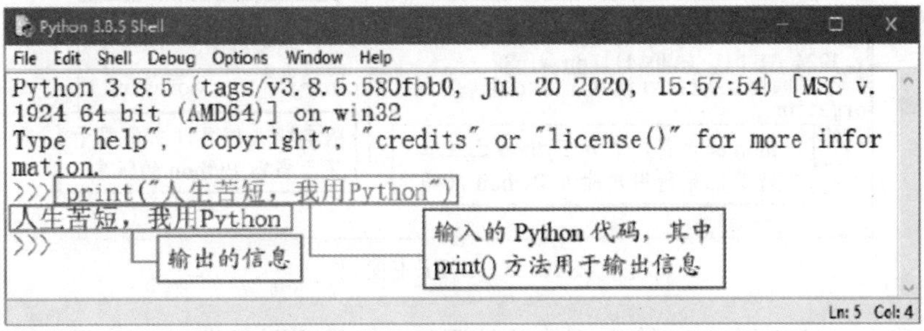

图10-23　在IDLE中输出“人生苦短，我用Python”

常见错误：如果在中文状态下输入代码中的小括号或者双引号，那么将产生语法错误。例如，在IDLE开发环境中输入并执行下面的代码：

```
print（"人生苦短，我用 Python"）
```

将会出现如图10-24所示的错误提示。

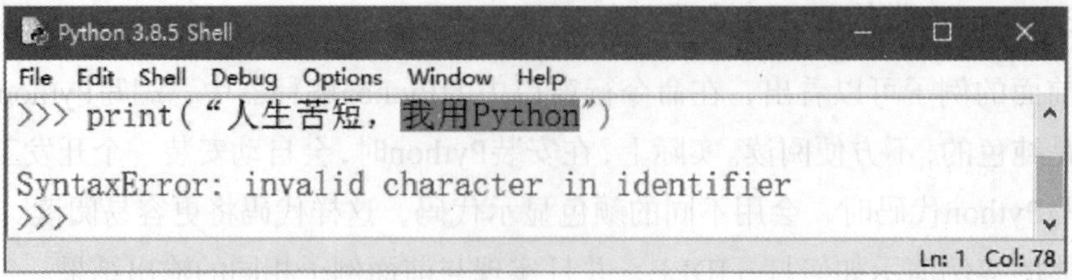

图10-24　在中文状态下输入代码中的小括号或者双引号后出现的错误提示

10.3　Python开发工具

通常情况下，为了提高开发效率，需要使用相应的开发工具。进行Python开发也可以使用开发工具。下面将详细介绍Python自带的IDLE和常用的第三方开发工具。

10.3.1　使用自带的IDLE

在安装Python后，会自动安装一个IDLE。它是一个Python Shell（可以在打开的IDLE窗口的标题栏上看到），程序开发人员可以利用Python Shell与Python交互。下面将详细介绍如何使用IDLE开发Python程序。

1. 打开IDLE并编写代码

单击Windows 10系统的开始菜单，然后依次选择“所有程序”→“Python 3.8”→“IDLE（Python 3.8 64-bit）”菜单项，即可打开IDLE主窗口，如图10-25所示。

图10-25　IDLE主窗口

在前面我们已经应用IDLE输出了简单的语句，但是实际开发时，通常不能只包含一行代码，当需要编写多行代码时，可以单独创建一个文件保存这些代码，在全部编写完成后一起执行。具体方法如下：

（1）在IDLE主窗口的菜单栏上，选择“File”→“New File”菜单项，将打开一个新窗口，在该窗口中，可以直接编写Python代码。在输入一行代码后再按下“Enter”键，将自动换到下一行，等待继续输入。新创建的Python文件窗口如图10-26所示。

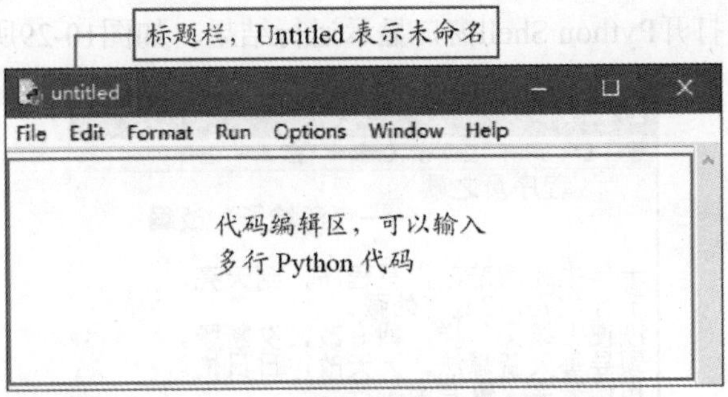

图10-26　新创建的Python文件窗口

（2）在代码编辑区中，编写多行代码。例如，输出由宋词《江城子》改编而成的《程序员之歌》，代码如下：01 print（" "*5+"程序员之歌"）02 print（" "*15+"——《江城子》改编\n"）03 print（"十年生死两茫茫，写程序，到天亮。"）04 print（"千行代码，Bug何处藏。"）05 print（"纵使上线又怎样，朝令改，夕断肠。"）06 print（"领导每天新想法，天天改，日日忙。"）07 print（"相顾无言，惟有泪千行。"）08 print（"每晚灯火阑珊处，程序员，加班狂。"）

编写代码后的Python文件窗口如图10-27所示。

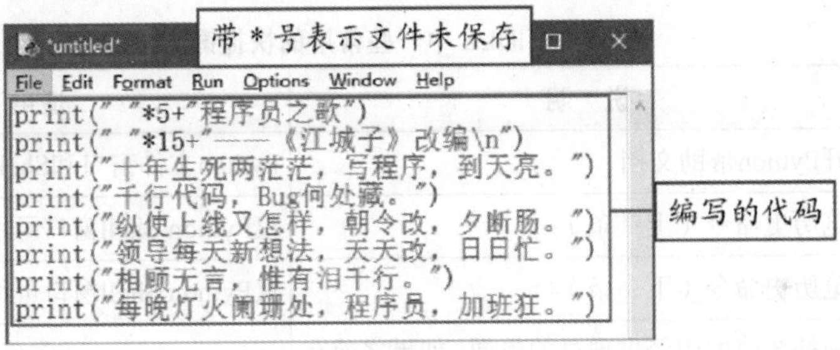

图10-27　编写代码后的Python文件窗口

（3）按下“Ctrl+S”组合键保存文件，这里将文件名称设置为demo.py。其中，“py”是Python文件的扩展名。

（4）在菜单栏中选择“Run”→“Run Module”菜单项（也可以直接按下快捷键“F5”），运行程序，如图10-28所示。

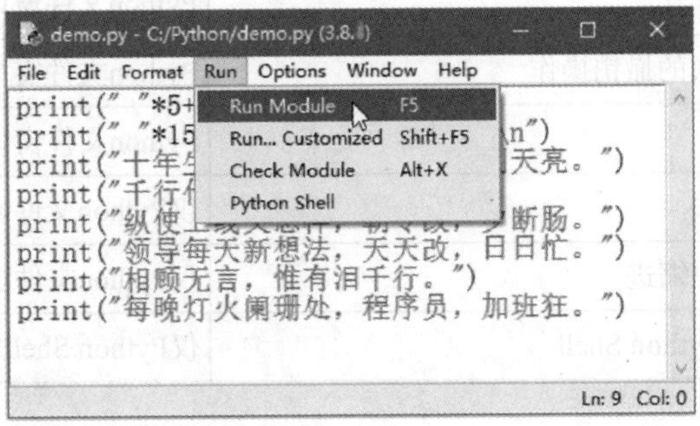

图10-28　运行程序

运行程序后，将打开Python Shell窗口显示运行结果，如图10-29所示。

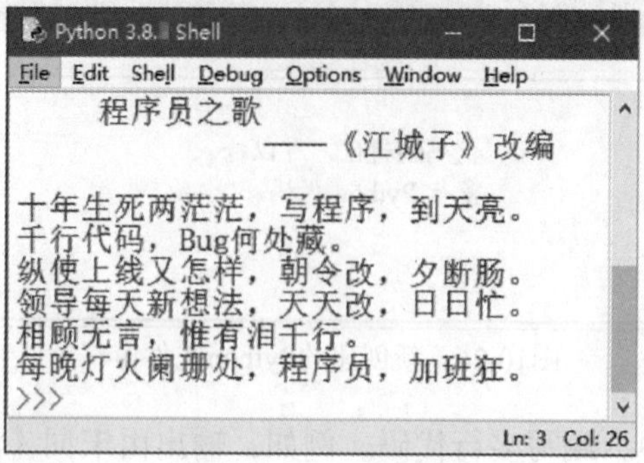

图10-29　运行结果

2. IDLE中常用的快捷键

在程序开发过程中，合理使用快捷键，不但可以减少代码的错误率，而且可以提高开发效率。在IDLE中，可通过选择“Options”→“Configure IDLE”菜单项，在打开的“Settings”对话框的“Keys”选项卡中查看，但是该界面是英文的，不便于查看。为方便大家学习，表10-2列出了IDLE中一些常用的快捷键。

表 10-2　IDLE 中一些常用的快捷键

快捷键	说　明	适用于
F1	打开Python帮助文档	Python文件窗口和Shell窗口均可用
Alt+P	浏览历史命令（上一条）	仅Python Shell窗口可用
Alt+N	浏览历史命令（下一条）	仅Python Shell窗口可用
Alt+/	自动补全前面曾经出现过的单词，如果之前有多个单词具有相同前缀，可以连续按下该快捷键，在多个单词中循环选择	Python文件窗口和Shell窗口均可用
Alt+3	注释代码块	仅Python文件窗口可用
Alt+4	取消代码块注释	仅Python文件窗口可用
Alt+g	转到某一行	仅Python文件窗口可用
Ctrl+Z	撤销一步操作	Python文件窗口和Shell窗口均可用
Ctrl+Shift+Z	恢复上一次的撤销操作	Python文件窗口和 Shell窗口均可用
Ctrl+S	保存文件	Python文件窗口和Shell窗口均可用
Ctrl+]	缩进代码块	仅Python文件窗口可用
Ctrl+[	取消代码块缩进	仅Python文件窗口可用
Ctrl+F6	重新启动Python Shell	仅Python Shell窗口可用

说明：由于IDLE简单、方便，很适合练习，所以本书如果没有特殊说明均使用IDLE作为开发工具。

10.3.2　常用的第三方开发工具

除了Python自带的IDLE以外，还有很多能够进行Python编程的开发工具。下面将对三个常用的第三方开发工具进行简要介绍。

1. PyCharm

PyCharm是由JetBrains公司开发的一款Python开发工具。在Windows、Mac OS和Linux操作系统中都可以使用。它具有语法高亮显示、Project（项目）管理代码跳转、智能提示、自动完成、调试、单元测试和版本控制等一般开发工具都具有的功能。另外，它还支持在Django（Python的Web开发框架）框架下进行Web开发。PyCharm的主窗口如图10-30所示。

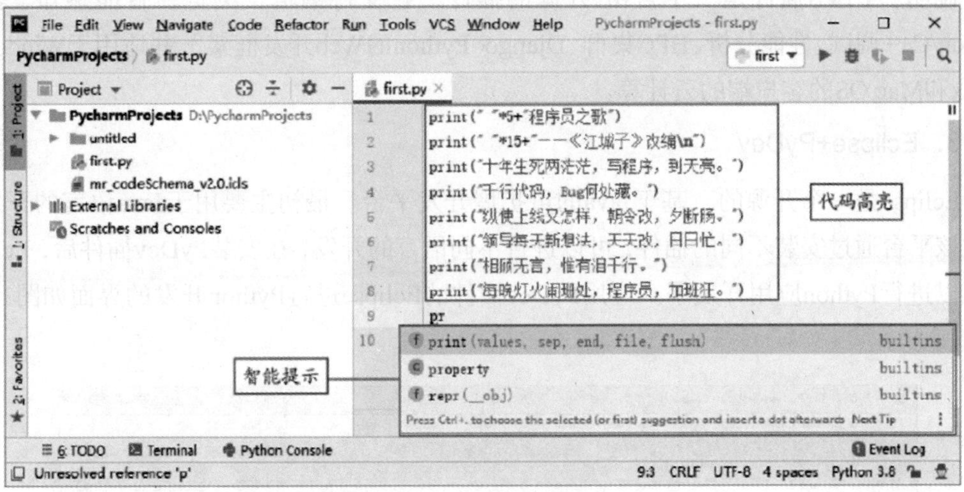

图10-30　PyCharm的主窗口

说明：PyCharm的官方网站为“http://www.jetbrains.com/pycharm/”，在该网站中，提供了两个版本的PyCharm，一个是社区版（免费并且提供源程序），另一个是专业版（免费试用）。大家可以根据需要选择下载版本。

2. Microsoft Visual Studio

Microsoft Visual Studio是Microsoft（微软）公司开发的用于进行C#和ASP.NET等应用的开发工具。Visual Studio也可以作为Python的开发工具，只需要在安装时选择安装PTVS插件即可。安装PTVS插件后，在Visual Studio中就可以进行Python应用开发了。应用Visual Studio开发Python项目，如图10-31所示。

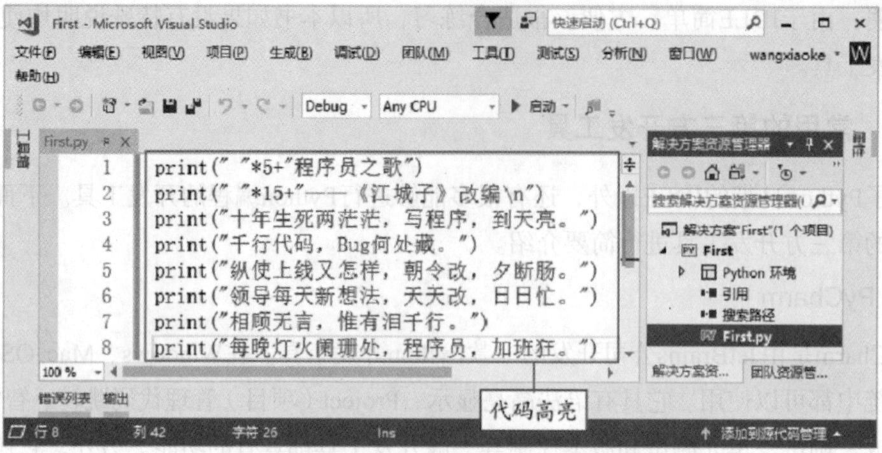

图10-31　应用Visual Studio开发Python项目

说明：PTVS插件是一个自由/开源的插件，它支持编辑、浏览、智能感知、混合Python/C++调试、性能分析、HPC集群、Django（Python的Web开发框架），并适用于Windows、Linux和Mac OS的客户端的云计算。

3．Eclipse+PyDev

Eclipse是一个开源的、基于Java的可扩展开发平台。最初主要用于Java语言的开发，不过该平台通过安装不同的插件，可以进行不同语言的开发，在安装PyDev插件后，Eclipse就可以进行Python应用开发了。应用PyDev插件的Eclipse进行Python开发的界面如图10-32所示。

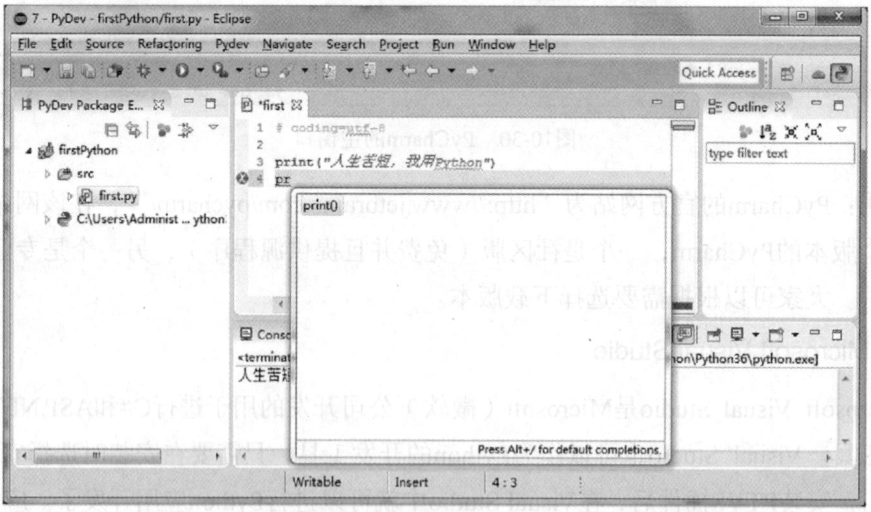

图10-32　应用PyDev插件的Eclipse进行Python开发的界面

说明：PyDev是一款功能强大的Eclipse插件。它提供了语法高亮、语法分析、语法错误提示，以及大纲视图显示导入的类、库和函数、源代码内部的超链接、运行和调试等。安装PyDev插件后，用户完全可以利用Eclipse进行Python应用开发。

10.4　案例：跳水比赛打分程序

10.4.1　提出问题

大家都看过奥运会的跳水比赛，比赛的评分规则如下：当选手跳完一个动作后，会有一组裁判同时打分，打分范围是0～10分，最小单位是0.5分；计分方法是去掉一个最高分和一个最低分，再对剩下的分数取平均值，然后乘以该动作的难度系数，作为该选手的得分。

假设某国际跳水比赛共有8名选手参赛，在某轮比赛中，选手信息如表10-3所示。

表10-3　选手信息

选手ID	姓名	国籍	难度系数
s01	马丁	意大利	3.1
s02	托马斯	西班牙	2.8
s03	理查德	挪威	2.7
s04	西蒙	英国	3.0
s05	乔治	法国	2.8
s06	杰瑞	荷兰	2.6
s07	艾伯特	比利时	2.5
s08	马丁	瑞士	2.0

要求设计一个跳水比赛的模拟打分程序，该程序具有如下功能。

（1）假设共有10位裁判，每位裁判的打分是0～10范围内的整数，用random. randint（0, 10）模拟生成10个分数。

（2）选手平均分计算方法：从10位裁判的打分中去掉一个最高分和一个最低分，再取剩下8个分数的平均值。

（3）最后得分计算方法：最后得分=平均分×难度系数。

（4）将选手的最后得分按降序排列，并写入Excel工作表。

10.4.2　解决方案

本案例的解决方案如图10-33所示。

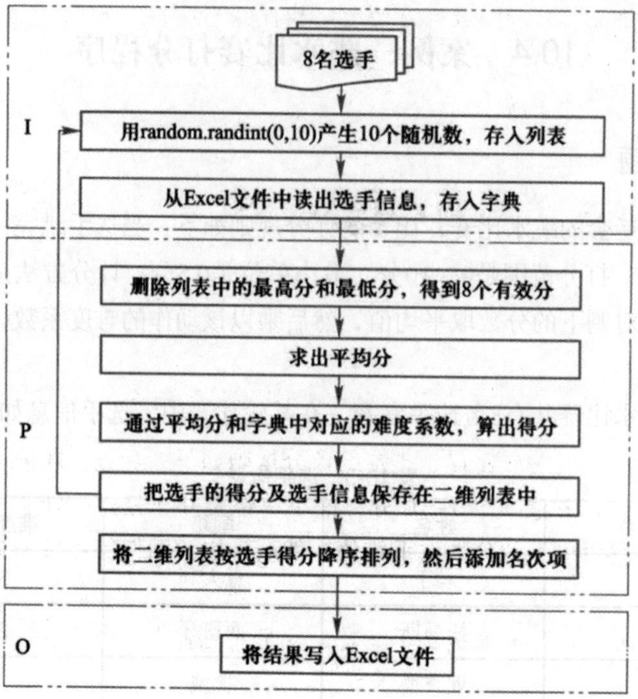

图10-33　解决方案

10.4.3　预备知识

1．库：random

random库是用于生成伪随机数的标准库。使用前需要导入库：

```
import random
```

randint函数随机生成一个a~b范围内的整数（包含a与b），其语法格式如下：

```
random. randint (a, b)
```

2．序列

在实际应用中，计算机需要对一组数据进行批量处理，如一组学生的成绩、多组实验数据、众多商品信息等，如何存储和组织这些数据呢？这就要用到Python中一种重要的数据结构——序列。

Python中常用的序列结构有列表、元组、字符串等。列表、元组、字符串都是有序序列，支持双向索引，正向索引中，第一个元素下标为0，第二个元素下标为1，以此类推；逆向索引中，最后一个元素下标为-1，倒数第二个元素下标为-2，以此类推。

3．列表

列表用中括号表示。列表是Python内置的有序可变序列，列表的所有元素都放在一对中括号中，并用逗号分隔开。Python的列表元素可以是任意类型，如果列表元素也是列表类型，则构成嵌套列表。

序列都属于迭代类型，所以可以用for循环直接对列表元素进行批量操作。

（1）列表基本操作

· 创建列表list1。

```
list1=['深职院', '清华大学', 1993, 1911, 1, 2, 3]
```

列表list1有7个元素，2个是字符串，5个是数值型。

· 输出列表list1中索引值为0的元素（第1个元素）。

```
print(list1 [0] )
```

· 输出列表list1中1≤索引值<5的元素（第2～5个元素）。

```
print(list1 [1:5])
```

· 输出列表list1的长度，即元素个数。

```
print(len (list1))
```

· 遍历list1的元素并输出。

```
for i in list1:
    print(i)
```

（2）列表相关函数和方法

· 在列表list2=[1，2，3，4，5，6，7，8，9]末尾添加一个新的元素10。

```
list2. append (10)
```

· 列表list2按升序排列。

```
list2. sort()
```

· 列表list2按降序排列。

```
list2. sort (reverse = True )
```

· 删除列表list2的第2个元素。

```
del list2[1]
```

· 删除列表 list2 的最后一个元素。

```
del list2[-1]
```

· 在列表list2前面插入一个新的元素20。

```
list2. insert (0, 20)
```

（3）二维列表

所谓二维列表，是指在一维列表中再嵌套列表，即在方括号中再嵌套一个方括号，对二维列表的操作类似于一维列表。例如，选手s01、s02和s03的4个得分如表10-4所示。

表 10-4　选手 s01、s02 和 s03 的 4 个得分

选手	得分1	得分2	得分3	得分4
s01	8	6	7	4
s02	6	5	3	6
s03	5	7	6	5

将3个选手的得分存储在二维列表list3中。

```
list3=[['s01', 8, 6, 7, 4], ['s02', 6, 5, 3, 6], ['s03', 5, 7, 6, 5]]
```

list3的每个元素是一个一维列表，表中数据放在一个方括号中。

·输出列表list3的数据，要求每个元素输出一行。

```
for i in list3 :
    print(i)
```

·对二维列表list3排序，常用的形式如下：

```
sorted (list3, key =lambda e:e[1], reverse = True)
```

其中，e表示list3的一个元素，e[0]表示按第1个元素排序，e[1]则表示按第2个元素排序。reverse= True表示按降序排列（reverse=False表示按升序排列），默认情况（reverse参数省略）为升序排列。lambda是一个匿名函数。

·在列表list3中，按每个选手的得分4（即列表list3的第5个元素）降序排列并输出。

```
list3_sort = sorled (list3, key =lambda e:e[4], reverse = True)
print (list3_sort )
```

说明：sorted（list3，key=lambda e:e[4]，reverse= True）返回的还是二维列表，e[4]表示按第5个元素排序。

输出结果：

```
[['s02', 6, 5, 3, 6], ['s03', 5, 7, 6, 5], ['s01', 8, 6, 7, 4]]
```

4. 字典

字典也是Python的序列之一，字典的特点是无序可变的。

字典用大括号表示。定义字典时，每个元素都是一个键值对，键（key）和值（value）用冒号分隔，元素之间用逗号分隔，所有元素放在一对大括号中。字典的键可以为任意不可变数据。

（1）字典元素的读取和添加

·创建字典dic。其中，字典的键和值分别为表10-3中的选手ID和难度系数。

```
dic= {'s01':3.1, 's02':2.8, 's03':2.7, 's04':3.0, 's05':2.8, 's06':2.6,
's07':2.5, 's08':2.0}
```

·输出字典dic的键's03'的值。

```
print(dic['s03'])
```

也可以用字典的get方法访问键's03 '的值，即print（dic. get（'s03 '））。使用字典的get方法获取指定键的值，可以在键不存在时返回指定值None。

·为字典dic添加一个键为's09'、值为2.3的元素。

```
dic['s09'] = 2.3
```

（2）字典元素的删除

删除字典dic的键's02'（删除了键，其对应的值也就不存在了）。

```
del dic ['s02']
```

```
print (dic)
```

输出结果：

```
{'s01':3.1,'s03':2.7,'s04':3.0,'s05':2.8,'s06':2.6,'s07':2.5,'s08':2.0,
's09':2.3}
```

（3）一个键对应多个值的字典

· 创建字典dic1，键为表10-3中的选手ID，值为对应选手的姓名、国籍和难度系数。

```
dic1={
    's01': ['马丁', '意大利', 3.1],
    's02': ['托马斯', '西班牙', 2.8],
    's03': ['理查德', '挪威', 2.7],
    's04': ['西蒙', '英国', 3.0],
    's05': ['乔治', '法国', 2.8],
    's06': ['杰瑞', '荷兰', 2.6],
    's07': ['艾伯特', '比利时', 2.5],
    's08': ['马丁', '瑞士', 2.0]
}
```

· 输出字典dic1中选手s04的国籍（即键's04'的第2个值）。

```
print (dic1 ['s04'] [1])
```

5. 对Excel文件的操作

Python的第三方库中有很多对Excel文件进行操作的模块，openpyxl库只适用于2007版及扩展名为“.xlsx”的Excel文件，如果要处理更早版本（2003版及扩展名为“.xls”）的Excel文件，则需要用到其他的库。

Anaconda默认已安装openpyxl库，如果系统中没有安装openpyxl库，则需要在命令提示符窗口下，输入下列命令安装：

```
pip install openpyxl
```

Excel文件有3个对象，即workbook（工作簿）、sheet（工作表）和cell（单元格）。

openpyxl读写单元格时，单元格的坐标位置起始值是（1，1），即下标最小值为1，否则会报错。

下面介绍openpyxl模块对Excel文件的读写操作。

（1）写Excel文件

· 导入Workbook模块。

```
from openpyxl import Workbook
```

· 创建一个工作簿。

```
wb= Workbook ( )
```

wb是为创建的工作簿对象起的名称。

· 创建并激活一个工作表。

```
sheet = wb. active
```

sheet是为创建的工作表对象起的名称。

· 修改工作表标签。

```
sheet.title='销售表'
```

· 给单元格A4赋值4。

```
sheet[ 'A4' ] = 4
```

openpyxl支持直接访问横、纵坐标。

· 从第一个空白行开始向工作表中添加一行数据。

```
sheet. append (row)
```

row可以是列表、元组、字典等数据类型。

例如：

```
sheet.append(['选手 ID', '姓名', '国籍', '难度系数'])
sheet. append(['s01', '马丁', '意大利', 3.1])
```

· 保存文档。

```
wb. save ('sale. xlsx')
```

【例10-1】（exp2_3_1. py）向Excel文件中写入数据。

1. 引例描述

利用openpyxl库，将表10-3中的选手信息写入Excel文件。

2. 引例分析

（1）从openpyxl库中导入Workbook模块。

（2）创建列表，将表10-3中的数据写入二维列表。

（3）用for循环将二维列表中的数据按行取出，添加到Excel工作表中。

（4）将文件保存为information. xlsx。

3. 引例实现

引例10-1的源代码如图10-34所示。

4. 源代码分析

代码行1：从openpyxl库中导入Workbook模块。

代码行2～11:创建列表lis。

代码行12：创建Workbook类的对象wb（工作簿）。

代码行13：创建wb的一个工作表sheet。

代码行14：将工作表标签命名为“选手信息”。

代码行15～16：遍历列表lis，并将数据写入工作表。

```
1  from openpyxl import Workbook
2  lis=[['选手ID','姓名','国籍','难度系数'],
3       ['s01','马丁','意大利',3.1],
4       ['s02','托马斯','西班牙',2.8],
5       [ 's03','理查德','挪威', 2.7],
6       ['s04','西蒙','英国',3.0],
7       ['s05','乔治','法国',2.8],
8       [ 's06','杰瑞','荷兰',2.6],
9       ['s07','艾伯特','比利时',2.5],
10      [ 's08','马丁','瑞士',2.0]
11      ]
12 wb=Workbook()
13 sheet=wb.active
14 sheet.title='选手信息'
15 for row in lis:
16     sheet.append(row)
17 wb.save('information.xlsx')
```

图10-34　例10-1的源代码

代码行17：将工作簿保存为information. xlsx。

运行程序后，打开生成的结果文件information. xlsx，如图10-35所示。

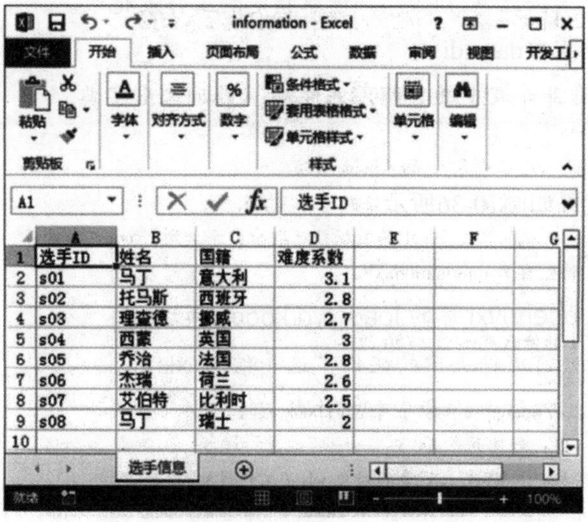

选手ID	姓名	国籍	难度系数
s01	马丁	意大利	3.1
s02	托马斯	西班牙	2.8
s03	理查德	挪威	2.7
s04	西蒙	英国	3
s05	乔治	法国	2.8
s06	杰瑞	荷兰	2.6
s07	艾伯特	比利时	2.5
s08	马丁	瑞士	2

图10-35　打开生成的结果文件information. xlsx

（2）读Excel文件

· 从openpyxl库中导入load_ workbook模块。

```
from openpyxl import load_ workbook
```

· 打开当前文件夹中的文件“选手信息.xlsx”。

```
wb=load_ workbook('选手信息.xlsx')
```

wb是工作簿对象的名称。

· 获取wb中第一个工作表的名称。

```
sheet_ name = wb. sheetnames [ 0 ]
```

· 读取指定的工作表sheet_ name。

```
ws = wb[ sheet_ name]
```

· 获取工作表ws的行数。

```
rows = ws. max_ row
```

· 读取单元格B3的值。

```
rc = ws['B3']. value
```

也可以用以下命令：

```
rc = ws. cell(row = 3, column = 2).value
```

【例10-2】（exp2_3_2. py） 将Excel文件中的数据读到字典中。

1. 引例描述

利用openpyxl库，将文件“选手信息. xlsx”中的数据读到字典中，将每个选手的ID作为字典元素的键，将选手的姓名、国籍和难度系数作为相应键的值。

2. 引例分析

（1）导入openpyxl库的load_workbook模块。

（2）打开文件“选手信息. xlsx”，读取指定的工作表记录。

（3）定义一个空字典data_dic。

（4）用for循环将工作表中的数据写入字典，最后输出字典。

3.引例实现

引例10-2的源代码如图10-36所示。

4.源代码分析

代码行 1：导入 openpyxl 库的 load_workbook 模块。

代码行 2：打开当前文件夹中的文件“选手信息. xlsx”。

代码行 4：读取工作簿中的第一个工作表。

```
exp2_3_2. py
1  from openpyxl import load_workbook
2  wb = load_workbook('选手信息.xlsx')
3  sheet_name = wb.sheetnames[0]
4  ws = wb[sheet_name]
5  data_dic = {}
6  for rn in range(1, ws.max_row + 1):
7      temp_list =[]
8      key = ws['A'+str(rn)].value
9      v1 =ws['B'+str(rn)].value
10     v2 =ws['C'+str(rn)].value
11     v3 =ws['D'+str(rn)].value
12     temp_list =[v1, v2, v3]
13     data_dic[key] = temp_list
14 print(data_dic)
```

图10-36 例10-2的源代码

代码行 5：创建字典 data_ dic。

代码行 7：创建列表 temp_ list。

代码行 8：将工作表 A 列的值赋给 key。

代码行 9～11：将工作表 B、C、D 列的值赋给 w1、w2、w3。

代码行 12：将 w1、w2、w3 赋给 temp_ list。

代码行 13：为字典 data_ dic 添加元素，键为 key，值为 temp_ list。

运行程序后，例 10-2 的输出结果如图 10-37 所示。

```
{'选手ID': ['姓名', '国籍', '难度系数'], 's01': ['马丁', '意大利', 3.1], 's02': ['托马斯', '西班牙', 2.8],
```

图10-37　例10-2的输出结果

想一想：如何输出如图10-38所示的结果呢?

```
选手ID ['姓名', '国籍', '难度系数']
s01 ['马丁', '意大利', 3.1]
s02 ['托马斯', '西班牙', 2.8]
s03 ['理查德', '挪威', 2.7]
s04 ['西蒙', '英国', 3]
s05 ['乔治', '法国', 2.8]
s06 ['杰瑞', '荷兰', 2.6]
s07 ['艾伯特', '比利时', 2.5]
s08 ['马丁', '瑞士', 2]
```

图10-38　例10-2的另一种输出结果

10.4.4　任务1——生成选手的10个分数

新建文件task2_3_1_scoring. py，按下述任务目标和任务分析编写代码，完成任务1。

任务目标：模拟生成10位裁判对选手s01的打分。

任务分析：① 导入random库；② 创建一个空列表；③ 用for循环和random. randint（0，10）为列表添加10个0～10范围内的随机数，并保存在列表中。

代码解析：任务1的源代码如图10-39所示。

```
task2_3_1_scoring.py
1  import random
2  nums_list=[]
3  list_columns=10
4  for j in range(list_columns):
5      num=random.randint(0, 10)
6      nums_list.append(num)
7  print(nums_list)
```

图10-39　任务1的源代码

代码行 1：导入 random 库。

代码行 2：创建列表 nums_ list。

代码行 5：生成一个 0～10 范围内的随机整数。

代码行 6：将随机整数添加到列表 nums_ list 末尾。

任务1的输出结果如图10-40所示。

```
C:\ProgramData\Anaconda3\python.exe
[5, 8, 0, 4, 2, 5, 9, 8, 9, 10]
```

图10-40　任务1的输出结果

10.4.5　任务2——得到选手的8个有效分

在 PyCharm 中，将程序文件 task2_3_1_scoring.py 复制一份，并重命名为 task2_3_2_scoring. py。按下述任务目标和任务分析修改代码，完成任务2。

任务目标：删除10个分数中的一个最高分和一个最低分，输出列表元素。

任务分析：① 将列表按升序排列；② 删除列表的第一项（即最低分）和最后一项（即最高分），得到选手s01的8个有效分。

代码解析：任务2的源代码如图10-41所示。

```
task2_3_2_scoring.py ×
1  import random
2  nums_list=[]
3  list_columns=10
4  for j in range(list_columns):
5      num=random.randint(0, 10)
6      nums_list.append(num)
7  nums_list.sort()
8  del nums_list[0]
9  del nums_list[-1]
10 print(nums_list)
```

图10-41　任务2的源代码

代码行 7：将列表按升序排列。

代码行 8：删除列表中的最低分（列表的第一项）。

代码行 9：删除列表中的最高分（列表的最后一项）。

任务2的输出结果如图10-42所示。

```
[3, 3, 4, 4, 5, 6, 6, 9]
```

图10-42　任务2的输出结果

10.4.6　任务3——计算选手的平均分和最后得分

在PyCharm中，将程序文件task2_3_2_scoring.py复制一份，并重命名为task2_3_3_sconng. py。按下述任务目标和任务分析修改代码，完成任务3。

任务目标：通过列表计算选手s01的平均分，然后计算选手的最后得分，计算公式为

最后得分=平均分×难度系数

选手的难度系数如表10-5所示。

表10-5　选手的难度系数

选手ID	难度系数
s01	3.1
s02	2.8
s03	2.7
s04	3.0
s05	2.8
s06	2.6
s07	2.5
s08	2.0

任务分析：① 计算列表元素的平均值；② 创建字典，将表10-5中选手的ID和难度系数分别作为字典的键和值写入字典；③ 用选手s01的平均分乘以字典中键's01 '对应的值(难度系数)，得到选手s01的最后得分。

代码解析：任务3的源代码如图10-43所示。

task2_3_3_scoring.py

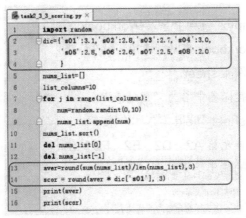

```
import random
dic={'s01':3.1,'s02':2.8,'s03':2.7,'s04':3.0,
     's05':2.8,'s06':2.6,'s07':2.5,'s08':2.0
     }
nums_list=[]
list_columns=10
for j in range(list_columns):
    num=random.randint(0,10)
    nums_list.append(num)
nums_list.sort()
del nums_list[0]
del nums_list[-1]
aver=round(sum(nums_list)/len(nums_list),3)
scor = round(aver * dic['s01'], 3)
print(aver)
print(scor)
```

图10-43　任务3的源代码

代码行 2～4：创建字典 dic，将选手 ID 作为字典元素的键，将难度系数作为元素的值。

代码行 13：计算列表元素的平均值。其中，sum（nums_ list）返回列表元素的和，len（nums_ list）返回列表元素的个数。

代码行 14：dic['s01']表示读取字典中键为's01'的元素的值，即选手 s01 的难度系数。选手 s01 的最后得分（scor）=平均分（aver）× 难度系数（dic['s01']）。

10.4.7 任务4——将选手的得分写入Excel文件

在PyCharm中，将程序文件task2_3_3_scoring.py复制一份，并重命名为task2_3_4_scoring. py。按下述任务目标和任务分析修改代码，完成任务4。

任务目标：利用openpyxl模块，在Excel工作表的第1行写入表头（'选手ID' '姓名' '国家' '难度系数' '平均分' '最后得分' '名次'），然后将选手s01的ID、难度系数、平均分、最后得分写入Excel文件result. xlsx。

任务分析：① 将'选手ID' '姓名' '国家' '难度系数' '平均分' '最后得分' '名次'写入Excel工作表的第1行；② 将选手s01的ID、难度系数、平均分、最后得分写入Excel工作表的第2行（可参考例10-1的源代码）。

代码解析：任务4的源代码如图10-44所示。

```
task2_3_4_scoring.py
18 from openpyxl import Workbook
19 wb=Workbook()
20 sheet = wb.active
21 sheet.title='成绩表'
22 sheet_field=['选手ID','姓名','国家','难度系数',
23              '平均分','最后得分','名次']
24 sheet.append(sheet_field)
25 sheet['A2']='s01'
26 sheet['D2']=dic.get('s01')
27 sheet['E2']=aver
28 sheet['F2']=scor
29 wb.save('result.xlsx')
```

图10-44 任务4的源代码

代码行 18：从 openpyxl 模块中导入 Workbook 类。

代码行 19：创建 Workbook 类的对象 wb。

代码行 20：创建工作表 sheet。

代码行 21：将工作表标签命名为“成绩表”。

代码行 24：将列表 sheet_ field 写入工作表。

代码行 25～28：给单元格 A2、D2、E2、F2 赋值。

运行程序后，任务4的输出结果如图10-45所示。

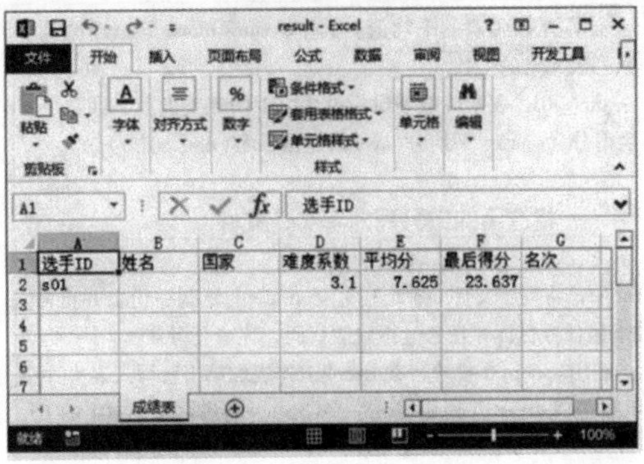

图10-45　任务4的输出结果

从结果文件中可以看到，还缺少选手的姓名、国家和名次信息，后面将用字典进一步完善。

上面用列表实现了10位裁判给一名选手打分并计算出最后得分的过程，这样的列表是一维列表，即列表中只有10个元素。

如果是8名选手，则所有裁判打完分应该有8组分数，每组中有10个分数，这时需要用一个二维列表来表示8名选手的得分。

10.4.8　任务5——将所有选手的得分写入二维列表

新建文件task2_3_5_scoring. py，按下述任务目标和任务分析编写代码，完成任务5。

任务目标：用random. randint（0，10）模拟10位裁判的打分，用二维列表表示每名选手的得分，然后计算出每名选手的平均分，再根据难度系数，计算出每名选手的最后得分，最后将选手的ID、平均分、难度系数和最后得分保存在二维列表中。

任务分析：① 用二维列表保存10位裁判对8名选手的打分，二维列表的每个元素是一个一维列表，里面存放的是10位裁判对每名选手的打分；② 每名选手的最后得分是该选手的平均分乘以难度系数，难度系数要从字典中读取；③ 将选手的ID、平均分、难度系数和最后得分保存在二维列表中。其中，创建字典部分的代码可从文件task2_3_3_scoring. py中复制过来。

代码解析：任务5的源代码如图10-46所示。

```
task2_3_5_scoring.py
1  import random
2  dic={'s01':3.1,'s02':2.8,'s03':2.7,'s04':3.0,
3      's05':2.8,'s06':2.6,'s07':2.5,'s08':2.0
4      }
5  nums_list=[]
6  result_list=[]
7  rows=8
8  columns=10
9  for i in range(rows):
10     nums_list.append([])
11     result_list.append([])
12     for j in range(columns):
13         num=random.randint(0,10)
14         nums_list[i].append(num)
15     nums_list[i].sort()
16     del nums_list[i][0]
17     del nums_list[i][-1]
18     aver=sum(nums_list[i])/len(nums_list[i])
19     scor = round(aver * dic['s0' + str(i+1)], 3)
20     result_list[i].append('s0'+str(i+1))
21     result_list[i].append(aver)
22     result_list[i].append(dic['s0' + str(i+1)])
23     result_list[i].append(scor)
24     print(result_list[i])
```

图10-46 任务5的源代码

代码行 5：列表 nums_list 用于存放裁判打分。

代码行 6：列表 result_list 用于存放选手得分。

代码行 7：rows=8 表示行，代表选手。

代码行 8：columns= 10 表示列，代表裁判。

代码行 9：外循环，表示对选手（行）执行循环，即 1～8 个选手。

代码行 10：为列表添加一个元素（空列表）。

代码行 12：内循环，表示对裁判（列）执行循环，给第 i 个选手打分。

代码行 14：为列表 nums_list 的第 i 个元素 nums_list [i]添加 10 个分数（即 10 位裁判对第 i 个选手的打分）。

代码行 15～18：将第 i 个选手的 10 个分数按升序排列，删除一个最高分和一个最低分，再计算出平均分。

代码行 19：计算第 i 个选手的最后得分。

代码行 20～23：将第 i 个选手的 ID、平均分、难度系数和最后得分添加到二维列表 result_list 中。

运行程序后，任务5的输出结果如图10-47所示。

```
['s01', 5.375, 3.1, 16.663]
['s02', 3.125, 2.8, 8.75]
['s03', 5.625, 2.7, 15.188]
['s04', 4.875, 3.0, 14.625]
['s05', 6.5, 2.8, 18.2]
['s06', 5.375, 2.6, 13.975]
['s07', 2.875, 2.5, 7.188]
['s08', 4.625, 2.0, 9.25]
```

图10-47 任务5的输出结果

10.4.9　任务6——将所有选手的信息写入二维列表

在PyCharm中，将程序文件task2_3_5_scoring. py复制一份，并重命名为task2_3_6_scoring. py。按下述任务目标和任务分析修改代码，完成任务6。

任务目标：利用openpyxl模块，将文件“选手信息.xlsx”中的数据读到字典中，然后将选手的ID、姓名、国籍、难度系数、平均分和最后成绩写入二维列表。

任务分析：在任务5的源代码前面加入读取Excel文件的代码，并将“选手信息. xlsx”中的数据读入字典，代码可参照例10-2。

代码解析：任务6的源代码如图10-48所示。

代码行 1～14：参照例 10-2 的源代码分析。

```
task2_3_6_scoring.py
1  from openpyxl import load_workbook
2  import random
3  wb = load_workbook('选手信息.xlsx')
4  sheetname=wb.sheetnames[0]
5  ws=wb[sheetname]
6  dic= {}
7  for rn in range(1, ws.max_row + 1):
8      temp_list =[]
9      key=ws['A'+str(rn)].value
10     w1 =ws['B'+str(rn)].value
11     w2 =ws['C'+str(rn)].value
12     w3 =ws['D'+str(rn)].value
13     temp_list =[w1, w2, w3]
14     dic[key] = temp_list

15 nums_list=[]
16 result_list=[]
17 aver_list=[]
18 scor_list=[]
19 rows=8
20 columns=10
21 for i in range(rows):
22     nums_list.append([])
23     result_list.append([])
24     for j in range(columns):
25         num=random.randint(0,10)
26         nums_list[i].append(num)
27     nums_list[i].sort()
28     del nums_list[i][0]
29     del nums_list[i][-1]
30     aver=sum(nums_list[i])/len(nums_list[i])
31     scor = round(aver * dic['s0' + str(i+1)][2], 3)
32     result_list[i].append('s0'+str(i+1))
33     for n in range(3):
34         result_list[i].append(dic['s0'+str(i+1)][n])
35     result_list[i].append(aver)
36     result_list[i].append(scor)
37     print(result_list[i])
```

图10-48　任务6的源代码

代码行 31：dic['s0'+str（i+1）][2]，表示读取字典 dic 中键's0'+str（i+1）的第 3 个值（难度系数）。

代码行 33～34：将字典中各键对应的值写入列表 result_list。

运行程序后，任务6的输出结果如图10-49所示。

```
['s01', '马丁', '意大利', 3.1, 6.5, 20.15]
['s02', '托马斯', '西班牙', 2.8, 4.0, 11.2]
['s03', '理查德', '挪威', 2.7, 5.0, 13.5]
['s04', '西蒙', '英国', 3, 5.25, 15.75]
['s05', '乔治', '法国', 2.8, 7.0, 19.6]
['s06', '杰瑞', '荷兰', 2.6, 4.0, 10.4]
['s07', '艾伯特', '比利时', 2.5, 4.625, 11.562]
['s08', '马丁', '瑞士', 2, 3.75, 7.5]
```

图10-49　任务6的输出结果

10.4.10　任务7——将所有选手的得分排序后写入Excel文件

在PyCharm中，将程序文件task2_3_6_scoring. py复制一份，并重命名为task2_3_7_scoring. py。按下述任务目标和任务分析修改代码，完成任务7。

任务目标：将二维列表按选手最后得分降序排列，然后将选手名次添加到二维列表中，最后将二维列表写入Excel文件result_ final. xlsx。

任务分析：① 将任务6得到的二维列表按选手最后得分降序排列；② 在排序后的二维列表中添加选手名次；③ 将二维列表写入Excel文件result_ final. xlsx（此步骤代码可参照例10-1）。

代码解析：任务7的源代码片段如图10-50所示。

```
task2_3_7_scoring.py
35  last_result=sorted(result_list,key=lambda e:e[5],reverse=True)
36  for n in range(rows):
37      last_result[n].append(n+1)
38  print(last_result)
39  wb=Workbook() # 创建一个工作簿
40  sheet = wb.active
41  sheet.title='成绩表'
42  sheet_field=['选手ID','姓名','国家',
43               '难度系数','平均分','最后得分','名次'
44               ]
45  sheet.append(sheet_field)
46  for s in last_result:
47      sheet.append(s)
48  wb.save('result_final.xlsx')
```

图10-50　任务7的源代码片段

代码行 35：将二维列表 last_ result 按第 6 个元素（最后得分）降序排列，各参数含义见本节预备知识二维列表部分。

代码行 36～37：给二维列表 last_ result 添加新元素“名次”。

代码行 39～48：将二维列表 last_ result 写入 Excel 文件 result_ final. xlsx。

运行程序后，任务7的输出结果如图10-51所示。

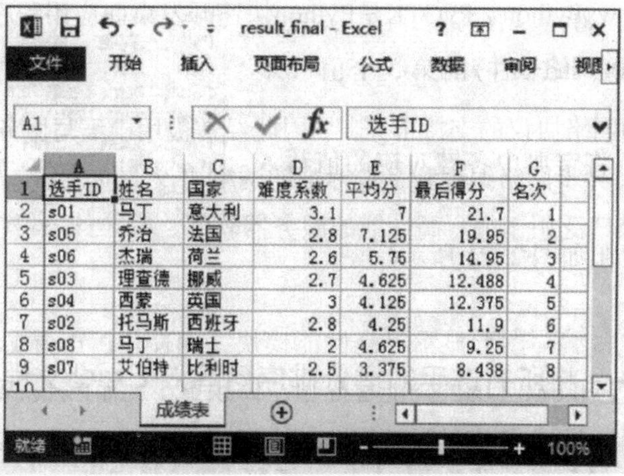

选手ID	姓名	国家	难度系数	平均分	最后得分	名次
s01	马丁	意大利	3.1	7	21.7	1
s05	乔治	法国	2.8	7.125	19.95	2
s06	杰瑞	荷兰	2.6	5.75	14.95	3
s03	理查德	挪威	2.7	4.625	12.488	4
s04	西蒙	英国	3	4.125	12.375	5
s02	托马斯	西班牙	2.8	4.25	11.9	6
s08	马丁	瑞士	2	4.625	9.25	7
s07	艾伯特	比利时	2.5	3.375	8.438	8

图10-51　任务7的输出结果

10.5　应用场景

10.5.1　Python的应用场景

1．Web应用开发

Python经常被用于Web开发。比如，通过mod_wsgi模块，Apache可以运行用Python编写的Web程序。Python定义了WSGI标准应用接口来协调HTTP服务器与基于Python的Web程序之间的通信。一些Web框架，如Django、TurboGears、Web2py、Zope等，可以让程序员轻松地开发和管理复杂的Web程序。

2．操作系统管理、服务器运维的自动化脚本

在很多操作系统里，Python是标准的系统组件。大多数Linux发行版以及NetBSD、OpenBSD和MacOSX都集成了Python，可以在终端下直接运行Python。有一些Linux发行版的安装器使用Python语言编写，比如Ubuntu的Ubiquity安装器、RedHatLinux和Fedora的Anaconda安装器。Gentoo Linux使用Python来编写它的Portage包管理系统。Python标准库包含了多个调用操作系统功能的库。通过pywin32这个第三方软件包，Python能够访问Windows的COM服务及其他WindowsAPI。使用IronPython，Python程序能够直接调用.NetFramework。一般说来，Python编写的系统管理脚本在可读性、性能、代码重用度、扩展性几方面都优于普通的Shell脚本。

3．科学计算

NumPy、SciPy、Matplotlib可以让Python程序员编写科学计算程序。

4．桌面软件

PyQt、PySide、wxPython、PyGTK是Python快速开发桌面应用程序的利器。

5．服务器软件（网络软件）

Python对于各种网络协议的支持很完善，因此经常被用于编写服务器软件、网络爬虫。第三方库Twisted支持异步网络编程和多数标准的网络协议（包含客户端和服务器），并且提供了多种工具，被广泛用于编写高性能的服务器软件。

6．游戏

很多游戏使用C++编写图形显示等高性能模块，而使用Python或者Lua编写游戏的逻辑、服务器。相较于Python，Lua的功能更简单、体积更小；而Python则支持更多的特性和数据类型，图10-52是国际上知名的游戏Sid Meier's Civilization（文明）的游戏页面。

图10-52　Sid Meier's Civilization（文明）的游戏页面

7．构思实现，产品早期原型和迭代

YouTube、Google、Yahoo！、NASA都在内部大量地使用Python。

10.5.2　Python的应用方向

1．常规软件开发

Python支持函数式编程和OOP面向对象编程，能够承担任何种类软件的开发工作，因此常规的软件开发、脚本编写、网络编程等都属于标配能力。

例如，我们经常访问的集电影、读书、音乐于一体的创新型社区豆瓣网、美国最大的在线云存储网站Dropbox、由NASA（美国国家航空航天局）和Rackspace合作的云计算管理平台OpenStack等项目都是使用Python实现的。这些网站的首页如图10-53至图10-55所示。

图10-53　豆瓣网首页

图10-54　Dropbox网站首页

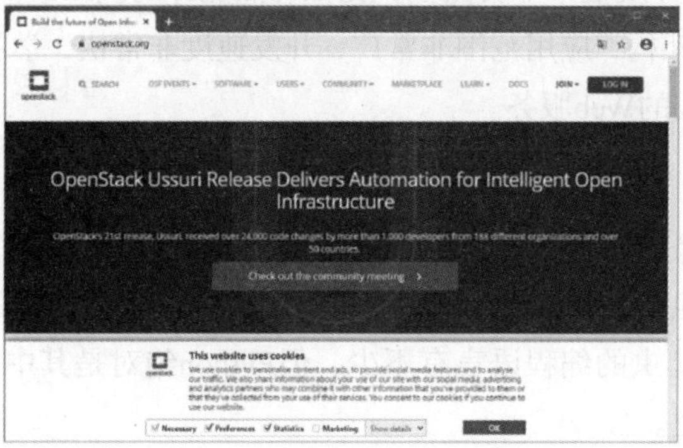

图10-55　OpenStack网站首页

目前，全球最大的搜索引擎——Google在其网络搜索系统中广泛应用了Python语言，曾经聘用了Python之父——Guido van Rossum。Facebook网站大量的基础库和YouTube视频分享服务大部分也是由Python语言编写的，如图10-56所示。

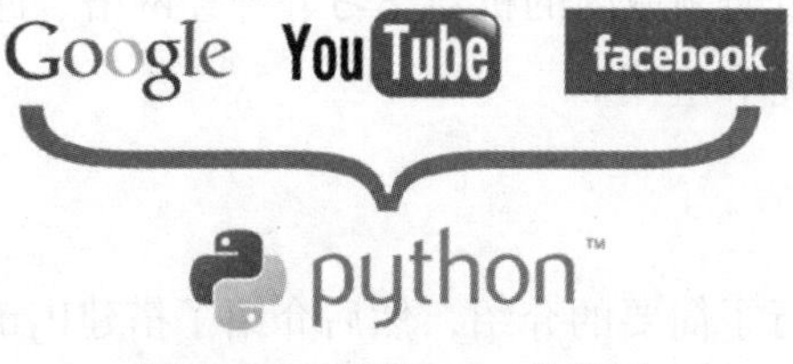

图10-56　应用Python的公司

说明：Python语言不仅可以应用到网络编程、游戏开发等领域，还可以在图形图像处理、智能机器人、爬取数据、自动化运维等多方面崭露头角，为开发者提供简约、优雅的编程体验。

2. 科学计算

随着NumPy、SciPy、Matplotlib、Enthoughtlibrarys等众多程序库的开发，Python越来越适合于做科学计算、绘制高质量的2D和3D图像。和科学计算领域最流行的商业软件Matlab相比，Python是一门通用的程序设计语言，比Matlab所采用的脚本语言的应用范围更广泛，有更多的程序库的支持。虽然Matlab中的许多高级功能和Toolbox目前还是无法替代的，不过在日常的科研开发之中仍然有很多的工作是可以用Python代劳的。

3. 自动化运维

这几乎是Python应用的自留地，作为运维工程师首选的编程语言，Python在自动化运维方面已经深入人心，比如Saltstack和Ansible都是比较受用户欢迎的自动化平台。

4. 云计算

开源云计算解决方案OpenStack就是基于Python开发的。

5. Web开发

基于Python的Web开发框架不要太多，比如耳熟能详的Django，还有Tornado、Flask。其中的Python+Django架构，应用范围非常广，开发速度非常快，学习门槛也很低，能够帮助你快速地搭建起可用的Web服务。

6. 网络爬虫

网络爬虫也称网络蜘蛛，是大数据行业获取数据的核心工具。没有网络爬虫自动地、不分昼夜地、高智能地在互联网上爬取免费的数据，那些大数据相关的公司恐怕要少四分之三。能够编写网络爬虫的编程语言有不少，但Python绝对是其中的主流之一，其Scripy爬虫框架应用非常广泛。

7. 数据分析

在大量数据的基础上，结合科学计算、机器学习等技术，对数据进行清洗、去重、规格化和针对性的分析是大数据行业的基石。Python是数据分析的主流语言之一。

8. 人工智能

Python在人工智能大范畴领域内的机器学习、神经网络、深度学习等方面都是主流的编程语言，得到广泛的支持和应用。

本章小结

本章首先对Python进行了简要的介绍，然后介绍了搭建Python的开发环境的方法，接下来又介绍了使用两种方法编写第一个Python程序，最后介绍了如何使用Python自带的

IDLE，以及常用的第三方开发工具。搭建Python开发环境和使用自带的IDLE是本章学习的重点。在学习了本章的内容后，希望同学们能够搭建完成学习时需要的开发环境，并且完成第一个Python程序，迈出Python开发的第一步。

课后习题

一、填空题

1. Python 3.x对Python 2.x的标准库进行了一定程度的_________ 和 ________，比Python 2.x更容易理解，特别是在_________方面。

2. 安装Python实际上就是安装Python_________。

3. 除了Python自带的IDLE以外，还有很多能够进行Python编程的开发工具，常用的第三方开发工具有________、________、________等。

4. 在IDLE中，常用的快捷键可通过选择“Options”→“Configure IDLE”菜单项，在打开的________对话框的________选项卡中查看。

二、简答题

1. 如何测试Python安装是否成功？

2. 作为初学者要怎样选择适合的版本？

第11章　人工智能展望

内容导读

随着互联网大数据的兴起，以及深度学习等机器学习算法在互联网领域的广泛应用，人工智能再次进入快速发展的时期。人工智能将从现在的专用智能向通用智能发展，从人工智能向人机混合智能发展，从“人工+智能”向自主智能系统发展，并将加速与其他学科领域交叉渗透。但是，不同领域的科学家、企业家对人工智能的未来表达了担心，主要争论集中于人工智能的法律秩序与伦理道德。因此发展人工智能要充分考虑到人工智能技术的局限性，理性分析人工智能发展需求，理性设定人工智能发展目标，确保人工智能健康可持续发展。人工智能背景下国家大力鼓励创新创业，人工智能融合各行各业带来宽广的就业机会，需求大量的人工智能相关的技术应用、管理、开发等人才。同时人工智能的发展也会对传统行业产生冲击，未来就业的不确定性显著增加，智力劳动所占比重会逐渐增加，对劳动者的价值观结构、综合素质、创新能力等提出更高的新要求。

人工智能展望内容导读如图11-1所示。

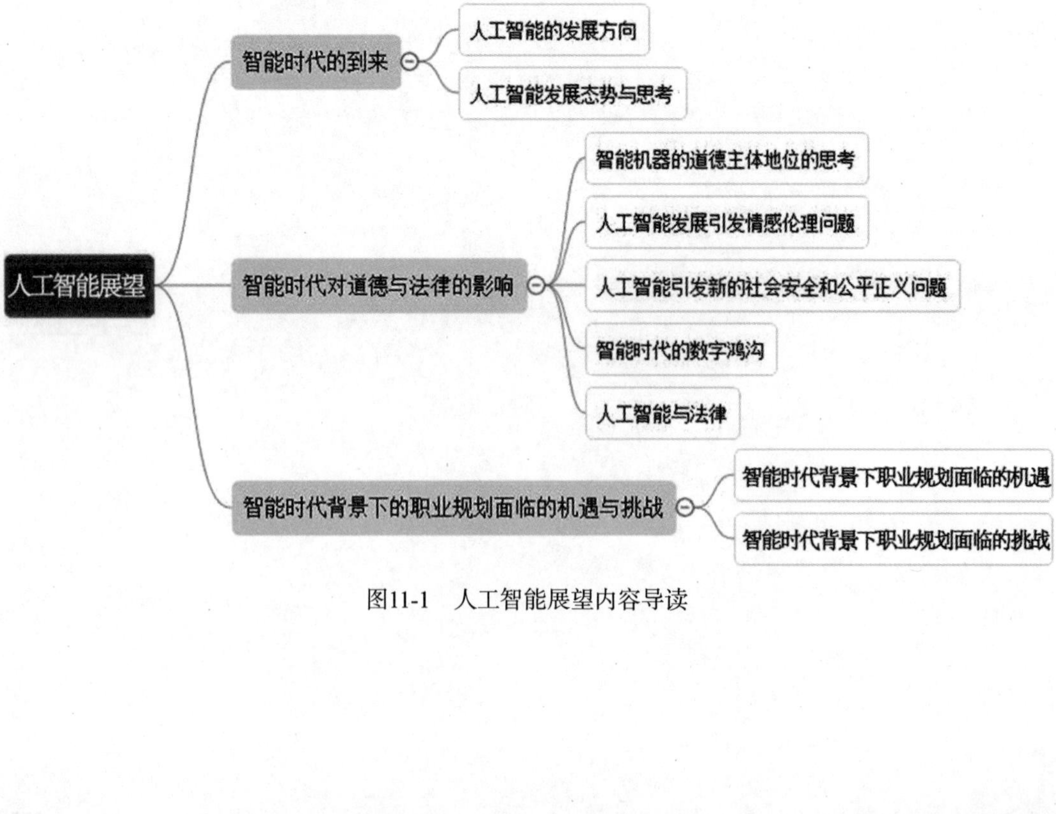

图11-1　人工智能展望内容导读

11.1 智能时代的到来

11.1.1 人工智能的发展方向

经过60多年的发展，人工智能在算法、算力（计算能力）和算料（数据）等“三算”方面取得了重要突破，正处于从“不能用”到“可以用”的技术拐点，但是距离“很好用”还有诸多瓶颈。那么在可以预见的未来，人工智能发展将会出现怎样的趋势与特征呢?

从专用智能向通用智能发展。如何实现从专用人工智能向通用人工智能的跨越式发展，既是下一代人工智能发展的必然趋势，也是研究与应用领域的重大挑战。2016年10月，美国国家科学技术委员会发布《国家人工智能研究与发展战略计划》，提出在美国的人工智能中长期发展策略中要着重研究通用人工智能。阿尔法狗系统开发团队创始人戴密斯·哈萨比斯提出朝着“创造解决世界上一切问题的通用人工智能”这一目标前进。微软在2017年成立了通用人工智能实验室，众多感知、学习、推理、自然语言理解等方面的科学家参与其中。

从人工智能向人机混合智能发展。借鉴脑科学和认知科学的研究成果是人工智能的一个重要研究方向。人机混合智能旨在将人的作用或认知模型引入到人工智能系统中，提升人工智能系统的性能，使人工智能成为人类智能的自然延伸和拓展，通过人机协同更加高效地解决复杂问题。在我国新一代人工智能规划和美国“脑计划”中，人机混合智能都是重要的研发方向。

从“人工＋智能”向自主智能系统发展。当前人工智能领域的大量研究集中在深度学习，但是深度学习的局限是需要大量人工干预的，比如人工设计深度神经网络模型、人工设定应用场景、人工采集和标注大量训练数据、用户需要人工适配智能系统等，非常费时费力。因此，科研人员开始关注减少人工干预的自主智能方法，提高机器智能对环境的自主学习能力。例如阿尔法狗系统的后续版本阿尔法元从零开始，通过自我对弈强化学习实现围棋、国际象棋、日本将棋的“通用棋类人工智能”。在人工智能系统的自动化设计方面，2017年谷歌提出的自动化学习系统（AutoML）试图通过自动创建机器学习系统降低人员成本。

人工智能将加速与其他学科领域交叉渗透。人工智能本身是一门综合性的前沿学科和高度交叉的复合型学科，研究范畴广泛而又异常复杂，其发展需要与计算机科学、数学、认知科学、神经科学和社会科学等学科深度融合。随着超分辨率光学成像、光遗传学调控、透明脑、体细胞克隆等技术的突破，脑与认知科学的发展开启了新时代，能够大规模、更精细解析智力的神经环路基础和机制，人工智能将进入生物启发的智能阶段，依赖于生物学、脑科学、生命科学和心理学等学科的发现，将机理变为可计算的模型，同时人工智能也会促进脑科学、认知科学、生命科学甚至化学、物理、天文学等传统科学的发展。

人工智能产业将蓬勃发展。随着人工智能技术的进一步成熟以及政府和产业界投入的日益增长，人工智能应用的云端化将不断加速，全球人工智能产业规模在未来10年将进入高速增长期。例如，2016年9月，咨询公司埃森哲发布报告指出，人工智能技术的应用将为经济发展注入新动力，可在现有基础上将劳动生产率提高40%；到2035年，美、日、英、德、法等12个发达国家的年均经济增长率可以翻一番。2018年，麦肯锡公司的研究报告预测，到2030年，约70%的公司将采用至少一种形式的人工智能，人工智能新增经济规模将达到13万亿美元。

人工智能将推动人类进入普惠型智能社会。“人工智能+X”的创新模式将随着技术和产业的发展日趋成熟，对生产力和产业结构产生革命性影响，并推动人类进入普惠型智能社会。2017年，国际数据公司IDC在《信息流引领人工智能新时代》白皮书中指出，未来5年人工智能将提升各行业的运转效率。我国经济社会转型升级对人工智能有重大需求，在消费场景和行业应用的需求牵引下，需要打破人工智能的感知瓶颈、交互瓶颈和决策瓶颈，促进人工智能技术与社会各行各业的融合提升，建设若干标杆性的应用场景创新，实现低成本、高效益、广范围的普惠型智能社会。

人工智能领域的国际竞争将日益激烈。当前，人工智能领域的国际竞赛已经拉开帷幕，并且将日趋白热化。2018年4月，欧盟委员会计划2018至2020年在人工智能领域投资240亿美元；法国总统在2018年5月宣布《法国人工智能战略》，目的是迎接人工智能发展的新时代，使法国成为人工智能强国；2018年6月，日本《未来投资战略2018》重点推动物联网建设和人工智能的应用。世界军事强国也已逐步形成以加速发展智能化武器装备为核心的竞争态势，例如俄罗斯2017年提出军工拥抱“智能化”，让导弹和无人机这样的“传统”兵器威力倍增。

人工智能的社会学将提上议程。为了确保人工智能的健康可持续发展，使其发展成果造福于民，需要从社会学的角度系统全面地研究人工智能对人类社会的影响，制定完善人工智能的法律法规，规避可能的风险。2017年9月，联合国区域间犯罪和司法研究所（UNICRI）决定在海牙成立第一个联合国人工智能和机器人中心，规范人工智能的发展。美国白宫多次组织人工智能领域法律法规问题的研讨会、咨询会。特斯拉等产业公司牵头成立OpenAI等机构，旨在“以有利于整个人类的方式促进和发展友好的人工智能”。

11.1.2 人工智能发展态势与思考

目前，我国人工智能总体发展态势良好。但也应清醒地看到，我国人工智能发展还存在着过热和泡沫的风险，尤其是在基础研究、技术体系、应用生态、创新人才、法律规范等方面，还存在着许多问题值得关注。总的来看，我国人工智能的发展现状可以概括为“高度重视，态势喜人，差距不小，前景看好”。

高度重视。中央和国务院高度重视并大力支持人工智能的发展。在党的十九大、2018年两院院士大会、全国网络安全和信息化工作会议、十九届中央政治局第九次集体学习等场合多次强调要加快推进新一代人工智能的发展。2017年7月，国务院发布《新一代人工智能发展规划》，把新一代人工智能摆在国家战略高度，描绘了我国面向2030年的人工智能发展路线图，旨在构筑人工智能先发制人的优势，把握新一轮科技革命的战略主动权。在发展人工智能方面，国家发展和改革委员会、工业和信息化部、科学技术部、教育部等国家部委以及北京、上海、广东、江苏、浙江等地政府出台了鼓励政策。

态势喜人。根据清华大学发布的《中国人工智能发展报告2018》统计显示，我国已经成为世界上人工智能投资和融资最多的国家，我国的人工智能企业在人脸识别、语音识别、安防监控、智能音箱、智能家居等人工智能领域的应用都处于国际领先地位。根据爱思唯尔文献数据库2017年统计结果显示，我国人工智能领域的论文数量已经位居世界第一。近些年来，中国科学院大学、清华大学、北京大学等高校相继成立了人工智能研究院，自2015年开始，中国人工智能大会连续成功召开四次，并在不断扩大规模。总的来说，我国人工智能领域的创新创业教育和科研活动十分活跃。

差距不小。当前我国在人工智能前沿理论创新方面总体上尚处于"跟跑"状态，多数创新侧重于技术应用，在基础研究、原创成果、顶尖人才、技术生态、基础平台、标准规范等方面与世界先进水平还有很大差距。世界700名人工智能人才中，中国虽然排名第二，但与占了总数的一半的美国相比，还相差较远。2018年，市场研究顾问公司Compass Intelligence对全球超过100家人工智能计算芯片企业进行了排名，我国没有一家企业进入前十。此外，我国的人工智能开放源代码社区和技术生态布局还比较落后，需要加强技术平台建设，提高国际影响力。由于我国参与制定国际人工智能标准的积极性和力度不够，国内标准的制定和实施相对滞后。目前，我国还缺乏对人工智能可能产生的社会影响的深入分析，制定和完善人工智能相关法律法规的进程需要加快。

前景看好。在我国，人工智能的发展具有市场规模、应用场景、数据资源、人力资源、普及智能手机、资金投入、国家政策支持等综合优势，发展前景广阔。2017年，世界顶级管理咨询公司埃森哲发表的报告《人工智能：助力中国经济增长》指出，到2035年，人工智能将使中国的劳动生产率提高27%。国家出台的"新一代人工智能发展规划"提出，到2030年，人工智能的核心产业规模将超过1万亿元，相关产业将达到10万亿元。"智慧型红利"有望在我国未来发展道路上弥补人口红利的不足。

目前，中国正处在加快人工智能布局、收获人工智能红利、引领智能时代的重要历史机遇期，如何在人工智能蓬勃发展的大潮中，选择好中国道路，抓住中国机遇，展现中国智慧，都是值得我们深思的问题。任何事物的发展不可能一直处于高位，有高潮必有低谷，这是客观规律。在任意现实环境中实现机器的自主和通用智能，仍需要中长期的理论和技术积累，而人工智能在工业、交通、医疗等传统领域的渗透和融合是一个长期的过程，难以一蹴而就。为此，必须充分考虑人工智能技术的局限性，认识人工智能改造传统产业的长期性和艰巨性，理性地分析人工智能发展的需求，合理地设定人工智能发展目标，合理地选择发展路径，务实地推进人工智能发展举措，才能保证人工智能的健康、可持续发展。

11.2 智能时代对道德与法律的影响

近几年来，人工智能在社会的各个领域得到了快速的发展，给人们的生产生活带来了极大的方便。它是为了研究人的智能的本质内涵而产生的，具体地说，是为了实现机器能够执行与人的智能有关的活动。但随着人工智能的发展，出现了许多问题，其中既有技术层面的问题，也有伦理方面的。

11.2.1 智能机器的道德主体地位的思考

基于其目前的发展速度和规模，人工智能将来也许可以开发出具有自我意识的智能产品，那么，这些由人类制造出来的智能机器是否也可以获得与人类同样的权利和地位？如果这些高智能产品还具有与人类高度相似的感知能力、情感水平，那么它们会威胁人类的自身利益吗？假如一个AI产品出现了对人类有伤害的情形，或者一个AI产品出现了对人类有伤害的情形，责任主体是人还是机器？机器人有权剥夺人的生命吗？AI应该具有怎样的道德地位，可以具有怎样的道德地位？在人工智能机器人能有自我意识，甚至能模仿人类的感觉之后，机器还能自制吗？其中包括对人工智能产品主体地位的思考，这些都是人工智能发展过程中所引发的伦理问题。

人工智能的伦理问题得到了前所未有的重视，其关键在于它能够实现某种可计算的感知、认知和行为，从而在功能上模拟人类的智能和行为。在人工智能诞生之初，英国科学家图灵、美国科学家明斯基等先驱者的初衷就是利用计算机来制造通用或强人工智能。到目前为止，应用越来越广泛的各种人工智能和机器人都是狭义的人工智能或弱人工智能，它们只能够完成人类赋予它们的任务。

一般而言，人工智能和智能自动系统能够自动感知或认知环境（包括人），并根据人的设计执行某种行为，还可能具有人机交互功能，甚至可以与人“对话”，通常被视为具有某种自主性和互动性的实体。基于这一点，人工智能学家引入了智能体（Agents，又称智能主体）的概念来定义人工智能：对能够从环境中获取感知并执行行动的智能体的描述和构建。

因此，可以把各种各样的人工智能系统称为人工智能体或智能体。从技术上讲，智能体的功能是智能算法赋予的：智能体运用智能算法对环境中的数据进行自动感知和认知，并使其映射到自动行为与决策之中，从而达到人类所设定的目标和任务。可以说，智能体与智能算法实为一个整体的两面，智能算法是智能体的功能内核，智能体是智能算法的具体体现。

由智能体概念出发，将人工智能系统表现得更加清晰，能够模拟和取代人类的理性行为，因为它的存在既可以与人类相媲美，也可以被看作是“拟主体”，或者智能体具有某种“拟主体性”。仅仅把智能体当作普通的技术人类创造，其研究过程与其他科技伦理相似，主要有面向应用场景的描述性研究、突出主体责任的责任伦理研究和以主体权利为基础的权利伦理研究。但是，当人们赋予智能体以拟主体性时，就会自然而然地联想到，无论智能体是否和主体一样具有道德意识，其行为都可以被视为拟伦理行为。接着可以追问：能否利用智能算法对人工智能体的拟伦理行为进行伦理设计，即利用编码算法将人类所倡导的价值取向和伦理规范嵌入各种智能体中，使之成为符合道德规范的人工伦理智能体，甚至具有自主的伦理选择能力？

11.2.2　人工智能发展引发情感伦理问题

人工智能正以更快的速度和水平融入人类社会的各个方面，人工智能会不会带来新的情感伦理问题呢？人工智能手术机器人将给医疗保健领域带来医疗伦理挑战；当一台质量可靠的机器人能为人类服务十年，甚至服务人类祖孙三代的时候，人工智能的代际伦理就成了新的伦理问题。在面临诸多伦理挑战的情况下，如何发展或改进已有的伦理学体系，使之更好地适应人工智能的发展，既要让人工智能更好地为人类服务，又要限制其消极影响，是人工智能发展所面临的重大挑战。

科幻影迷一定不会忘记这几个片段：电影《机械姬》的结尾，机器人艾娃产生了自主意识，用刀杀了自己的设计者；在电影《她》中，人类作家西奥多和化名为萨曼莎的人工智能操作系统产生了爱情。遗憾的是，西奥多发现萨曼莎同时和许多用户产生了爱情，两者对爱情的理解本并不相同。尽管科幻电影对人工智能的描述偏向负面，但它也在某种程度上表达了人类的焦虑和担忧。事实上，人工智能是否会拥有自我意识并与人类产生情感？它取决于怎样定义‘产生’。人工智能的自主性，仍然依赖于样本学习，就像阿尔法狗对每一步棋的选择，就是从海量可能的棋局中选择一种，这种自主是一种有限的自主，实际上依赖于所学的东西。人工智能意识和情感的表达，是对人类意识和情感的“习得”，且不会超过这个范围。能否超越人的学习，主动地产生意识和情感？就现在的研究来看，还很遥远。但假设，深入了解人的大脑，是否能创造出一个类似人类大脑的机器呢？可惜，对于人脑如何产生意识和情感这些基本问题，我们仍然知之甚少。

人工智能越来越像人，人类会对机器产生感情吗？这取决于这种过程是否给人类带来愉悦，正如互联网发展早期的一句常用语所说——在互联网上，没人知道你是一条狗。也就是说，当人们不知道传播者的身份时，只要对方能给自己带来快感，情感就会产生。例如，在未来，知识型的人工智能能回答人们所能想到的许多问题，从而导致个体学习方式、生活方式甚至社会化模式的改变。假使人类与人工智能产生了夫妻、父女等情感，就会质疑现代伦理规范。假如社会主流观点认为这种关系符合伦理，那么人们可能会倾向于用夫妻、父女之间的伦理准则来规范这种关系；但是，如果人们总是认为人和人工智能之间的关系是“游戏关系”，那么相应的伦理准则也就无从谈起了。

专家们认为，面对人工智能带来的种种冲击， 20世纪50年代美国科幻小说家阿西莫夫提出的机器人三大定律，至今仍有其借鉴意义。其三条法则是：机器人不能伤害人类，也不能在看到人类受伤时放任不管；机器人必须服从人类的所有命令，但不能违反第一条法则；机器人应保护自身的安全，但不得违反第一、第二定律。说到底，人类是智能行为的总开关，在应对人工智能可能的威胁时，人类完全可以未雨绸缪。

11.2.3 人工智能引发新的社会安全和公平正义问题

人工智能可能导致工人失业、影响社会公平正义。人工智能机器人工作效率高、出错率低、维护费用低，能保证连续作业。人工智能和机器人领域取得的进展，使机器翻译取代人工翻译；机器人可能取代工人劳动；自动化引入白领工作领域，例如法律文书和分析财务数据。麦肯锡（McKinsey）的一项研究称，在美国雇员的工作时间中，大约45%是用来完成一些可以借助现有技术实现自动化的任务。人工智能应用于各个领域都会给社会稳定带来冲击，其中最突出的就是就业冲击，很多人的工作安全和稳定都会受到人工智能发展的直接影响，尤其是那些不需要专业技术和专业能力的工作，大量采用人工智能会导致劳动者失业和未就业人口的增加，如果失业人口足够多，甚至有可能引发社会不稳定、局部战争，这些都不利于社会的稳定和安全。

人工智能发展也存在一些影响社会公正的情况。举例来说，Northpointe公司开发了一种算法，该算法可以预测罪犯的二次犯罪概率，但预测黑人的犯罪概率远远高于其他人种，被指种族偏见。上海交通大学通过唇曲率、眼内角距和口鼻角等特征进行面部识别可以预测某些人具有犯罪倾向，但被质疑存在偏见。在首届2016年“国际人工智能选美大赛”上，机器人专家小组根据“能准确评估人类审美与健康标准”的算法的机器人对人类面部进行评判，由于没有为人工智能提供多样化的训练，最终获胜者引起了不小的争论。因为算法输入者或者人工智能设计者的问题会导致一些新的社会伦理问题出现。

11.2.4 智能时代的数字鸿沟

从传统意义上说，“数字鸿沟”是指信息技术在用户与非用户之间的社会分层，它描述了信息通信技术在普及与使用中的失衡，这种失衡表现在不同国家、同一国家内的不同地区、不同人群之间，它还存在于信息技术的发展领域和信息技术的应用领域。智慧型社会的结构变得更加复杂，人工智能的复杂性使社会大众不能从根本上掌握它，而技术发展的最终目的是使整个社会都能平等地享受到人工智能发展所带来的福利，这仅靠技术进步是无法做到的。

当前，在人工智能领域的发展中，有关顶层设计的政策和伦理规范还不完善，人工智能的发展存在偏离正轨的风险。在生产力分布不均，科技力量不均衡，人民素质和能力参差不齐，不同国家和地区在信息化和智能化方面存在着差距的今天，智能时代的“数字鸿沟”作为社会现实的写照不容忽视。智能时代的“数字鸿沟”使发达国家垄断了全球的关键数据资源，封锁了人工智能的核心技术和创新成果，从而获取了垄断的超额利润。在智能时代，体力劳动者不再被社会所重视，也不再被社会的劳动力结构所支配。对普通体力劳动者来说，智能时代是一次挑战，将重新寻找自己的社会定位。智能科技的发展，生产力的提高，使体力劳动者越来越意识到自己能力的不足，伴随着智能技术的不断进步，智能化将代替大量体力性或重复性劳动。另外，人工智能有可能加大贫富差距，应充分发挥其提升公共利益和社会福祉的功效。

11.2.5 人工智能与法律

科学技术领域的每一个新概念，从产生到具体应用于各个行业，都面临着许多挑战，这些挑战包括技术和商业方面，以及法律和公共政策方面。近几年来，人工智能的发展引起了世界上许多国家和国际组织的关注，联合国、美国、欧洲议会、英国、法国、电气与电子工程师协会（IEEE）先后发表了一系列有关人工智能的报告，讨论了人工智能的影响和风险，该文件包括对法律问题的讨论。

1．数据收集、使用和安全

虽然人工智能在法律上难以精确定义，但在技术上，目前人工智能基本上将与机器学习技术（Machine Learning）相结合，这就意味着需要收集、分析和使用大量数据，其中许多信息因其身份识别（包括与其他信息相结合的身份识别）而属于个人信息。根据个人信息保护方面的法律规定，此类行为应获得使用者明确、充分和完备的授权，并应向使用者明确告知收集信息的目的、方式方法、内容、保留期限以及使用范围等。2011年，Facebook曾因为其面部识别和标记功能没有按照伊利诺伊州《生物信息隐私法案》（BIPA）要求告知用户收集面部识别信息的期限和方式被诉，由于在面部特征采集之前未能明确提醒用户并获得同意，爱尔兰和德国相关部门对此展开了调查。虽然 Facebook声称默认打开该功能是因为用户一般不会拒绝人脸识别，用户有权随时取消该功能，但德国汉堡市数据保护和信息安全局坚持认为，Facebook的人脸识别技术违反了欧洲和德国的数据保护法，应该删除相关数据。最后，Facebook被迫关闭了欧洲地区的人脸识别功能，并移除了欧洲用户的人脸数据库。

人工智能应用程序开发人员除了需要按照所告知的方式和范围使用用户数据，还可能需要与政府部门合作提供数据。在2016年阿肯色州的一起谋杀案中，警方希望从 Alexa语音助手收集到的语音数据，被亚马逊公司拒绝，原因是警方没有签发有效的法律文件，这样的例子以后会不断出现。由于人工智能技术的引入，公共与私人权利的冲突可能会出现新的形式。开发人员在收集、使用数据时，还应遵守安全原则，采取适当的管理措施和技术手段，使其符合个人信息受损的可能性和严重程度，以保护个人信息安全，防止未经授权的检索、披露和丢失、泄露、损毁和篡改个人信息。

2．数据歧视和算法歧视

人工智能在应用中，经常需要利用数据训练算法。若输入的资料不具代表性或有偏差，训练的结果可能会放大偏差，并呈现出歧视特征。根据卡内基梅隆大学的研究显示，由谷歌开发的广告定位算法可能会对网民造成性别歧视。在搜索20万美元薪水的行政职位中，假冒男性用户组搜到了1852条广告，假冒女性组用户只搜到318个广告。2016年3月23日，微软公司人工智能聊天机器人Tay上线不到24小时，就在一些网友的恶意引导和训练下，各种攻击和歧视言论不绝于耳。除此以外，因为数据存在偏差，导致结果涉嫌歧视甚至攻击性的例子，已经大量出现。也就是说，人工智能开发人员在培训和设计人工智能时必须遵循广泛的包容性，充分考虑妇女、儿童、残疾人、少数民族等易受忽视群体的利益，并针对道德和法律的极端情况制定专门的判断规则。

因为人工智能系统并不像它表面上那样“技术中立”，在不知情的情况下，特定人群可能会成为该系统“偏见”和“歧视”的受害者。身为开发人员，必须谨慎面对风险。除采集数据和设计算法时需要注意数据的全面性和准确性以及算法的不断调整更新外，在预测结果的应用上也应更加谨慎，在重要的领域中，不能把人工智能的操作结果作为最终的、唯一的决策依据，仍然需要进行关键的人工审核。举例来说，在有关医疗辅助诊断的人工智能规定中，明确指出人工智能辅助诊断技术不能作为临床最终诊断，而只能作为临床辅助诊断和参考，最终诊断必须由合格的临床医师决定。若人工智能的歧视行为对使用者造成了实际或精神上的损害，相关的法律责任应首先由人工智能服务的最终使用者承担，如果人工智能开发人员有过错，最终使用者可要求开发人员承担赔偿责任。要判断开发人员过失的程度，可能有必要区分不同的算法：如果技术开发人员主动建立了算法中的规则，那么预测和控制最终发生歧视的风险的水平也会更高；如果最终由于系统的“歧视”或“偏见”而损害第三方的合法权益，则难辞其咎。但是如果采用深度学习等算法，系统本身就会探索并形成规则，因此开发者对歧视风险的控制程度相对较低，主观恶意和过失都较小，可能有一定的免责空间。

3. 事故责任和产品责任

与其他技术一样，人工智能产品也存在事故和产品责任问题，但要区分到底是人为操作不当还是人工智能缺陷，并不那么容易，特别是举证更加困难。国内外人们对汽车的自动驾驶功能一直存在着交通事故安全性问题。但并非只要安装了人工智能，对用户使用产品的损害就都属于人工智能的责任。

事故责任认定前要明确以下问题：是否有人为操作等其他原因而导致损害结果发生？人工智能的具体功能是什么？相关功能在损坏发生时是否已启用？有关职能是否发挥预期作用？关联功能与损害结果之间有因果关系吗？因果之间的相关性是多少？有没有因产品功能描述和介绍的歧义或误解导致用户的注意力降低？

依据《侵权责任法》，终端产品生产者因其产品的缺陷造成用户损害的，应当承担侵权责任。当终端产品使用的人工智能有缺陷，并且终端产品使用的人工智能芯片和服务（人工智能产品）由他人提供时，终端产品生产者可作为销售者，要求人工智能产品和服务的开发人员承担侵权责任。在此基础上，双方还可以就侵权责任的划分进行约定。

产品缺陷责任的认定中，一个比较棘手的问题是，不同生产者之间的责任划分问题。由于采用人工智能的终端产品可能涉及多种技术和部件，因此在最终出现意外情况时，往往很难准确定位出现问题的具体环节和部位。

4. 人工智能与行业监管

目前，人工智能技术或产品的研发本身并没有设置行政许可或准入限制，一旦这些技术或产品将被应用于具体行业，那么获得许可证的问题就会随之出现。比如现在最受欢迎的“智能投顾”行业，就出现了不少打着智能投顾旗号非法荐股、无牌代销的现象。“智能投顾”会涉及投资咨询和资产管理牌照。从事证券投资咨询业务的机构，按照规定，必须取得中国证监会颁发的证券投资咨询从业资格。而这种平台只能为投资者提供咨询意见，无法接触到投资者账户或受托理财。如智能投顾平台涉及金融产品销售，还需根据产品类型获得相关许可，未经许可的智能投顾平台经营者，从事非法经营活动，可能面临刑事法律风险。而在其他人工智能应用行业，如医疗设备、可穿戴设备等，许可证管理问题也不容忽视。

是否有必要将未来的行业监管扩展到人工智能领域？对金融、医疗、智能家居、自动驾驶等专业领域，监管是否有必要介入人工智能的发展取决于人工智能技术的发展水平，如果有一天人工智能已经发展到可以代替人做决策，那么在人工智能的发展环节，就需要引进相关领域的合格专业人才。在此之前，对于仅仅在自动化操作和辅助判断领域发挥作用的人工智能，还不如让技术员自由成长。

11.3　智能时代背景下的职业规划面临的机遇与挑战

新时代以人工智能为代表的新一轮技术革命方兴未艾，人工智能引领着科技与产业革命的变革，深刻地改变着人们的生产、生活、学习方式，推动人类社会迎来人机协同、跨界融合、共创分享的智能时代。智能时代下人工智能相关专业就业既面临着巨大的机遇，又面临着许多挑战。知晓人工智能专业领域的就业机遇与挑战，有助于同学发挥主观能动性，把握先机，做好计划与准备。

11.3.1　人工智能背景下职业规划面临的机遇

当今世界正经历百年未有之大变局，我国正处于实现中华民族伟大复兴的关键时期。每一代青年都有自己的际遇和机缘，都要在自己所处的时代条件下谋划人生、创造历史。人工智能引领科技与产业变革的时代，大学生职业规划必然要放到中国社会发展的现实中，站在时代发展的潮流中去考虑与计划。

大力鼓励创新创业的时代机遇。新时代党和国家深入实施创新驱动发展战略，鼓励与支持创新创业，并提供了良好的创业政策与环境。2014年，达沃斯论坛上提出“大众创业、万众创新”，在党和国家鼓励和支持下，中国社会掀起“大众创业”“草根创业”的新浪潮，形成“万众创新”“人人创新”的新势态。2018年，国务院下发《关于推动创新创业高质量发展打造“双创”升级版的意见》（下简称《意见》）指出，在党中央、国务院的高度重视和大力支持下，近年来我国创新创业生态体系不断优化，创新创业观念与时俱进，出现了大众创业、草根创业的“众创”现象，带动创新创业愈加活跃、规模不断增大，效率显著提高。《意见》还要求进一步优化创新创业环境，大幅降低创新创业成本，提升创业带动就业能力，增强科技创新引领作用，提升支撑平台服务能力，推动形成线上线下结合、产学研用协同、大中小企业融合的创新创业格局，为加快培育发展新动能、实现更充分就业和经济高质量发展提供坚实保障。在党和国家的创新创业思想指导与政策支持下，青年创新创业有着良好的环境。例如截至2014年年底，经国务院批准成立的国家高新区达到115家，高新区成为大众创新创业的核心载体。国家积极营造良好的高新技术产业发展环境，打造有利于创新创业的生态系统。近年来高新区涌现出来的新型孵化器有效突破物理空间、商事代理等基础服务，依靠互联网、开源技术平台，为创业者提供低成本、便利化、开放式的创业空间，增加了创业者相互交流的机会。目前国家高新区内已经形成了大量容纳创业者、投资者、创业导师的创业社区，实现了聚团效应价值的最大化。在国家高新区真正掀起了“大众创业、万众创新”的新浪潮。在人工智能发展方面，国家部署了智能制造等国家重点研发计划重点专项，印发实施了“互联网+”人工智能三年行动实施方案，从科技研发、应用推广和产业发展等方面提出了一系列措施。全国大学生创业优惠政策方面，全国多省区提出了具体的支持政策。江西高校学生休学创业最多可保留7年学籍，财政每年注入1000万元资金充实青年创业就业基金，每年重点支持1000名大学生返乡创业；浙江杭州大学生创业项目申请无偿创业资助，资助金额的额度从原来的最高10万元提高到20万元，并“实行房租补贴机制”等。

当前我国大众创新创业呈现出五个新特点：创业服务从政府到市场的转变，创业主体从“小众”到“大众”，创业活动走向开放协同，创业载体更加注重“软服务”，创业理念重视需求导向。这些创业的新变化，体现出人工智能，特别是大众参与人工智能相关的创业拥有积极、良好的态势。而人工智能在国家发展战略中的地位、在社会发展中的功能方面，体现出非常巨大且重要的创业前景。

在移动互联网、大数据、超级计算、传感网、脑科学等新理论新技术以及经济社会发展强烈需求的共同驱动下，人工智能高速发展必将深刻改变人们的社会生活和世界发展。2017年，国务院印发的《新一代人工智能发展规划》指出，人工智能创新发展关系到新一轮国际科技竞争中的主导权问题，是国际竞争的新焦点，是引领未来的新技术，是经济发展的新引擎，是社会建设的新机遇，要将人工智能发展放到国家战略层面去布局与规划。一方面我国积累了良好的人工智能发展基础，语音识别、视觉识别、5G技术等世界依靠，智能监控、工业机器人等已经进入实际应用，人工智能创新创业活跃；另一方面，我国重视人工智能发展，不仅印发实施了“互联网+”人工智能三年行动实施方案，而且有相关的措施与政策支持。可见，人工智能背景下的创业，不仅属于创新创业发展潮流的应有之义，而且具备突出的战略优势与良好的基础条件，具有非常好的前景。

人工智能融合各行各业带来宽广的就业机会。一方面，人工智能催生新的就业机会和岗位。新的技术带来新的生产方式与商业模式的变革，产生了新的需求，催生一批新的就业机会和岗位。2019年，人力资源和社会保障部、国家市场监督管理总局、国家统计局发布了13个新职业，而这13个新职业主要集中在高新技术领域，与人工智能有着非常密切的关系。这13个职业具体包括：人工智能工程技术人员、物联网工程技术人员、大数据工程技术人员、云计算工程技术人员、数字化管理师、建筑信息模型技术员、电子竞技运营师、电子竞技员、无人机驾驶员、农业经理人、物联网安装调试员、工业机器人系统操作员、工业机器人系统运维员。新职业的出现，既表明了人工智能职业发展的新机遇，同时更反映了这些领域是国家未来热点发展的领域，可大有作为。新职业的出现带动了新专业人才的需求，甚至有的智能技术领域的人才供不应求，如人工智能和机器学习专家、数据分析师、信息安全分析师、用户体验和人机交互设计师、区块链专家等。2016年，教育部、人力资源和社会保障部、工业和信息化部等共同编制的《制造业人才发展规划指南》估算，2025年，新一代信息技术产业、生物医药和高性能医疗器械、节能与新能源汽车、新材料、机器人领域，人才缺口将分别达到450万、40万、103万、400万和450万。另一方面，“人工智能+”医疗、交通、生活、金融、教育、零售、安防、园区、政务，是人工智能在各行业的广泛应用或者融合，也为新的技术人才需求带来了广阔的就业机遇，创造了大量的新岗位。可以说，有人工智能参与的行业，就会需要相应的技术应用、管理、开发等人才。新的社会分工体系正地产生并快速形成和发展，与人工智能相匹配的人才需求日益增长。

11.3.2 人工智能背景下职业规划面临的挑战

对传统行业产生冲击。每一次的科技革命都会带来新一轮的工作革命，AI将会大量地淘汰传统劳动力，而且会有不少行业，会因为AI的兴起而消失。未来，机器人将会代替人工服务和操作，这很可能会导致大量的流程工作、服务工作和中层管理环节“消失”。只有新型的劳动力才会适应智能时代。美国斯坦福大学卡普兰教授研究发现，在美国注册在安的720个职业中，将有47%被人工智能取代；而在中国，被人工智能所取代的比例可能将超过70%。

由于人工智能是新技术带来的行业的变革，“人工智能＋”不同程度运用于各行业，使得行业从业知识结构更新换代节奏加快，未来就业的不确定性显著增加。《未来就业报告（2018年）》指出，2018年至2022年间，所需劳动力技能的平均转移幅度为42%；到2022年，至少54%的员工需要进行大规模的重新培训和技能提升。所以，未来就业、创业的学生非常需要提升自身的“数字化生存能力”。增强好奇心对学生来讲很重要，学会在冗杂的信息中探究事物本质的能力；提高学习能力，才能适应社会发展带来的挑战与机遇；良好的自控力对提高个人能力也很关键，这是应对变革时期的“软实力”。由于科学技术飞速发展所带来的新职业、新岗位的变化越来越难以精准预测，就业的不确定与风险也会随之增加。这就给就业人员的能力，特别是不断学习与适应新环境的能力提出了更高的挑战。

据研究表明，人工智能影响下的劳动力将向技术密集型产业、知识密集型产业、服务产业及高技术产业流动，以更适应科技水平和技术环境的发展。由此影响下，未来社会人工智能技术将会替代人的体力劳动、脑力劳动以及一定程度上的智力劳动，智力劳动所占比重会逐渐增加，智力劳动将成为重要的就业门槛，而且创新能力会越来越重要，劳动者的软实力成为竞争焦点。此外，由于工作劳动中对于技术水平的要求不断提高，对人才所应当具备的技能也呈现多元化，这不仅仅对劳动者的价值观结构、综合素质、创新能力等提出更高的新要求。

【知识拓展】

大学阶段开展人工智能专业领域职业规划的过程

第一，职业定位。就是清晰地明确一个人在职业上的发展方向，它是人在整个生涯发展历程中的战略性问题，也是根本性问题。职业定位既是职业规划的步骤，也是开展职业规划的方法，其主要是从自身认识、规划的角度，分析自己适合从事的工作、擅长从事的工作和有机会从事的工作来进行职业规划。具体来说，适合人工智能相关专业的职业定位有如下几种模型。

向阳生涯规划与职业定位模型（见图11-2）。向阳生涯规划与职业定位模型（即向阳职业规划模型，又称向阳职业定位模型），由职业取向系统、商业价值系统及职业机会系统构成，三大系统相互影响、相互作用，我们通过三个系统的相互作用来解决个人的职业规划问题。向阳生涯规划与职业定位模型是由向阳生涯在总结整合前人多种理论模型的基础上提出的，系统于2005年初步成型。向阳职业规划模型描述人们应该怎么做好自己的职业定位，如何做好职业规划。在向阳职业规划模型中包含三大系统、15个要素。

系统一：职业取向系统。生涯的本质是以个人为中心的，所以我们在考虑职业定位和职业规划时，自然要优先考虑一个人最本性的取向。职业取向系统是人的潜意识的外在表现，表现的是人的本性倾向，它基于快乐原则。职业取向系统具体通过性格、兴趣、价值观、需要和愿景等每一种要素都表达了人在职业甚至是生活方式上的倾向。它是职业规划的第一系统。在人们没有太多外在限制的情况下，优先考虑职业取向系统会让我们最大限度地获得职业上的满意。它直接引导着人们选择最佳的职业方向。

系统二：商业价值系统。商业价值系统是面向现实社会的。该系统考虑的是个体相对于职业世界的客观价值，也有就是说，个体相对于职业世界能提供多大贡献直接决定着是否可以获得相关职业机会。本系统由一系列可以直接创造价值的要素构成。商业价值系统内容主要有知识、技能、经历、天赋和资源五个要素。商业价值系统具有一定的相对性，对于A职业体现不了价值的要到，可能对于B职业却有相当大的商业价值。在设定职业目标时，怎样的职业目标才合适，主要是受商业价值系统的影响。

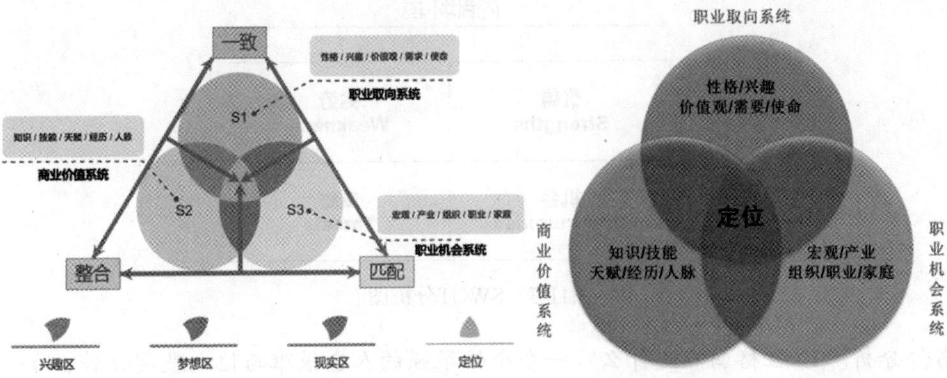

图11-2 向阳生涯规划与职业定位模型

系统三：职业机会系统。职业机会系统由一系列环境性因素构成，主要有宏观环境、产业环境、组织环境、职业资源及家庭环境五要素构成。职业机会系统直接影响到是否有职业机会，以及到底能有多大的职业机会，也直接决定着职业的一般发展方式和发展路径。职业机会不是你职业生涯上的助力，就是你职业生涯上的阻力。对于不同的职业发展阶段及不同的外在环境下，三个系统所起到的功用大小是有差别的，作用的先后顺序也会有差别。职业定位就是了解自己的感兴趣的职业，结合自己所拥有的技能，整合社会的职业机会，最终得出最适合自己的黄金职业定位区。

第二，个人SWOT分析（见图11-3）。SWOT分析广泛运用于各种职业预测、风险分析、职业规划当中，同样也适用于人工智能相关职业的规划当中。SWOT分析法就是将与研究对象密切相关的各种主要内部优势、劣势、机会和挑战等因素，通过调查罗列出来，并依照一般的次序按矩阵形式排列起来，然后运用系统分析的思想，把各种因素相互匹配起来加以分析，从中得出一系列相应的结论。“SWOT”中，S代表strength（优势）、W代表weakness（劣势）、O代表opportunity（机遇）、T代表threat（挑战），是个体“能够做的”（个体的强项和弱项）和“可能做的”（环境的机遇和挑战）之间的有机组合。其中，S、W是内部因素，O、T是外部因素。

优势分析。① 你曾经做过什么？即你已有的人生的经历和体验，如在学校期间担任过的职务、曾经参与或组织过的实践活动、获得过的奖励等。这些可以从侧面反映出一个人的素质状况。② 你学习了什么？即你在专业课程的学习中获得了什么。专业也许在未来的工作中起不了多大作用，但在一定程度上决定了你的职业方向，因而尽自己的最大努力学好专业课程是生涯规划的前提条件之一。③ 最成功的是什么？你可能做过很多事，但最成功的一件事是什么？为何成功？是偶然还是必然？通过分析，可以发现自我性格优越的一面，譬如坚强、果断，以此作为个人深层次挖掘的动力之源和魅力闪光点，这也是职业规划的有力支撑。

图11-3　SWOT分析图

劣势分析。① 性格弱点是什么？一个个性很强的人会很难与他人默契合作，而一个优柔寡断的人绝难担当企业管理者的重任。卡耐基曾说过，人性的弱点并不可怕，关键要有正确的认识，认真对待，尽量寻找弥补、克服的办法，使自我趋于完善。② 经验或经历中所欠缺的方面有哪些？找出你的劣势与发现你的优势同等重要，因为你可以基于此做两种选择：或是努力去改正常见的错误，提高你的技能；或是放弃那些对你而言不擅长的技能的学习。

机会与威胁分析。当前社会政治、经济发展趋势；社会热点职业门类分布与需求状况；自己所选择职业在当前与未来社会中的地位情况；社会发展趋势对自己职业的影响。所从事行业的发展状况及前景；在本行业中的地位与发展趋势；所面对的市场状况。包括行业环境分析和企业环境分析。不同的行业（包括这些行业里不同的公司）都面临不同的外部机遇和挑战，所以，找出这些外界因素将助你成功地找到一份适合自己的工作。这对大学生求职而言是非常重要的，因为这些机遇和挑战会影响你的第一份工作的选择和今后的职业发展。充满了许多积极的外界因素的行业将为求职者提供广阔的职业前景。

第三，职业生涯规划制定。职业生涯规划是一个反复的连续的过程，主要包括确定志向、自我评估认知、环境探索职业决策、求职行动、评估与反馈六个步骤。确定志向是根本，自我评估和分析环境是前提，职业决策是关键，求职行动是保障，评估反馈是进一步促进职业生涯规划的持续发展。

确定志向。俗话说："志不立，天下无可成之事。"立志是人生的起点，反映了一个人的理想、胸怀和价值观，影响着一个人的目标达成情况及成就的大小。在制定职业生涯规划时，首先要确定志向。

自我评估。认识自己，了解自己是自我评估的目的。因为只有认识了自己，才能正确选择自己所要从事的职业。因此，自我评估是生涯规划的重要步骤之一。自我评估包括评估个人的兴趣、特长、性格、能力、价值观，以及在社会中的自我认同等。

分析环境。生涯机会评估主要是评估各种环境对自己生涯发展的影响，每个人都处在一定的环境之中，离开了这个环境，个人将无法生存和发展。在制定个人职业生涯规划时，要分析环境条件的特点、环境的发展变化情况、自己与环境的关系、自己在这个环境中的地位、环境对自己提出的要求，以及环境对自己有利的条件与不利的条件等。只有充分了解了环境因素，才能做到在复杂的环境中趋利避害，使自己的生涯规划具有实际意义。

职业决策。通过对自我评估及生涯机会评估，结合生涯规划发展愿望，可以初步确定职业方向，如具体的行业/领域、职业、希望发展的高度等。在选择职业方向时，要达到性格与职业的匹配、兴趣与职业的匹配、能力与职业的匹配、价值观与职业相适应等。

求职行动。确定生涯目标之后，行动便成为关键的环节。行动即落实目标的具体措施。例如，计划采取什么措施达成职业目标？计划采取什么措施来提高工作效率？计划采取什么行动来提高自身的业务能力和综合素质？

评估与反馈。俗话说“计划赶不上变化”，影响职业生涯规划的因素有很多，有的变化是可以预测的，有的变化是不可预测的。因此，为了使职业生涯规划行之有效，必须不断地对职业生涯规进行评估与修订。修订的内容包括：职业的重新选择、职业生涯路线的选择、人生目标的修正、实施措施与计划的变更等。

大学生职业能力是指大学生在实践活动中培养和形成从事某种职业所需要的生存与发展的能力，是知识、技能与精神的综合体现。大学生职业能力不是天生的，而是在后天的学习中，特别是大学期间的知识学习与实践锻炼、日常经验积累中不断形成与发展的过程。这一过程，通过有目的、有意识、有效的途径进行影响，以加速大学生职业能力的形成与提升。

本章小结

本章通过了解人工智能未来的发展趋势；正确认识人工智能在法律与道德方面引发的争论；了解人工智能背景下相关职业发展的机遇与挑战。

课后习题

开放性思考题

1. 如果某辆无人车发生的交通事故，你认为谁应该承担责任，是车主，还是车辆制造者，还是车辆智能驾驶系统的开发者？

2. 某台智能机器人辱骂了主人，主人因心理无法承受而导致了人身伤亡事故，你认为应该对机器人判刑吗？你认为对机器人判刑或处决，能对其他机器人起到警示作用吗？

3. 俗话说：“没有规矩不成方圆”，你认为人工智能及计算机应用也应如此吗？可否举个例子？

4. 你知道“个人隐私”包括哪些内容？为什么你不能将他人隐私公布于众？

5. 你在网上找了大量音乐，用人工智能算法训练出一个作曲机器人。这个作曲机器人的创作中出现了知名作曲家某段熟悉的旋律，它侵权了吗？这个机器人创作的歌曲，著作权是属于它的还是属于你的？

附　录

附录A　准备人工智能开发环境

对于从事人工智能应用开发的专业人士来说，可以选择在Linux操作系统下安装相关软件。作为对人工智能了解甚少的初学者，建议直接在Windows操作系统下进行Python开发环境的安装。

1. 安装配置Anaconda

（1）下载Anaconda

到官方网站（网址为https：//www.anaconda.com/distribution/#download-section）或者国内镜像网站（网址为https：//mirrors.tuna.tsinghua.edu.cn/anaconda/archive/）下载。

本教材采用Python3.x版本，Anaconda版本选择如图附-1所示。

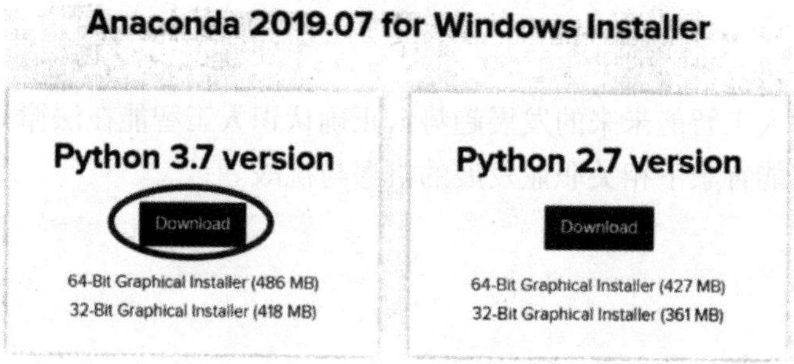

图附-1　Anaconda版本选择

（2）安装Anaconda

双击“Anaconda”安装文件，采用默认选项安装即可。

注意：在进行到图附-2所示的步骤时，请把两项全部勾选上。一是将Anaconda添加进环境变量，二是把Anaconda当成默认的Python3.X。

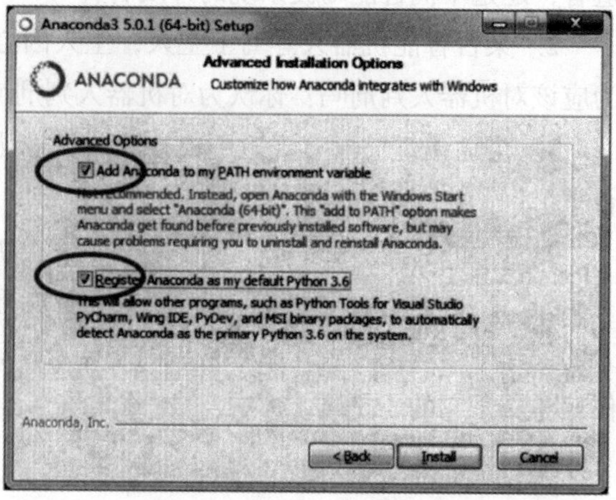

图附-2　勾选Anaconda安装选项

2．安装Spyder

打开Anaconda，单击“Install”按钮进行安装即可，如图附-3所示。安装完毕后，可以单击图附-4中的“Launch”按钮，以启动Spyder编程环境。

图附-3　Sypder安装

图附-4　Sypder启动

3．代码编写与编译调试

· 在Spyder开发环境中选择左上角的“File”→“New File”选项，新建项目文件，默认为untitled0.py，如图附-5所示。选择左上角的“File”→“Save as”选项，将文件另存为HelloAI.py，可采用默认路径存放。

· 在代码编辑窗口中输入一行代码，如图附-6所示。

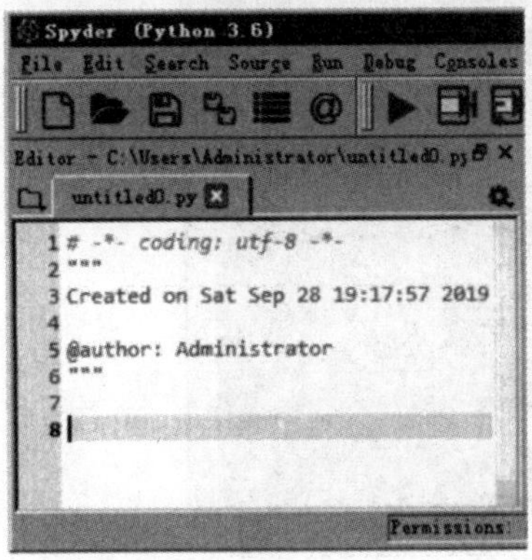

图附-5　新建Python文件

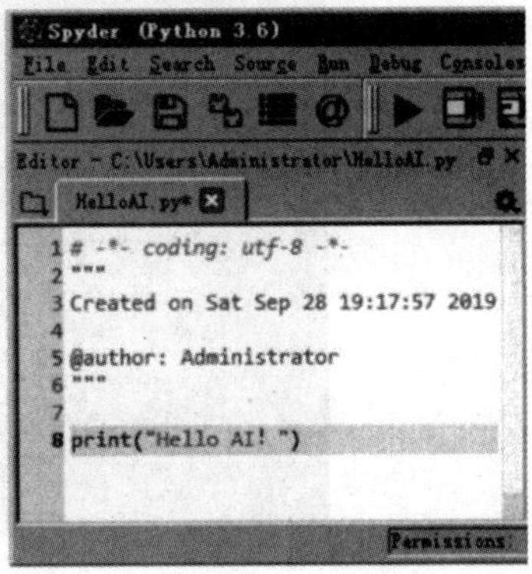

图附-6　在代码编辑窗口中输入一行代码

```
print("Hello AI! ")        # 本行用于输出固定的字符串
```

· 单击工具栏中的“▶”（File Run）按钮，编译执行程序，将输出一句“Hello AI!”信息。在“IPython console”窗口中可以看到运行结果，如图附-7所示。

```
In [1]: runfile('D:/Anaconda3/HelloPython.py', wdir='D:/Anaconda3')
Hello AI!
```

图附-7　运行结果

附录B　注册成为AI开放平台开发者

目前国内共有15家企业建设国家级人工智能开放平台，可以根据实际需要，选择适合的人工智能平台及相应的应用。

以下借助百度及科大讯飞的人工智能开放平台，实现教材部分项目。在项目开始前，学员们首先需要在相应平台上注册，成为开发者。

为了利用百度人工智能开放平台的API接口，学员们必须准备两个方面的内容：一是下载相应的百度SDK；二是创建应用，获得AppID、API Key、Secret Key等三个参数。

项目实施的详细过程可以通过扫描二维码，观看具体操作过程的讲解视频。

1. 安装百度SDK

如果已安装pip，执行pip install baidu-aip即可。

（1）打开“Anaconda Prompt”

单击左下方的“开始”工菜单栏中的“Anaconda Prompt”按钮。

（2）在打开的命令窗口中输入“pip install baidu-aip”

执行完成即可，安装百度SDK如图附-8所示。

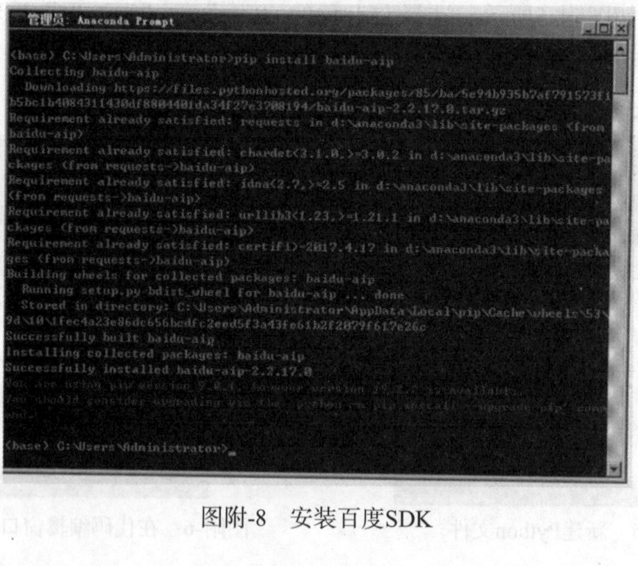

图附-8　安装百度SDK

2. 注册成为百度AI开发平台的开发者

① 进入百度AI开发平台，网址为https：//ai.baidu.com。

② 单击网页右上角的控制台“”按钮。

③ 注册百度账号，并单击“登录”按钮，百度账号注册登录界面如图附-9所示。

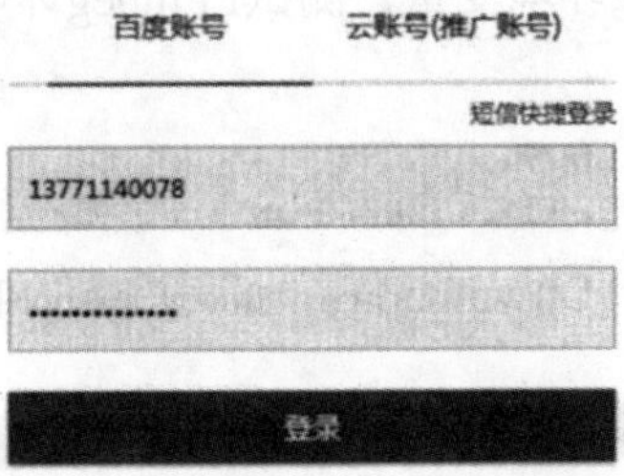

图附-9　百度账号注册登录界面

3．获取开发者特有的Access Key和Secret Key

① 登录成功后，在右上角的个人账号上单击“你的账号名”按钮，出现认证界面，百度账号安全认证界面如图附-10所示。

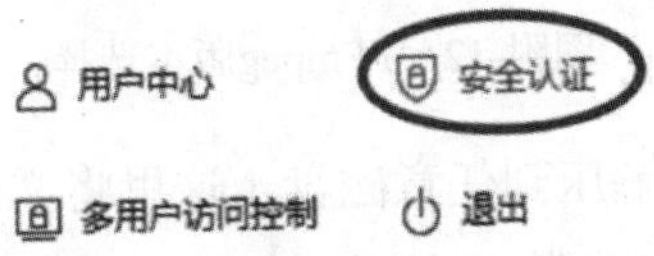

图附-10　百度账号安全认证界面

② 单击“安全认证”按钮，获取Access Key和Secret Key。

如果初次使用该平台，则先要单击“创建Access Key”按钮，如图附-11所示。

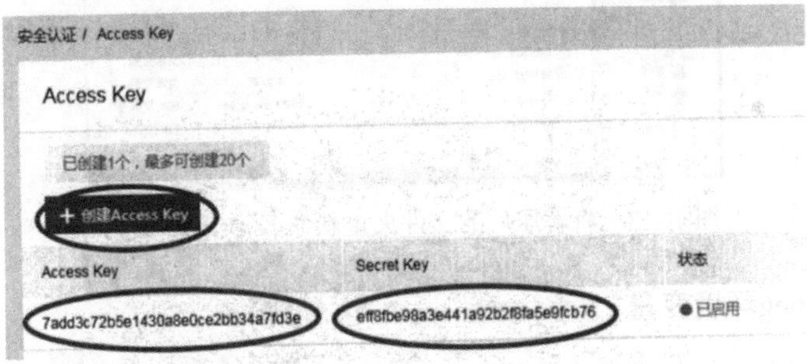

图附-11　获取Access Key和Secret Key

附录C　利用FFmpeg软件进行音频格式转换

在语音识别项目中，需要准备好音频文件并上传。由于底层识别使用的是pcm格式，因此，推荐直接上传pcm文件。如果音频文件上传其他格式的文件，会在服务器端转码成pcm文件，调用接口的耗时会增加。因此，推荐使用FFmpeg将mp3格式转换成pcm格式。可以自行录一段讲话，生成mp3、wav等格式的音频文件，再通过FFmpeg软件转换成pcm格式文件进行语音识别。

下面简单描述将myspeech.mp3格式文件转换成myspeech.pcm格式文件的过程，分别是

FFmpeg软件下载、配置FFmpeg环境变量、测试FFmpeg环境变量配置、格式转换4步。

1．FFmpeg软件下载

（1）登录网站http：//ffmpeg.zeranoe.com/builds/，根据自己的操作系统选择最新的32位或64位静态程序版本，单击“Download Build”按钮，FFmpeg版本选择如图附-12所示。

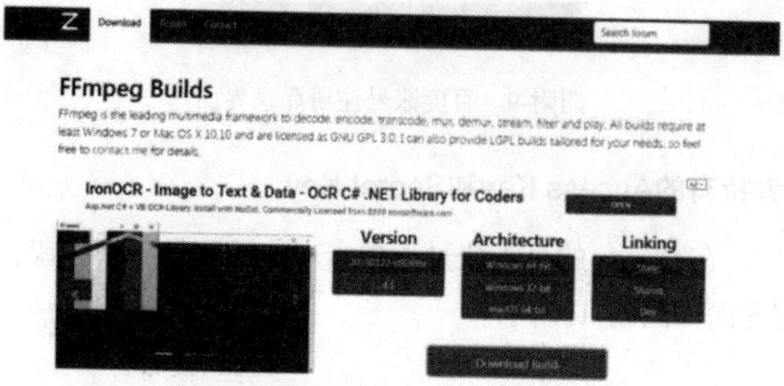

图附-12　FFmpeg版本选择

（2）下载FFmpeg文件，并解压到任意磁盘（这里将文件解压到D盘），将解压后的文件夹重新命名为“ffmpeg”，如图附-13所示。

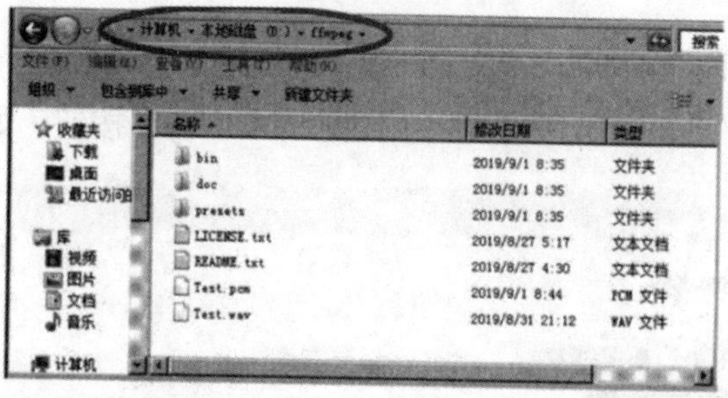

图附-13　将解压后的文件夹重新命名为“ffmpeg”

2．配置FFmpeg环境变量

在Windows桌面上右击“我的电脑”，打开“属性设置”窗口，如图附-14所示。单击“高级系统设置”按钮，出现“系统属性”对话框，如图附-15所示。

图附-14　“属性设置”窗口

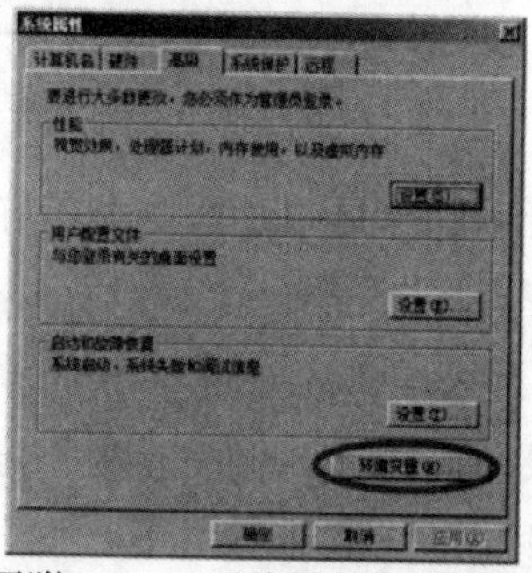

图附-15　“系统属性”对话框

在“系统属性”对话框中，单击“环境变量”按钮，出现“环境变量”对话框，如图附-16所示。找到并选中“Path”变量，单击“编辑”按钮，出现“编辑系统变量”对话框。在变量名“Path”中，增加“；d：\ffmpeg\bin”变量值，如图附-17所示。如果是Windows 10操作系统，则在变量名“Path”中新增加“d：//ffmpeg\bin”变量值。

依次单击“确定”按钮即可。

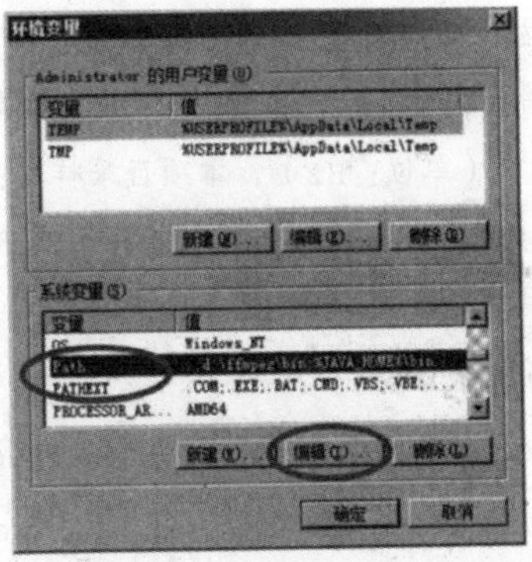

图附-16　“环境变量”对话框

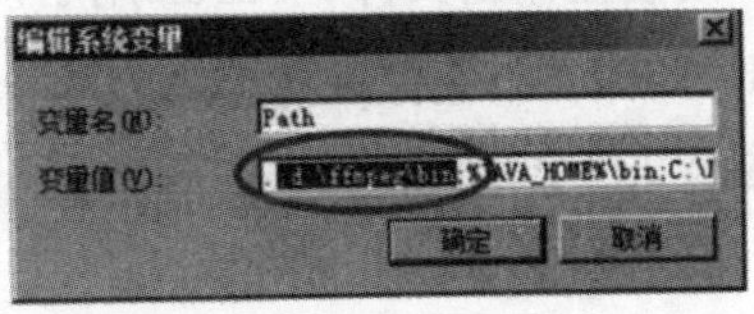

图附-17　“编辑系统变量”对话框

3．测试FFmpeg环境变量配置

单击Windows操作系统左下角的“开始”→“运行”按钮，在搜索框内输入“cmd”打开命令提示符窗口。如果命令提示窗口返回FFmpeg的版本信息，说明配置成功，如图附-18所示。

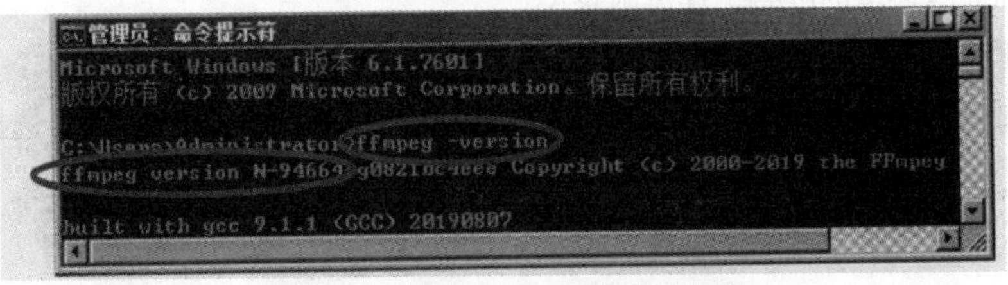

图附-18　测试FFmpeg环境变量配置

4．格式转换

在命令提示符窗口中，首先需要进入FFmpeg的安装目录，即“d：\ffmpeg”。依次输入“D：”并按“Enter”键执行；输入“cd ffmpeg”并按“Enter”键执行。注意空格及英文半角连接符“-”。

① A.wma文件转化为16bits位深、16 000Hz、单声道的B.pcm（或B.wav）文件。命令如下：

```
ffmpeg -i A.wma -acodec pcm_s16le -ac 1 -ar 16000 B. pcm
// -I filename指定输入文件名，本项目为A.wma
// -acodec codec 指定音频编码，本项目为 pcm_s16le，PCM signed 16-bit little-endian
// -f s16le，强制指定编码，本项目为
// -ac channels设置声道数，本项目声道数：1，即为单声道。此参数可省。
// -ar rate设置音频采样率（单位：Hz），本项目采样率：16000
// B. pcm为输出文件名及类型。本项目中可以直接修改成B. wav
```

② B.wav文件转16k的单声道pcm文件。

PCM，英文全称为Pulse-Code Modulation，中文名为脉冲编码调制，命令如下：

```
Ffmpeg - y - f s16le -ar 16k -ac 1 -i input. raw output.wav
```

其中，-y表示无需询问，直接覆盖输出文件；-f s16le用于设置文件格式为s16le； -ar 16k用于设置音频采样频率为16kHz； -ac 1用于设置通道数为1； -i input. raw用于设置输入文件为input. raw； output.wav为输出文件。例如，

```
FFmpeg -y -i xxxxx.wav -acodec pcm_s16le - f s16le - ac 1 - ar 16000 xxxxx . pcm
```

格式转换成功后，便可以借助人工智能开放平台实现语音识别了。

附录D TensorFlow框架的安装配置

项目实施的详细过程可以通过扫描二维码观看具体操作的讲解视频。

① Python3.x环境的准备，详见附录A。

② 创建一个Python3.5的环境，环境名称为tensorflow。

注意，此时Python的版本和后面TensorFlow的版本有匹配问题，这一步选择为python3.x。

```
conda craate -n tensorflow PVthon=3.x
```

有需要确认的地方，都输入“：y”。

环境名称配置好之后，单击“Anaconda Navigator”按钮，左侧的Environments就有了这一项“tensorflow”，TensorFlow的安装如图附-19所示。

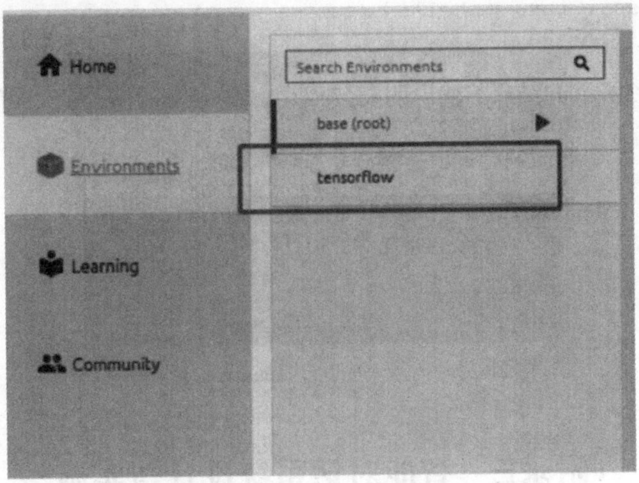

图附-19　TensorFlow的安装

③ 在Anaconda Prompt中激活TensorFlow环境：

```
activate tensorflow
```

激活TensorFlow环境后如图附-20所示。

图附-20　激活TensorFlow环境

④ 安装TensorFlow。利用清华镜像，安装CPU版本的TensorFlow。

```
pip install --upqrade --iqnore-installed tensorflow   #CPU
```

CPU版本的TensorFlow安装完成后，需要做一下测试，以确保安装无误。

⑤测试TensorFlow。在激活TensorFlow环境下，输入“python”，进入到Python界面，查看TensorFlow版本信息如图附-21所示。

图附-21　查看TensorFlow版本信息

⑥“Hello，TensorFlow”程序。输入以下代码：

```
import tensorflow as tf
hello = tf .constant  ( ' Hello， TensorFlow! ' )
sess = tf . Session ( )
```

```
print  ( sess . run  ( hello) )
```

出现如图附-22所示的结果，就说明安装成功。输入“pip freeze”，可以看到TensorFlow的版本信息。

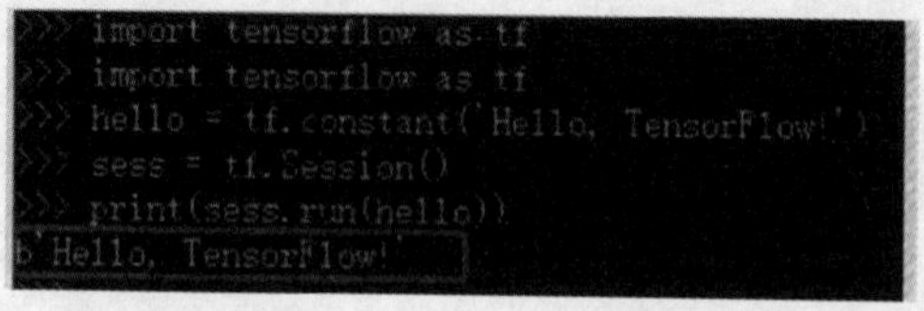

图附-22　运行“Hello，TensorFlow”程序

附录E　智能对话系统设计与实施

1. 项目设计

本项目将设计一个智能应答机器人，当用户提问时，智能应答机器人将做出相应的回答。整个应答流程可分为5步。

第一步：当发现用户提问时，录制好用户提问的声音，通常录制音频格式为wav格式。

第二步：对录制好的用户音频进行语音识别，即将音频作为参数，返回识别出来的用户提问文本信息。这部分功能可以使用百度或者科大讯飞的人工智能开放平台接口。

第三步：将用户提问的文本信息作为问题，查询得到相应的答案。这部分功能可以使用百度等人工智能开放平台接口，也可以使用某些专项功能的接口，国内部分聊天机器人如表附-1所示。

第四步：利用文本转语音功能，将得到的答案转成语音。这部分功能可以使用百度或者科大讯飞的人工智能开放平台接口。

第五步：播放得到的语音。

表附-1　国内部分聊天机器人

序号	公司	平台特性	开放平台地址
1	北京光年无限科技	图灵机器人	http://www.turingapi.com/
2	地纪佳缘	一个AI	http://www.yige.ai/
3	网易公司	网易七鱼	https://qiyukf.com/
4	小i机器人	小爱	http://www.xiaoi.com/index.shtml

2. 项目实施

（1）准备各功能模块

第一步：开始录音。

```
# 1 开始录音
def record (rate = 16000):
    r=sr.Recognizer()
    with sr.Microphone (sample_rate = rate) as source:
        print("现在请提问: ")
        audio = r.listen (source)

    with open ("recording.wav", "wb") as f:
        f .write (audio.get_ wav_data())
```

第二步：语音识别，转换成文字。

```
# 2 语音转文字
def listen () :
    with open (' recording.wav ', ' rb ') as f:
        audio_data = f. read ()
    result = client.asr (audio_data, 'wav', 16000, {
        ' dev_pid' : 1536,
    })

    ask = result ["result"] [0]
    print ("您想问的是: " + ask)
    return ask
```

第三步：向平台发出问题请求，得到回应答案。

```
# 3 请求及回复
# 调用百度机器人或图灵机器人的接口，需要预先注册
def robot (text="") :
    data = {
        "reqType": 0,
        "perception": {
            "inputText": {
            "text": ""
        },
        "selfInfo": {
            "location": {
                "city": "上海",
```

```
                "street": "南京路"
            }
        }
    },
    "userInfo":  {
        "apiKey": Your_ KEY,
        "userId": "starky"
    }
}
data ["perception" ["inputText"]["text"] = ask
response = requests. request ( "post", URL, json = data,  headers=HEADERS)
response_dict = json.loads (response.text)

answer = response_ dict["results"] [0][ "values"] ["text"]
print ("the AI said; " + answer)
return answer
```

第四步：语音合成，文字转语音。

```
# 4 文字转语音功能
def speak (text="你好"):
    result=client. synthesis  (text,  'zh', 1, {
        'spd': 5,
        'vol': 5,
        'per': 4,
    })
    if not isinstance (result, dict):
        with open ( 'audio.mp3',  'wb ' ) as  f:
            f .write  ( result)
```

第五步：语音播放。

```
# 5 播放wav语音文件
daf play () :
    os. system (' sox  audio.mp3  audio.wav') #将mp3格式的音频文件转成wav格式
    wf=wave. open ('audio .wav', 'rb')     #播放wav音频，可能有文件占用的异常情况
    p=pyaudio.PyAudio ()
```

```
def callback (in_data,  frame_count,  time_info,  status):
   data = wf .readframes (frame_ eount)
   return (data, pyaudio.paContinue)

stream= p.open (format=p.get_ format_ from_ width (wf.getsampwidth ()),
            channels=wf. getnchannels (),
            rate=wf. getframerate (),
            output=True,
            stream_ callback=callback)

stream. start_ stream ()

while stream.is_ active ():
   time. sleep (0.1)


stream. stop_stream ()
stream. close ()
wf .close ()
p.terminate ()
```

（2）各功能集成

将各个子功能集成，按顺序执行，即可实现智能语音问答功能。

```
while True:
   record ()                   # 1录下询问音频
   ask = listen ()             # 2询问音频转文字
   answer = robot (ask)        # 3根据问题找答案
   speak (answer)              # 4答案文本转成语音
   play ()                     # 5播放语音
```

当然，对5个步骤中的每一个部分，都可以做相应的改变，比如改变录音方式、改变音频播放形式；修改语音识别及语音合成的接入平台；改变智能问答服务平台等。

附录F 第一批AI国家开放创新平台功能

表附-2列出了15家国内人工智能企业，它们是目前国内人工智能知名企业或细分领域的佼佼者。其中阿里、百度、腾讯、科大讯飞4家知名企业承担了国家第一批AI开放创新平台建设任务。

表附-2　15家国内人工智能企业

序号	公司	平台特性	人工智能开放平台地址
1	阿里	城市大脑	https：//ai.aliyun.com/
2	百度	自动驾驶	https：//ai.baidu.com/
3	腾讯公司	医疗影像	https：//ai.qq.com/
4	科大讯飞	智能语音	https：//www.xfyun.cn/
5	商汤科技	智能视觉	https：//www.sensetime.com/cn
6	华为公司	基础软件	https：//developer.huawei.com/consumer/cn/hiai
7	上海依图	视觉计算	
8	上海明略	智能营销	
9	中国平安	普惠金融	
10	海康威视	视频感知	
11	京东	智能供应链	
12	旷视	图像感知	
13	360奇虎	安全大脑	
14	好未来	智慧教育	
15	小米	智能家居	

为了让大家能较快地选择自己所需要的功能，我们对第一批4家开放创新平台建设单位的开放接口的功能作简单说明。同学们可以根据自己在开发时的需要，选择相应平台及相应功能。

1．阿里篇

（1）智能语音交互

包括录音文件识别、实时语音转写、一句话识别、语音合成、语音合成声音定制、语言模型自学习工具等功能。

（2）图像搜索功能

（3）自然语言处理

包括多语言分词、词性标注、命名实体、情感分析、中心词提取、智能文本分类、文本信息抽取、商品评价解析、NLP自学习平台等功能。

（4）印刷文字识别

包括通用型卡证类、汽车相关识别、行业票据识别、资产类识别、通用文字识别、行业文档类识别、视频类文字识别、自定义模板识别等功能。

（5）人脸识别

（6）机器翻译

包括机器翻译、机器翻译自学习平台等功能。

（7）图像识别

（8）视觉计算

（9）内容安全

包括图片鉴黄、图片涉政暴恐识别、图片Logo商标检测、图片垃圾广告识别、图片不良场景识别、图片风险人物识别、视频风险内容识别、文本反垃圾识别、语音垃圾识别等功能。

（10）机器学习平台

包括机器学习平台、人工智能众包等功能。

（11）城市大脑开放平台

主要是智能出行引擎。

（12）解决方案

包括图像自动外检、工艺参数优化、城市交通态势评价、特种车辆优先通行、大规模网格AI信号优化、“见远”视觉智能诊断方案、门禁/闸机人脸识别、刷脸认证服务解决方案、智慧场馆解决方案、供应链智能、设备数字运维、设备故障诊断、智能助手、智能双录、智能培训等功能。

（13）ET大脑

包括ET城市大脑、ET工业大脑、ET农业大脑、ET环境大脑、ET医疗大脑、ET航空大脑等功能。

2. 百度篇

（1）语音识别——输入法

包括语音识别——搜索、语音识别——英语、语音识别——粤语、语音识别——四川话等功能。

（2）人脸识别

包括人脸检测、在线活体检测、H5语音验证码、H5活体视频分析等功能。

（3）文字识别

包括通用文字识别、网络图片文字识别、身份证识别、银行卡识别、驾驶证识别、行驶证识别、营业执照识别、车牌识别、表格文字识别、通用票据识别、iOCR自定义模板文字识别、手写文字识别、增值税发票识别、数字识别、火车票识别、出租车票识别、VIN码识别、定额发票识别、出生证明识别、户口本识别、港澳通行证识别、iOCR财会票据识别等功能。

（4）自然语言处理

包括中文分词、中文词向量表示、词义相似度、短文本相似度、中文DNN语言模型、情感倾向分析、文章分类、文章标签、依存句法分析、词性标注、词法分析、文本纠错、对话情绪识别、评论观点抽取、新闻摘要等功能。

（5）内容审核

包括文本审核、色情识别、GIF色情图像识别、暴恐识别、政治敏感识别、广告检测、图文审核、恶心图像识别、图像质量检测、头像审核、图像审核、公众人物识别、内容审核平台——图像、内容审核平台——文本等功能。

（6）图像识别

包括通用物体和场景识别高级版、图像主体检测、Logo商标识别、菜品识别、车型识别、动物识别、植物识别、果蔬识别、自定义菜品识别、地标识别、红酒识别、货币识别等功能。

（7）图像搜索

包括相同图检、相似图搜索、商品检索等功能。

（8）人体分析

包括驾驶行为分析、人体关键点识别、人体检测与属性识别、人流量统计、人像分割、手势识别、人流量统计（动态版）等功能。

（9）知识图谱

主要是指实体标注功能。

（10）智能呼叫中心

包括实时语音识别、音频文件转写、智能电销等功能。

（11）AR增强现实

包括调起AR、查询下包、内容分享、云端识图等功能。

（12）EasyDL

包括图像分类、物体检测、声音分类、文本分类等功能。

（13）智能创作平台

包括结构化数据写作、智能春联、智能写诗等功能。

3. 腾讯篇

（1）OCR文字识别

包括身份证OCR、行驶证OCR、驾驶证OCR、通用OCR、营业执照OCR、银行卡OCR、手写体OCR、车牌OCR、名片OCR等功能。

（2）人脸与人体识别

包括人脸检测与分析、多人脸检测、跨年龄人脸识别、五官定位、人脸对比、人脸搜索、手势识别等功能。

（3）人脸融合

包括滤镜、人脸美妆、人脸变妆、大头贴、颜龄检测等功能。

（4）图片识别

包括看图说话、多标签识别、模糊图片识别、美食图片识别、场景/物体识别等功能。

（5）敏感信息审核

包括暴恐识别、图片鉴黄、音频鉴黄、音频敏感词检测等功能。

（6）智能闲聊

（7）机器翻译

包括文本翻译、语音翻译、图片翻译等功能。

（8）基础文本分析

包括分词/词性、专有名词、同义词等功能。

（9）语义解析

包括意图成分、情感分析等功能。

（10）语音合成

（11）语音识别

包括语音识别、长语音识别、关键词检索等功能。

4．科大讯飞篇

（1）语音识别

包括语音听写、语音转写、实时语音转写、离线语音听写、语音唤醒、离线命令词识别等功能。

（2）语音合成

包括在线语音合成、离线语音合成等功能。

（3）文字识别

包括手写文字识别、印刷文字识别、印刷文字识别（多语种）、名片识别、身份证识别、银行卡识别、营业执照识别、增值税发票识别、拍照速算识别等功能。

（4）人脸识别

包括人脸验证与检索、人脸比对、人脸水印照比对、静默活体检测、人脸特征分析等功能。

（5）内容审核

包括色情内容过滤、政治人物检查、暴恐敏感信息过滤、广告过滤等功能。

（6）语音扩展

包括语音评测、语义理解、性别年龄识别、声纹识别、歌曲识别等功能。

（7）自然语言处理

包括机器翻译、词法分析、依存句法分析、语义角色标注、语义依存分析（依存树）、语义依存分析（依存图）、情感分析、关键词提取等功能。

（8）图像识别

包括场景识别、物体识别等功能。

参考文献

[1]肖正兴，聂哲.人工智能应用基础[M]．北京：高等教育出版社，2020.

[2]史荧中，钱晓忠.人工智能应用基础[M]．北京：电子工业出版社，2020.

[3]聂明.人工智能技术应用导论[M]．北京：电子工业出版社，2019.

[4]中国人工智能产业发展联盟.人工智能浪潮[M]．北京：人民邮电出版社，2018.

[5]袁飞，蒋一鸣.人工智能：从科幻中复活的机器人革命[M]．北京：中国铁道出版社，2018.

[6]拾影.“AI 合成主播”的突破不代表弱人工智能时代的终结[J]．互联网周刊，2018.

[7]樊畅.人工智能技术赋能个性化学习[N]．中国教育报，2018.

[8]潘云鹤.人工智能 2.0 与教育的发展[J]．中国远程教育，2018.

[9]明日科技.零基础学 Python[M]．长春：吉林大学出版社，2018.

[10]李德毅，于剑.人工智能导论[M]．北京：中国科学技术出版社，2018.

[11]陈炳祥.人工智能改变世界：工业 4.0 时代的商业新引擎[M]．北京：人民邮电出版社，2017.

[12]李开复，王咏刚.人工智能[M]．北京：文化发展出版社，2017.

[13]王万良.人工智能导论[M]．北京：高等教育出版社，2017.

[14]赵志勇.Python 机器学习算法[M]．北京：电子工业出版社，2017.